大解剖

平成カリキュラマシーン研究会 編

彩流社

シャバドゥビドゥッバシャビドゥバ
シャバドゥビドゥッバシャビドゥバ

シャバドゥビドゥッバランララン♪
シャバドゥビドゥッバキョンキョキョン♪

カリキュラマシーン、始まるよ！

私（いなだ）は今、東京でグラフィックデザインの仕事をしている。テレビとは何の関係もない。ずっと昔に叔父から「フジテレビに入れ」と言われたことがあったけど、断った（笑）。今やテレビを持ってもいない私だが、子どもの頃はテレビが大好きだった。ものゴコロついた頃には『シャボン玉ホリデー』、自我を目覚めさせた『巨泉×前武ゲバゲバ90分！』、そして、別に仲良くもない友人から「見なきゃダメよ」とそっと耳打ちされた『カリキュラマシーン』。

『カリキュラマシーン』は1974年から78年にかけて、日本テレビ系列で放送された子ども番組だ。1969年から放送された『ゲバゲバ90分！』の手法をそのまま子ども番組にしている。テーマは「こくご」と「さんすう」で、内容は真面目な教育番組のはずなのに、やってることはめちゃくちゃなギャグ番組であった。

はっきり言って、今では絶対に放送できない危ないギャグ満載。こんな番組を子どもが見たら、そりゃあ楽しくてしょうがないだろう。実際、この番組が「トラウマ」になっているファンは多い。そして、『カリキュラマシーン』で育った子どもは賢い！（たぶん！）。しかし、この番組を子どもに見せなかった家庭も多く、特に教育に関わる家庭であまり見られてなかったのが残念だ。やってることは一見めちゃくちゃだけど、最高のカリキュラムと最高の音楽、最高の役者、最高のギャグが揃っている、ものすごく贅沢な番組なのにもったいない。そして、何と言っても言葉や数の仕組みがよくわかる。もっとたくさんの子どもが『カリキュラマシーン』を見ていたら、今の日本はもっといい国だったかもしれない。

で、なぜテレビとは関係のないグラフィックデザイナーである私がこの本を書いているかと言うと……。２００４年ごろ、大学の同期の友人から電話があり、「4コマまんがの携帯サイトを作らないか?」と言う。私は「作れないこともないけれど、どこから配信するの? アテはあるの?」と尋ねた。すると彼女は「いい人がいるから紹介したい」と言う。そうして紹介されたのが宮島将郎ディレクターだった。

3人でお酒を飲んで話をするうちに、宮島さんが元日本テレビのディレクターで、なんと『カリキュラマシーン』のディレクターだったことが判明。半分酔っ払った勢いで、「私は『カリキュラマシーン』を作るために生まれてきたようなものです!」と言ってしまった。お酒はコワイ。

4コマまんがの携帯サイトは宮島さんの伝でａｕから配信されるも、まったく儲かることなく終了。しかし、今度は宮島さんが「ケーブルテレビで番組を作る」と言い出し、断ったはずなのになぜか私がその番組の美術を担当することになる。番組は『パピプペポロン』という、「道徳」をテーマにしたギャグ番組だ。こっちも儲からなかったけど、普段は家でひたすらデスクワークの私にとって、収録は「考える」余裕などまったくなく走り回るストレス発散の現場。日が暮れたらみんなで飲んで騒いで、当時制作に関わった人たちは、その後もまるで親戚のようなお付き合いである。

『パピプペポロン』の収録が終わるころだったと思うのだが、ある時、宮島さんが『カリキュラマシーン』について語るというので、もちろん私も聴きに行った。そこに『カリキュラマシーン』の「カリキュラム」があり、宮島さんに頼まれて、それを複写するために持ち帰ったのだけれど、まずざっくり見ようと思って読み始めて2時間ぐらい立ち読みしてしまった。家なんだから座って読めばよかったのに。でも、つい家で立ち読みしてしまうぐらい、その「カリキュラム」はすごいものだった。

「これってひょっとして放っておくとこの世から消滅してしまうんじゃないの?」と、また余計なことを考えている矢先、２００８年か9年に、『モンティ・パイソン大全』の著者である須田泰成さんが、経堂の「鳥へい」の2階で宮島さんをゲストに「第０回カリキュラナイト」というトークイベントを開催されたのだが、この時、私はどうしても都合がつかず参加できなかったのは一生の不覚である。しかし、確実に私のココロは『カリキュラマシーン』に向かっていた。

その後、須田泰成さんがオーナーの「下北沢スローコメディファクトリー」にて、1回目に齋藤太朗ディレクター（ギニョさん）、2回目に作家の喰始さん、3回目にやはり作家の浦沢義雄さんをゲストに迎え、宮島さんがインタビューする形式でカリキュラナイトが開催された。その時は私は一観客として参加していただけなのだけれど、その頃から「これは本にするしかないのかなぁ」と考え始めていた。……だけど、どうやって？

2010年、宮島さんから電話があり、「今日は吉祥寺のスタジオでリコーダーの練習をするから来ない？」とおっしゃる。「来ない？」と言われても、もちろんリコーダーは吹けないから「はい、行きます」とは言えない……けれど、吉祥寺だし、打ち上げには行ける！　そしたらそこに「ギニョさん」がいて、ギニョさんの家は当時の私の家から歩いて3分ぐらいのご近所にあることが判明。そして2011年1月、リコーダーのリサイタルの日に、『カリキュラマシーン』のファンであり『パピプペポロン』の制作に参加していた久谷仁一氏とヨーゼフ・KYO氏と「平成カリキュラマシーン研究会」を発足した。

最初は宮島さんに助けてもらいながら、作家の喰始さん、浦沢義雄さん、齋藤太朗ディレクター、仁科俊介プロデューサーにインタビューをして、2012年9月、やはり須田泰成さんがオーナーの「経堂さばのゆ」にて、齋藤太朗ディレクターをゲストに「平成カリキュラマシーン研究会」主催で初のカリキュラナイトを開催（とはいえ、ほとんど須田泰成さんに助けてもらって）。メンバーに二階堂晃氏と吉澤秀樹氏が加わり、2017年12月のおおよそ第16回までカリキュラナイトは続いた。なんと2014年10月に開催したおおよそ第9回ぐらいのカリキュラナイトには、あの銀幕のスターである宍戸錠さんをゲストに招くことができた。ただし、カメラは回さない、録音もしないという約束であったため、錠さんの声の記録はないが、最後に「みなさん、お好きな飲み物を1杯ずつ飲んでください。宍戸の奢りです」と、お客さん全員に飲み物を奢ってくださり、みんな「今日はジョーの奢りで飲んだぜ！」と大いに自慢したのである。錠さん、本当にありがとうございました。

なぜ「おおよそ○回」なのかというと、ゲストを呼ばず「平成カリキュラマシーン研究会」だけで「お宝自慢」などやったりした回もあり、それを「カリキュラナイト」としてカウントするのかどうかの答えを出さないで続けていたため、回数は「おおよそ○回ぐらい?」なのである。面倒くさくてすいません。

それにしても、本にするのに時間がかかりすぎた。正直、「本にして残したい」という気持ちはあれど、物書きではない私がどう書けばよいのか見当がつかなかった。しかし、考えてみればゲストのみなさんが話してくださったことをそのまま書けばいいのではないか? カリキュラナイトは映像を見ながらのおしゃべりだから、文字だけでは伝わりにくいところもあると思うけど、それはもうしかたがない。ただ、放送当時から相当時間が経っており、記憶と事実との相違があるかもしれないことと、何度も同じ話がちょっとずつ変化して繰り返され、その度に本文下の資料も同じものが出てくることを先にお詫びします。そこは『カリキュラマシーン』も同じカリキュラムを繰り返し放送していたよなぁ」と流していただけると大変ありがたいです。また、おおよそ第15回は「カリキュラナイトスペシャル」として、テーマが『ひらけ! ポンキッキ』だったため、本書では割愛しました。

平成カリキュラマシーン研究会の任務は「『カリキュラマシーン』の精神を未来に伝えること」。『カリキュラマシーン』というとんでもない番組がかつて放送され、その番組が大好きだった私たちがいい大人になって、『カリキュラマシーン』を作った人たちと出会って、『カリキュラマシーン』をもう一度体験して、積み重なった時間をここに書き留めておきたい。

平成カリキュラマシーン研究会　暫定代表(仮)いなだゆかり

『カリキュラマシーン』とは？

『カリキュラマシーン』は、1974年4月1日から1978年3月31日の4年間、日本テレビ系列で毎週月曜日から土曜日の早朝に放送されていた子ども向け教育番組で、『カリキュラマシーン』という番組名は「カリキュラム」と「マシーン（機械）」を合体させた造語です。「教育」をテレビという「機械」で表現することを目標としていました。

アメリカの非営利団体「チルドレンズ・テレビジョン・ワークショップ（現・セサミワークショップ）」が制作した子ども向け教育番組『セサミストリート』を手本としながら、『巨泉×前武ゲバゲバ90分！』と同じく、短いギャグを間髪入れずに繋げる手法が用いられています。一見すると荒唐無稽とも思えるギャグの裏には、緻密なカリキュラムと、日本テレビスタッフの崇高な番組制作の理念がありました。

「カリキュラム」は禅僧であり教育者でもある無着成恭氏が監修されており、番組に先立ち制作された「オーディション版」による子どもや教育者の反応等の調査など、丁寧、かつ周到な番組作りがされています。そして、当時最高のスタッフと最高のキャストによって作られた番組は、50年近い年月を経ても決して劣化することのない、高いクオリティーを有しています。それは昭和のテレビが我々に残してくれた、大いなる宝物のひとつであるといえるでしょう。

スタッフ

企画：井原高忠、齋藤太朗、仁科俊介
音楽：宮川泰
アニメーション：木下蓮三、スタジオロータス
脚本：松原敏春、喰始、高階有吉、下山啓、岡本一郎、
かとうまなぶ、浦沢義雄、山崎光夫
演出：齋藤太朗、宮島将郎、重松修、神戸文彦、
木島隆、渥美光三
制作：仁科俊介

キャスト

宍戸錠
藤村俊二
常田富士男
吉田日出子
岡崎友紀
渡辺篤史
青島美幸
フォーリーブス
桜田淳子
森昌子
黒部幸英（クロベエ）
いずみたくシンガーズ
齋藤太朗（ギニョさん）
西山健二（ゴリラの一郎）
新木実（ロボットかの字）
ほか

も・・

1

カリキュラマシーン

確か2011年の1月、齋藤太朗ディレクターと宮島将郎ディレクターが参加されているセンチメンタル・リコーダーズのリサイタルが東京オペラシティの近江楽堂で開催され、その時に来ていた久谷仁一氏とヨーゼフ・KYO氏と私の3人で「平成カリキュラマシーン研究会」を結成。言い出しっぺのいなだが暫定代表(仮)となった。(「カリキュラマシーン、始まるよ!」を読んでおいてもらえるとありがたい)

結成したからと言って何ができるわけでもないけれど、宮島さんとも話をして、まずは作家の喰始さんに会いに行くことに。

1

テレビの黄金時代の最後の番組

喰始さん×宮島将郎ディレクター インタビュー ●2011年7月 ワハハ本舗本社 にて

本日のゲスト

喰始さん
たべ・はじめ

日本大学芸術学部在学中に永六輔氏主宰の作家集団に所属し、『巨泉×前武ゲバゲバ90分！』で放送作家デビュー。以降、バラエティー番組の制作に携わる。1984年に劇団・芸能事務所『ワハハ本舗』を創立し、ワハハ本舗全作品の作・演出を手掛ける。 主なテレビ作品は『巨泉×前武ゲバゲバ90分！』『カリキュラマシーン』『コント55号のなんでそうなるの？』『ひるのプレゼント』『天才・たけしの元気が出るテレビ!!』『モグモグ GOMBO』など。

宮島将郎さん
みやじま・まさろう

元日本テレビディレクター。『美空ひばりショー』『高橋圭三ビッグプレゼント』『コンサート・ホール』『百万ドルの響宴』『だんいくまポップスコンサート』『私の音楽会』『カリキュラマシーン』などの番組を担当。『カリキュラマシーン』ではカリキュラム作成の中心的存在であった。音楽への造詣が深く、現在でも複数の男性コーラスグループを率いてサントリーホールのブルーローズを満席にしている。

聞き手：平成カリキュラマシーン研究会

谷啓さんに憧れて

喰　どうもご無沙汰してます。

宮島　いやぁ、ホントね、僕はもうブラックユーモアのネタみたいな状況にあってね。直腸がんやったって話したっけ？

喰　いや、知らない。

宮島　今年（２０１１年）の3月、あの地震の時は柏の病院のベッドの上でさ。３週間ぐらいで退院して、その時に人工肛門閉じたんですよ。そしたら、腸が暴走し始めるわけ、入院してる間、腸を使ってなかったから。

　肛門って括約筋がふたつあるのよ、奥と手前と。直腸がんの手術って、奥のヤツを取っちゃう。手前のだけだと肛門がうまくコントロールできないのね。すると「頻便」っていって1日中トイレに行きたくなるの。

喰　うわぁ～やだやだ（笑）。

宮島　しかも、夜寝てる時には便がもれちゃう。「頻便」と「便もれ」と3カ月半ぐらいつきあってるわけ。ブラックだね。

喰　あっはっはっは（笑）。じゃあ、『病気カリキュラ』っていうのはどう？「頻便」とか病気が全部わかるっていう番組。

宮島　『病気カリキュラ』ってやったら、年寄り全員見るね。

喰　『病気カリキュラ』と『性教育カリキュラ』っていうのをやりたい。

宮島　そう。絶対にね、世の中、問題は笑い飛ばすほうがいいんですよ。

喰　そうですそうです。

宮島　ところで喰さんはどうして脚本家になったの？

喰　僕は中原弓彦さんの『喜劇の王様たち』っていう本を読んでギャグが好きになったんです。で、クレイジーキャッツの『シャボン玉ホリデー』を見て、谷啓さんが面白いと思って、中学・高校とファンレターを毎週書いてたの。

ファンレターと言っても、「今週のシャボン玉はつまんない」とか、「この間のクレイジーの映画はどうしてこんなにつまんないのか？」とか、「外国の映画にはこんなに優れたギャグがあるのに、どうして日本はダメなのか？」というふうな「批評」を書いて。

もちろん、谷啓さんについては批評しないで、「もうちょっとアナタをうまく使いこなせる監督は出てこないものか？」というようなことを書いて、最後に必ずギャグを付け加えていたんです。たとえば、「トイレに入ると、そこから潜水服を着た男が出て来る」みたいな。それをずっと毎週毎週やってて、ギャグを書くことがいつの間にか趣味になってて。

実は僕は東京に出て映画監督になりたくて、リチャード・レスターが監督したビートルズの『ヘルプ！４人はアイドル（1965年公開）』っていう映画、これがギャグだけで繋がってる映画で、それが面白くて、ギャグだけでできたシナリオを1本書こうと思ったんです。途中で受験もあって、東京に出て来てから書き上げたんですが、「こんな熱烈なファンがいたんですよ」ということの証明のために、何とか谷啓さんの手に渡せないものかと。それを持ってるころに永六輔さんと……、谷啓さんとの経緯はこの本（『谷啓　笑いのツボ　人生のツボ』）に書いてますけど（笑）。

それで、ひょんなことから永六輔さんのところで仕事をすることになって、永さんから『ゲバゲバ90分！』の話が来て、「ついてはこういう仕事をやるけど、オマエに向いてると思うからやってみろ」って言われて。その時は僕は『ゲバゲバ』がどんなものかわかんなかったけど、すでに書いたものはあるわけだから、「ギャグならこんだけあります」って出したら、それがほとんど使われた。

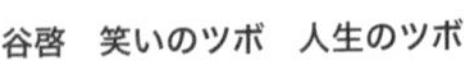

谷啓　笑いのツボ　人生のツボ

喰始　著
出版社：小学館
発売：2011年

中原 弓彦（なかはら ゆみひこ）

小説家、評論家、コラムニスト。
小林信彦という筆名も用いた。

喜劇の王様たち

中原弓彦　著
出版社：校倉書房
発売：1963年

宮島　谷啓さんにいろいろ書いて送ってた頃って、まだ日本に「ギャグ」なんてものはないよね？

喰　ないです。『ゲバゲバ90分！』でも、誰も「ギャグ」を書ける人がいなかったの。

宮島　そうだよね。中原さんとか先進的な人はいたけど……。

喰　中原さんはその時は書いてませんからね。監修というかアドバイザーとして存在してたけど、書き手は河野洋さんぐらいしかいなかった。

宮島　アメリカの短編のマンガでは、森卓也さんって人？

喰　そうそう。森卓也さんの『アニメーション入門』も読んでたし、当時の日本の高校生ぐらいで、ギャグに夢中になってたのは僕ぐらいだったんでしょうね。僕は地方に住んでいたから〝井の中の蛙〟で、東京にはそんなヤツがいっぱいいるだろうと思ってたら、誰もいなかった。自分で言うのも何ですけど、『ゲバゲバ』の時に「天才少年現る」みたいな形で評価されましたから。

宮島　オトナの作家たちはみんな仰天したんじゃない？

喰　仰天でしょうねぇ。だから、いきなりテングになりましたけどね（笑）。

宮島　あなたが書いたギャグが「面白い」って言ったのが、井原プロデューサーでありギニョさん（齋藤太朗ディレクター）であり……。

喰　ギニョさんでしたね。齋藤ディレクターがまず

シャボン玉ホリデー

制作：日本テレビ
放送期間：1961年～1972年　1976年～1977年
出演：ザ・ピーナッツ、ハナ肇とクレージーキャッツ

河野 洋（こうの よう）

放送作家。『シャボン玉ホリデー』『巨泉×前武ゲバゲバ90分！』などの脚本を手がける。

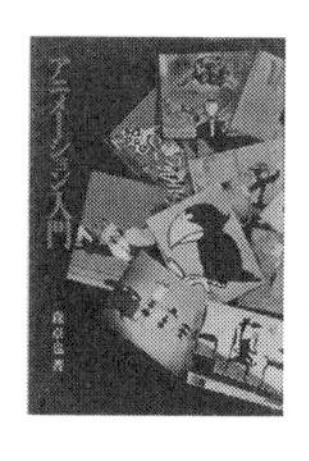

森 卓也（もり たくや）

アニメーション研究者。

アニメーション入門

森 卓也　著
出版社：美術出版社
発売：1966年

「面白い」って言ってくれて、台本を選んでいく中で僕のがどんどん残っていくんですよ。松原敏春と二人で「ニコニコ堂」という名前でやってて、使われたのがほとんど僕のなの。僕は『ラフ・イン』という『ゲバゲバ90分！』の元になる番組を見てないんですけど、何も見てなくて一番それに近いものを書いてたわけ。

僕は本当は放送作家になるつもりはまったくなかったんだけど、趣味で書いてたものがあったし、ギャラはいいし（笑）。それと、映画監督になるのが夢だったんだけど、映画がもう斜陽になってて仕事がないわけですよ。そんな時に青島幸男さんが『鐘』っていう映画を撮って、カンヌに勝手に持って行って話題になったの。それで「ああ、そうか」と。これから映画会社は人も採らないし、自分がちょっと違うジャンルから出てきたら、映画監督も以外に早いんじゃないか？　それなら放送作家もありかなと思って。

宮島　『ゲバゲバ』は何の不満も無く、好き放題書いてたの？

喰　いや、まずギニョさんが「これはこういう解釈でいいのか？」って訊きに来るから、「違いますよ」とか「これカット割っちゃダメです」とか偉そうなこと言ってました（笑）。仕上がりを見ると、面白いのとつまんないのとあって、「何だ、このかったるいテンポは！」とか、ぜんぜん僕の想像してたものとは違ったりしてた。

宮島　それはつまり、自分の書いたものが演出家によって変わるってことね？

喰　そうです。僕はね、映画監督になりたいと思ってたぐらいだから、映画マニアだったんですよ。映画は山ほど見てたので、ホラーならこういうカットとか、ここはロングであるべきだとか、そういう視点で見てたから。パロディーを書いてても、ディレクターが元を知らないんですよ。

宮島　『ゲバゲバ』の後、少し間が空いて『カリキュラマシーン』が始まったでしょ？　その間は？

鐘

監督・企画・製作・原作・脚本：青島幸男
公開：1966年
主演：青島幸男

松原 敏春（まつばら としはる）

脚本家、作詞家、演出家。『巨泉×前武ゲバゲバ90分！』に脚本家として参加した時は、まだ慶應義塾大学法学部の学生だった。2001年、肺炎のため53歳で亡くなった。

喰　その間は他のいろんなテレビ番組やってて、ちょうど『ゲバゲバ』が当たったからギャグっぽい仕事もあったんですよ。ただし、「喰始のギャグがすごい」って評価されたんだけど、書いて出すと直しが来ない。で、台本には載ってるんだけど、オンエアーにはないんですよ。僕の書いてるギャグを理解できないヤツは、もう時代遅れであるというふうになってて、チェックもなくて何でもOKなんだけど、撮りはしないの。

宮島　理解できないから、まぁ、敬遠だ。

喰　そうそうそう。ボツにしちゃうと「わかってない」ってことになっちゃうんですよ。そういうふうに、ちょっと神格化されちゃった。

宮島　『カリキュラマシーン』の作家はたくさんいるけど、やっぱりあなたと浦沢（義雄）くんだよね。

喰　あの頃、ギニョさんは松原くんとの仕事を気に入って、彼がリーダーだったんです。で、松原くんは僕には文句は言わない、もう任せるからと。最初のころは、この回は喰始、この回は下山啓（第15章参照）、この回は浦沢義雄（第2章参照）っていうふうに、みんな一人でやってたんで、作家の色が出てましたね。

宮島　それが面白かったのかもしれない。そういう先鋭的なギャグがちゃんと見えてくるっていうのが。ディレクターの色も出てたでしょ？

喰　バラエティーに富んでましたね。『カリキュラマシーン』は子ども番組なのに「よろめき」とかやってるのもあって、そういうめちゃくちゃが面白かったですよね。

宮島　VAPのベストセレクションに「放送作家がやりたいことができた最後の番組だ」って書いてたけど、それはどういうこと？

喰　テレビが変わっちゃったんでしょうね。それがいいとか悪いとかじゃなくて、時代ごとに変わっていくんですけど。ホントは今のテレビのほうが正し

カリキュラマシーン ベストセレクション DVD-BOX
販売元：バップ　発売：2004年

巨泉×前武ゲバゲバ90分！
制作：日本テレビ
放送期間：1969年10月7日〜1970年3月31日
　　　　　1970年10月6日〜1971年3月30日
出演：大橋巨泉、前田武彦　ほか

いんですけどね。テレビっていうのはある種のドキュメンタリーで、ビシッと計算されたものは映画でやればよろしいというふうな。

『カリキュラマシーン』はテレビが映画にも負けない、ちゃんと作ったものを見せるぞという文化のあった最後の時だったんじゃないかな。ただ、今でもそれはＮＨＫの教育テレビでやってたりしますけどね。

宮島　あの頃はどこが面白かったの？

喰　やりたいことっていうのは作家によって違うわけですけど、テレビ局側からも「好きなようにやっていい」と言われていました。それが、今は必ず「数字がとれるものをやってくれ」と。じゃあ、数字がとれそうなものを書きますよね。そうすると「これじゃ数字がとれない」って言うんです。何だかわかんないよね。

たとえば「これが新しい商品です」と言うと「これは売り物にならない」という。ところが、別の会社から同じようなものが出て売れたりする。「俺、これと似た商品企画を最初に出してたんだけど」みたいなことになる。

要するに上がダメになっちゃったんですよ。上がどんどんダメになって、新しいものに対して「これは面白い」とか「これにお金をかけよう」というふうな判断をしない。責任とらされるから。

宮島　つまりそれは、局のあるべき姿は何かっていう話になるわけね？

喰　そうですね。役所仕事っぽくなってきてるっていうことでしょうね。今、テレビの現場は『欽ちゃんの仮装大賞』しかやってませんけど、ある時から「何が面白いか」って話がなくなり、「数

字をとるためにはどうしたらいいか」って話になった。「それはみなさんでやってください。作家に対してそれを求めるのって、違うんじゃないの？」と言うと、「だってお金払ってるんだから」って。

宮島　見てて「それが番組かよ！」っていう感じでしょ？

喰　誰が一番権限を持ってるのか、はっきりしないね、今は。ディレクターもプロデューサーも、一番上の社長なのか会長なのかわかんないけど、そういうところともなかなか戦わないし。

宮島　それが井原高忠プロデューサーだよね。重戦車みたいに社内もスポンサーも全部なぎ倒して番組をこしらえちゃう。それも、わけのわからない『ゲバゲバ』なんていうのを通しちゃう。そういう人がいなくなったね。

喰　時代なんでしょうね。僕個人がワハハ本舗というところでやってても、僕の好きなことは低予算のほうがやれるんですよ。好きなことをやって、損をしたって大したことないし。

ところが、予算の大きいものは、どっかから文句が出るんですよ。「こういう無茶やらない？」って言っても、「いや、それは……」みたいな。それも、下の人間から来るんですよ。僕が一番上なんだから、好きなようにやれていいはずなのに、何なんだろうと思うけど、これは時代だなと。

宮島　テレビ局の社員としてもね、あの時代は黄金時代ですよ。誰もが自分の好きなことで番組作って、朝から晩まで局にいて、夜は酒飲みに行って朝帰りして、そんで何の文句も言われないでさ（笑）。

喰　経費で落ちたし（笑）。

宮島　タクシー伝票を何冊も持ってて（笑）。そういう〝おおらかさ〟の中でしか素っ頓狂なことはできないんだよね。

井原 高忠（いはら たかただ）

1929年～ 2014年
伝説の日本テレビプロデューサー。学生時代からウェスタンバンド「チャックワゴン・ボーイズ」のベース奏者として活躍。1953年、開局準備中の日本テレビでのアルバイトを経て、翌年、入社。アメリカのバラエティー番組制作のノウハウを日本の番組制作に取り入れた。
手がけた番組は、『光子の窓』『スタジオNo.1』『あなたとよしえ』『九ちゃん！』『イチ・ニのキュー！』『11PM』『巨泉×前武ゲバゲバ90分！』『カリキュラマシーン』など。

喰　そうですね。

宮島　やっぱり「ビジネス」になっちゃったのね。

喰　みんながね。

作家と演出家の戦い

――『ゲバゲバ90分！』の後、『カリキュラマシーン』を書くことになった経緯みたいなのはありましたか？

喰　『ゲバゲバ』が終わった後、ギニョさんから「子ども番組をやりたい」って話があったの。「アメリカの子ども番組、すごいんだよ。子どもたち集めて、いろいろ実験をするんだ。で、子どもたちに決めさせる。たとえば『何でオトナはタバコを吸うのか？』という疑問を、子どもたちが実際にタバコを吸ってみたりして、そこで『ゲホゲホ』とかなって、子どもたちが『こんなマズイもの』ってわーわーやるのを番組で流してる。そういうことをやりたい」って言ってて、「そりゃあ面白いな」と思ったの。

――それは何と言う番組なんですか？

喰　『エレクトリック・カンパニー』だったかな？それと似たような子ども番組に『セサミストリート』があるけれど、『セサミ』はちょっと上品すぎると。だから、「エレクトリック・カンパニー風」でやろうという話で『カリキュラマシーン』が始まったというふうに覚えてますけど。

で、『カリキュラマシーン』はギャグでやるっていうことで、その頃、ギャグアニメがなくなってきてたし、それが一番やりたいことだったし、諸手をあげて乗っかったんですけどね。そしたら「カリキュラム」という大変なものが待ち構えてて（笑）。

――カリキュラムには苦労されましたか？

喰　一番苦労したのはさんすうですね。たとえばここにリンゴが2こあって、そっちに3こある、これ

ザ・エレクトリック・カンパニー（The Electric Company）

制作：チルドレンズ・テレビジョン・ワークショップ（現：セサミワークショップ）
放送期間：1971年〜 1977年（アメリカ）

セサミストリート（Sesame Street）

制作：チルドレンズ・テレビジョン・ワークショップ（現：セサミワークショップ）
放送期間：1969年〜（アメリカ）

は２＋３じゃない。このお皿に２こ、そっちのお皿に３こ乗ってる集合、これを別の大きなお盆に一緒に乗せることで足し算が生まれる。だから、このテーブルに乗ってるのは２＋３じゃなくて、すでに５だと（笑）。

――仲間分けとかやってましたよね、スプーンはスプーンで集めて。

喰　そうそう。仲間同士で集めよう。リンゴ同士の足し算はできるけど、スプーンとリンゴは足せない。「リンゴとバナナを合わせていくつ？」はありえない。でも、「リンゴとナシはどうなんだ？」っていう問題は片付いてないの（笑）。

――かなりの台本がボツにされたんですか？

喰　カリキュラムのことが原因なら直せばいいことだから、「お皿に乗せましょう」とかで済んじゃうんですけど、ギャグが面白くないとかだと衝突するわけですよ。ギニョさんはとにかくうるさかった。

――やっぱりギニョさんはしつこく……

喰　でしたね。

宮島　まぁ、しつこいけど理解者でもあるわけだよね。

喰　そのころ赤塚不二夫の『レッツラゴン』っていうマンガがめちゃくちゃ面白くて、その中で赤塚さんに使わせてもらったのは、家族が食事してると天井に忍者がぶらさがってて「いやね〜、また出て来たわ。こういう季節になると出てくるのよね、忍者は。プシュー（殺虫剤噴射）」というふうに、殺虫剤で殺すっていうのがあって、そのまんま「天井に忍者が1、忍者が３」とか書いたことある（笑）。そのへんを面白がってた、ギニョさんは。

宮島　私はわりとなんでも面白かった。台本段階ではＮＧってほとんど出さなかった。

喰　そうですよね。宮島さんはほとんどＮＧ出して

レッツラゴン
赤塚不二夫　作
週刊少年サンデーで 1971年から1974年まで連載。『カリキュラマシーン』の「行の歌」でキャラクターが使われている。

なかった。ギニョさんは『カリキュラマシーン』に限らずうるさかった。

――「コイシツのギニョ」ですね。

喰　「コイシツ」でしたねー、ホントに。これは余談ですけど、『カリキュラマシーン』の前に『スーパースター・8☆逃げろ！』っていう、8ミリビデオで撮影する番組があって、これは視聴率がひどすぎて、7回放送して打ち切りになったという番組ですけど、実はオンエアされない回があって、それはイタリアの「ナポリを見てから死ね」っていう諺から、欽ちゃんが自殺しにナポリへ行って、そこでいろいろトラブルが起きるという話なんだけど。だいたいね、自殺をしに行くっていうこと自体がめちゃくちゃ

だけどね（笑）。

その台本書いてる時に、「……というわけで、なんとかさんがそれからどうしたかというと……」というセリフがあって、その「なんとかさん〝が〟」なのか「なんとかさん〝は〟」なのか、「が」と「は」で、延々やりあうんですよ（笑）。

俺も頑固だから、「ここは『が』ですよ！」って言うと、ギニョさんは「それは『は』だ！」と。こっちは決定権ないわけだから、「もう好きにしてくれよ」って言っても、「いや、オマエが納得しないと」とか言うんですよ。めんどくさかったですよ（笑）。

――それで何時間ぐらい議論してたんですか？

喰　いや〜、2時間ぐらいやったんじゃないかなぁ。

宮島　コイシツ（笑）

――放送されないのはわかってて、撮影だけしたという話ですよね。

ゲバゲバー座のちょんまげ90分！

制作：日本テレビ
放送期間：1971年10月12日〜
　　　　　1972年3月28日
出演：大橋巨泉　ほか

スーパースター・8☆逃げろ！

放送期間：1972年10月3日〜11月14日
制作：日本テレビ
出演：藤村俊二　ほか

喰　そう。もうオンエアはないのに、ちゃんと撮影した（笑）。僕は完成した映像を見ましたけど、面白かったですよね、やっぱり。

――『ちょんまげ90分！』で、ちょこちょこ人形とか出てきたりしてますけど、あれは『カリキュラマシーン』に向けて準備を始めていたんですか？

喰　いや、始めてなかったね。実は『ちょんまげ』と『カリキュラ』の間かな？　途中だったかな？　忘れたけど、野口五郎さんで特番を1本やってるんですよ。『セサミストリート』のカエルのカーミットを呼んで、人間は野口五郎さんだけで、あとは全部マペットで。マペットっていうのは、井原さんがアメリカ好きだから、そういうものはいっぱい吸収してくるわけですよ。

今から思うと、ちょっとバカだったなぁと反省するんですけど、向こうはハラキリだとかサムライものをやりたかったの。勘違いしてる日本ですよ。で、「いやそうじゃないんじゃないの？　日本人が見るんだから」というので逆にアメリカ寄りにしちゃったのね。あれは反省しました。めちゃくちゃ日本を勘違いしたのだったら面白かったのに（笑）。

あれも残ってないいんだろうな。映像あるのかなぁ？　ビートルズの『イエロー・サブマリン』に影響されてたりとか、そういうのをいっぱい入れ込んでやりましたけどね。

――『カリキュラマシーン』は複数の作家さんで書かれてますよね。それは皆さん同時に書いている状態なんですか？

喰　『ゲバゲバ90分！』は河野洋さんが僕らが書いたものをまとめて1冊の台本にしてたんですけど、『カリキュラマシーン』は、僕のは僕が全部やるんですよ。１本、その人に任せるというやり方。なので、それぞれがその担当ディレクターのところに持って行って、ああだこうだと。せーので十何本撮っちゃうっていう感じだったので、並行してやってましたね。

宮島　1本1本書く人が違うから、ディレクターは

イエロー・サブマリン

監督：ジョージ・ダニング
公開：1968年
ビートルズのアニメ映画。

輝け！五郎・マペット ゲバゲバ90分！

制作：日本テレビ
放送期間：1976年4月29日
出演者：野口五郎、マペット

野口五郎とアメリカのマペットによって『巨泉×前武ゲバゲバ90分！』を再構築した特別版。

1回の収録で4本撮ると、4人の作家と4本作るわけですよ。

――書く時に指定されていることはあったんですか？　たとえば「た」だったら「た」のアニメは必ず入れて欲しいだとか。

喰　いや、それはなかったですね。

宮島　たとえばこの回は「あ」、それから1＋1、それから引き算の……というカリキュラムはもう決まってるわけ。それは必ず入れてくださいと。一応、約束事としてカリキュラムは毎回きちんとあるんです。

喰　そうです。カリキュラムはもう決まってて、「た」なら「た」と足し算なり引き算があって、こくごさんすうは別のものなんですよ。でも、僕はこれを一緒にしたいので、「た」を探しながらさんすうのほうも「た」に関係するものが出てくるとか、どっか似たようなものを持って来るという作業をやったりするけど、ただし、カリキュラムは決まってる。

――たとえば濁音の回だと濁音の歌があったりとか、あれもディレクターが「ここに入れますよ」みたいな感じですか？

喰　歌は使い回しが多かったですよね。濁音だったり「あ行」とか「か行」とか決まったのがあって、か行だったら「か」のつく単語の歌が入る。

宮島　どう並べるかは作家が決めてくれますよ。ここに歌を入れようとか。最終的に時間がなくなっちゃったりすることがあるけど。ディレクターが入れるのは足りない時に入れるの。

喰　そう、足りないのもありましたね。足りないから、他の回で余ってるやつを入れようとかね。撮り方がゆっくりだとオーバーしちゃう。だから、ディレクターによってでしょうね。たとえば「たまご」を「(ゆっくり) たまご」って言うのと、「(早口で) たまご」と言うのでは、ぜんぜん違うよね。それは演出の領域だから、何とも言えないよね。

――アニメのギャグなどは、何か絵を描いて説明してたんですか？

喰　木下蓮三さんと組んでやってる時は、木下さんが絵コンテにしてくれるんで問題はないんですけど、そうじゃないのは……、でも、絵はあんまり描いてなかった気がするな。

――他の作家さんが書いたものはどうでしたか？

喰　浦沢くんのは面白いと思った。あの人は、実はセリフの人で、最後に何か変なことを一言言うのね。その一言がすごく面白い。キャッチフレーズが面白かった。

他の人は逆に『カリキュラマシーン』だから面白かったね。子ども番組なのにタンスの中に浮気相手が隠れてるっていうのは『カリキュラマシーン』だから面白いんで、あれを普通のコントでやると面白くない。

ディレクターによって違うと思うんですけど、書き手のほうも子ども番組だけどオトナが見たくなるような番組にしようっていう思いがあった。「カリキュラマシーン」のせいで学校に遅刻する、夕方は『カリキュラマシーン』のために帰ってくるというような中高校生が増えてくるのを目論んでたんだよ。僕の場合はちょっと違ってて、子ども番組寄りだったの。子ども番組の中のギャグでちょっと過激なことを……というノリだったんですよ。

『カリキュラマシーン』が面白かったのは、時代劇があり、よろめきドラマがあり、アクションものがあるっていうような、ジャンルがいろいろ違ったのが面白かったし、子ども番組なんだけど、オトナが見ても面白いよっていうようなところを狙ってたね。

――芸者さんがでてきたりとか（笑）。

宮島　吉田日出子なんて、そのためにいるようなものでしたね（笑）。

喰　それで芸者がどんな仕事か説明しないいんだからね（笑）。もう「芸者」が何かわかってるっていう

吉田 日出子（よしだ ひでこ）

女優。1965年、文学座の『山襞』で舞台デビュー。主演舞台『上海バンスキング』は1979年から1994年まで続いた。

木下 蓮三（きのした れんぞう）

アニメーション作家、アニメ監督、国際アニメーションフィルム協会副会長。
1967年に（株）スタジオロータスを設立。『巨泉×前武ゲバゲバ90分!』『カリキュラマシーン』のアニメーションを担当し、テレビCMでも多数のアニメーションを制作。1997年に永眠。

前提でギャグやってる。普通は「芸者」ってどういう仕事かっていうのを教えるのが教育なのに、それはないの。すっ飛ばす（笑）。

宮島　日出子が相手役の若い男の役者に「男だねぇ」って言って終わるんだからね。そんなの子どもはわかりゃしない（笑）。でも、面白いんだよね、「男だねぇ」って言う時の芸が。

喰　足し算だって「ビールのジョッキが2、ビールのジョッキが6」とか、ビールで足し算しちゃうんだから。「それ、子どもにはよくないだろ」みたいな（笑）。

——今はタバコなんか出したら、それだけでクレーム来そうですもんね。

喰　来ますよ。僕はさんざんクレーム来ましたけどね、人殺しギャグが多かったんで。（笑）。

——ブラックが入ってるギャグは、だいたい喰さんですか？

喰　そうですね（笑）。お人形に短剣を刺してくギャグがあって、幼児がそれを真似して寝てる赤ん坊にやろうとしたって大問題になったの。それでも「気をつけるように」で終わりましたけど、今だったらクビですね。

——採用にならないでしょうね、放送する以前に。

喰　だからね、『カリキュラマシーン』やってる頃がいい時代なのは、自主規制が少なかった。今は自主規制がすごくて、なにやってもダメ、これやってもダメ。で、クレームが来る前から「来そうなものはやめよう」なんですね。これが今の時代でしょうね。

——『カリキュラマシーン』を見てない世代の人たちって、「ギャグ」というものがわからないんじゃないですか？

喰　ギャグっていうのは「およよ」とか、言葉のフレーズをギャグというようになってるんですよ。芸人さんたちも「ギャグ」という言葉を使うでしょ？　でも、それはギャグじゃなくて、流行にしたいフレーズ。

ただ、漫画のギャグは面白い。漫画の世界もだんだんギャグ漫画というジャンルが人気がなくなってきて、連載が非常に少ないんですよ。でも、面白いのは注意して見てるとある。実は今の時代もギャグ作家は山ほどいるんです、放送作家じゃないところに。

宮島　私がさっきの質問に対して思うのは、子どもこそギャグがわかるんじゃないかって気がするんだけど。

喰　たとえば「下ネタ」ってのがありますよね。これが子どもは一番よろこぶ。「3ガガヘッズ」っていうパフォーマンスをやる連中がいて、背中向けてて、振り返ると体の前側にお尻がある。これを「ぶっぶっぶっぶっぶっぶっ」と押さえて「オナラの演奏会」をやる。これは世界中どこでもウケてましたね（笑）。

宮島　問答無用なんだよね、ギャグが面白いのは。

喰　僕の場合は、正面向いたらここにお尻があるっていうところから出発する。ただケツ出してこうやるんじゃ、単なる下ネタであってギャグになってない。オナラの音で演奏するってありえないことだからギャグになる。ギャグには「ありえないから面白い」っていうのと、「ありえるから面白い」のと、2通りあると思いますけどね。『カリキュラマシーン』はどっちかっていうと「ありえない」ことばっかりですけどね（笑）。

――『カリキュラマシーン』の仕事は大変でしたか？

喰　直しが大変でした。直しがなければこんな楽しいものはないと思いましたけどね。それと、アイディアがぼんぼん出て来るときはいいけど、何も出て来ない時があるんですよ。

3ガガヘッズ

結成：2002年
事務所：ワハハ本舗
全身タイツ芸のコメディー・パフォーマンス集団。

――そういう時はどうされるんですか？

喰　本屋さんで外国の本だとかイラストの本だとかを見て、「お、ちくしょう、面白いな！」っていうような刺激を受けにいく。

――当時は実験アニメとか、そういうのが刺激になったりしましたよね。

喰　一番わかりやすいのはイラストですね。イラストって不思議なのがあるじゃないですか。「こういうこともやっていいんだな」という刺激がありますね。

――『カリキュラマシーン』を作られてて、これはウケてるなと実感することありましたか？

喰　いや、その時はなかった。やっぱり終わってからですね。終わってから「見てましたよ〜！」とかね。中学生・高校生に「あれ面白かった」とか言われたりしたのは、ずいぶん経ってからですね。

――役者さんも面白い方がいっぱいいましたけど、アテ書きみたいなのはなかったんですか？

喰　なかったですね。キャスティングはディレクターがやることだから。

――役者さんが面白かったですよね。

喰　コメディアンじゃない人がコメディをやるっていう面白さがあったの。あれをお笑いの芸人さんたちがやってたらダメなんでしょうね。

――もともとギニョさんはお笑いじゃない人を使い

たいということで……。

喰　そうです。ギニョさんは絶対に作家ともめるんだけど、作家と一緒に作った台本を、役者がアドリブで変えることは許さない。

――『カリキュラマシーン』が４年で終わってしまったのは、スタッフも作家も燃え尽きたんですか？

喰　いや、あれは最初から3年でやめましょうと。

――それをリピートしようという考えはなかったんですか？

喰　1年ぐらい編集し直してやってます。その後も何年か後にリピートしてます。最初にあの頃が黄金時代だって言ったのは、それから先はテレビって長寿番組しかないんですよ。世代を超えて残っていく、「あの頃見た。まだやってる」っていうのがテレビなんですよ。で、『カリキュラマシーン』みたいな作品的なテレビ番組っていうのが減ってきてるわけ。やっぱり黄金時代の最後のテレビ番組だったんじゃないかと思うけどね。

黄金時代が終わってからのテレビ

――『カリキュラマシーン』は、その後の仕事に影響しましたか？

喰　『カリキュラマシーン』が終わってから、「面白いことしかやりたくない」なんて偉そうなことをほざいて、僕は仕事しなくなるんですよ（笑）。それまではテレビ局のほうから「この仕事やらないか」と言ってきたり、自分の企画が通ったりとか、面白かったんです。面白いことはやりたいけど、お金かせぐだけの仕事はあんまりやりたくないなと。そういうのは僕には向いてないし、上手じゃないし、だから「面白いのしかやりたくない」って言ったら、本当に仕事がまったく来なくなったの。

で、なぜ来なくなったのか訊いたら、会議の席で僕の名前は出るんだけど、言ったって断られてしまうだろうということで、僕のところまで届いて来ないんですよ。その頃、僕は事務所はなくてフリーで、一人でやってたから何にも来なくなった。10年ぐらいただ飲んだくれてました、新宿のゴールデン街で（笑）。

東京ヴォードヴィルショーとか、お金にならない仕事に付き合ったりしてるうちに、本気でちょっとこれはつまんな過ぎるなと。学生時代の延長みたいにだらだら生きるのにも飽きてきて、そろそろ何かやんなきゃいけないかなぁと思ってワハハ本舗を作ったの。その間の20代の最後のあたりから35、6までは、あんまり仕事はしてないんですよ。だから、その時代のテレビがどうだったかは、あんまり言えない。『たけしの元気が出るテレビ!!』とか、そんなのに参加してましたけど。

——テレビがつまらなくなってきてましたか？

喰　『元気が出るテレビ』は立ち上げから参加してるんですよ。『スチャラカ社員』っていう古いコント番組があって、それをやろうとしてたんです。松方弘樹が部長だとか、社員がだれだれ、お茶汲みがだれだれみたいな「設定」があったんですよ。それが、商店街だっだり学校だったり、いろんなところへ行く、そういう風に企画が変わって行った。

今まではちゃんと台本があってそれを演じてたのが、そうじゃなくて、ほとんど台本なしで、企画だけで何かをやろうと。で、そっから先はタレントが何とかしようみたいな。あの番組の功罪は大きいけど、そっからですよね。だから、変わったのはわかってるし知ってる。

宮島　今、テレビが落っこちるとこまで落っこちてきてる感じがあって、なんか面白いことをやるべきだと思ってるんですよ。

ギニョさんとか私とかは単なるじじいでしかないんだけども、そういう人たちが中心になって動いてね。それこそ『病気カリキュラ』でもいいんだけど、そういう新しいムーブメントってありえないかな？

喰　まず低予算でやるべきですね。お金なんかどうでもいいから、それこそマペットでね、我々がやればいいんですよ、造形だけ誰かに作ってもらって。

天才・たけしの元気が出るテレビ!!

制作：日本テレビ
放送期間：1985年～1996年
出演：ビートたけし、松方弘樹、高田純次、島崎俊郎、兵藤ゆき、野口五郎　ほか

劇団東京ヴォードヴィルショー

結成：1973年
結成当時のメンバーは佐藤B作、佐渡稔、坂本あきら、魁三太郎、花王おさむ。

そういうことをやればいいの。

藤村俊二さんのアイディアもあって、年寄り版の『ゲバゲバ』をやろうって話があったの。もう年寄りばっかりでギャグ番組を。

年寄りはお金はどうでもいいんですよ。ギャラより一日が楽しけりゃいいんで、「これ面白いね」で動くべきでね。でも、プロデューサーは若くないとダメ。俺らがやったらケンカして終わりだから（笑）。

——もし今ふたたび『カリキュラマシーン』を作ると言われたら、台本を書きますか？

喰　うちでやろうとした性教育を『カリキュラマシーン』でやりたい。「オカマ」とか「ゲイ」とか、そういうのも含めて、完全にオトナ向けの。そういう企画を出したこともあるんですよ。サンプルもちょっと作ったの。ワハハのファンクラブの人を100人ぐらい集めて、全員に「お・ま・ん・こ！」って叫ばしたんです（笑）。そういう「笑っていいんですよ、すべては」というテーマに則ったものでやりたい。

宮島　アメリカでは番組や映画で「ファック・ユー」とかさ、日本だったら放送禁止用語の言葉を平然とセリフの中に入れてくるじゃない？　あの自由さはもっと日本にもあるべきだよね。

喰　映画ではR指定とか18禁ね、そっちで規制すりゃいいだけでね。ただ一部にはうるさい人がいて、ある女性の政治家が「性教育が中学の本に載ってることが許せない」っていうのを国会で延々とやるわけですよ。「そんなものをやるから、まだぜんぜん必要もないのに性に興味を持つ」って。で、それを支持してる奥様団体がいるわけですよ。

藤村 俊二（ふじむら しゅんじ）

俳優、声優、タレント、振付師、実業家。日劇ダンシングチーム12期生として1960年に渡欧。『8時だョ！全員集合』やレナウンのCFの振り付けなどを担当。2017年、心不全のため永眠。

スチャラカ社員

制作：朝日放送
放送期間：1961年〜1967年
出演：ミヤコ蝶々、横山エンタツ、中田ダイマル・ラケット、長門勇、人見きよし、藤田まこと、白木みのる　ほか

――今の人たちが戦わないのは、そういう面倒臭い人たちがいるから？

喰 「そんなことまでして得にならないことをなぜやるんだ？」っていう発想が世の中に蔓延してるんですね。ワハハの名物で全裸になる舞台があるの。これは「全裸の黒子」っていって、黒子なのに裸で、股間と顔だけ隠して舞台から降りてって、下は隠れてるけど、横から覗けば覗けないことはないと。

それで通報されて、警視庁が7人体制で乗り込んできたの。でも現行犯じゃないから「注意」なんですよ、「それはやらないでくれ」って。「下に前ばりをしてもダメなんですか？」と言うと「前ばりもダメだ」と。「じゃぁ、テレビなんかでモザイクかかってる、あれはどうなんですか？　あれは完全にふるちんになってる、あれは捕まえないんですか？」って言うと「話が違うな」と言うんですよ。要は自主的にやめて欲しいだけなの。

僕は「はい、わかりました」では気が済まないので一応戦うんだけど、その時は戦えなかった。その後に地方公演があったので、東京公演が中止になったら話題になってチケット完売するからいいやと思ったけど、やっぱり周りはいろいろ心配するわけですよ。それでその日はしかたなく紐パン穿いてやったけど、でもやっぱりどうも違う。で、次には元に戻しちゃいました（笑）。

そんなつまんないことがあってね、要は個人の立場でいいから、おかしいと思うことは「おかしい」と言うべきだと思うよ。

宮島 たとえばアメリカの『ヘアー』なんてミュージカルは、ホントにすっぽんぽんでやってるんでしょ？

ヘアー

初演：1967季
脚本・作詞：ジェームズ・ラド、ジェローム・ラグニ
音楽：ガルト・マクダーモット

喰　すっぽんぽんでやってるのは『オー！カルカッタ』。完璧にすっぽんぽんで、「おはよう！」「社長っ！」って言っておちんちんにぎりあって握手するっていう（笑）、そういうコントなんです。ニューヨークで見たけど、もうぜんぜんいやらしくもなんともないね（笑）。笑うしかないよ。

宮島　今はインターネットでそういうものの基準っていうのは全部吹っ飛んだにもかかわらず法律が残っている。けっきょく運用の問題なんだよね。もういっぺん出直して、スケベな番組を喰さんとやろう（笑）。

喰　スケベと病気と2本立てで（笑）。病気は笑い飛ばさないとダメよ。どうせ死ぬんだから、明るく死にたいよね。

オー！カルカッタ
初演：1969年

ゆうやけこやけの　あかとんぼ

おちんちんのさきに　とまったよ

ふといほうを　つかんだら

あかとんぼだったよ

いつかいつかなりたい　おにやんま

作詞：喰始

2

カリキュラマシーン

喰始さんの次はやはり作家の浦沢さんにお願いしようということで、連絡先を宮島さんに教えてもらっておそるおそる電話（電話以外に連絡手段はない）。浦沢さんは齋藤ディレクターと一緒に飲みに行くことを条件に快諾してくださった。さすが齋藤さんだ（笑）

インタビューの場所は三鷹のスタジオぴえろ。今回も宮島さんに助けてもらってインタビューを開始した。

2

浦沢義雄さん×宮島将郎ディレクター インタビュー

『カリキュラマシーン』だけを ずっとやっていたかった

●2011年10月 スタジオぴえろ にて

本日のゲスト

浦沢義雄さん
うらさわ・よしお

ゴーゴー喫茶のダンサーから『巨泉×前武ゲバゲバ90分！』の台本運びを経て、放送作家として『カリキュラマシーン』などの番組制作に参加。1979年日本テレビで放送された『ルパン三世（TV第2シリーズ）』第68話『カジノ島・逆転また逆転』で脚本家としてデビュー。1981年から1993年に放送された東映不思議コメディーシリーズでは全シリーズに携わり400本以上の作品を提供。アニメや特撮作品のシナリオも多数手掛ける。

宮島将郎さん
みやじま・まさろう

元日本テレビディレクター。『美空ひばりショー』『高橋圭三ビッグプレゼント』『コンサート・ホール』『百万ドルの響宴』『だんいくまポップスコンサート』『私の音楽会』『カリキュラマシーン』などの番組を担当。『カリキュラマシーン』ではカリキュラム作成の中心的存在であった。音楽への造詣が深く、現在でも複数の男性コーラスグループを率いてサントリーホールのブルーローズを満席にしている。

聞き手：平成カリキュラマシーン研究会

こんなモンなら俺、絶対書ける

宮島　とりあえず、色々質問するからさ、なるべく勝手なこと言って欲しい。『カリキュラマシーン』はアウトローで好き勝手をやった番組なんだから、こういうインタビューも好き勝手に話が飛んだほうがいいと思うんだよね。

浦沢　喰さんの悪口ぐらいしか言わないですよ（笑）。

宮島　喰の悪口！（笑）

浦沢　喰さんとは仲良いんだよ。悪口言いやすいし（笑）。

宮島　そもそもだけどさ、どうして台本書こうと思ったの？

浦沢　『ゲバゲバ90分！』の台本を運んでたんですよ、19かハタチぐらいの時。

宮島　ボーヤ（＝付き人）だな、つまり。誰の台本運んでたの？

浦沢　河野洋さんとか、喰さんとか、松原（敏春）さんの台本を、ギニョさん（齋藤太朗ディレクター）や井原（髙忠）さんや仁科（俊介プロデューサー）さんのところに運んでたんですよ。当時、赤坂に事務所があって、日本テレビまでタクシーで原稿を運んでたんです。だから俺、ほとんどタクシー代を誤魔化して生活してた（笑）。凄く景気が良かったんですよ、その事務所。『ゲバゲバ90分！』の台本を一手に受けてたんです。

宮島　だいたい井原さんっていう人はやたらと金払う人なんだよね、色んなところに。

浦沢　『ゲバゲバ90分！』の時、喰さんたちが急にいい生活して、いいもの食べるようになって、それを見て「作家っていいなあ！」って思ったんですよ（笑）。

巨泉×前武ゲバゲバ90分！

制作：日本テレビ
放送期間：1969年10月7日〜1970年3月31日
　　　　　1970年10月6日〜1971年3月30日
出演：大橋巨泉、前田武彦　ほか

河野 洋（こうの よう）

放送作家。『シャボン玉ホリデー』『巨泉×前武ゲバゲバ90分！』などの脚本を手がける。

松原 敏春（まつばら としはる）

脚本家、作詞家、演出家。『巨泉×前武ゲバゲバ90分！』に脚本家として参加した時は、まだ慶應義塾大学法学部の学生だった。2001年、肺炎のため53歳で亡くなった。

宮島　井原さんってさ、もともとアメリカの制作スタイルを持ち込んだ人で、考え方がアメリカンなんだよね。「作家が貧乏でいい番組なんか出来るわけない！」っていうのが基本にあって、「俺の金じゃねぇんだからドンドンやっちゃおう！」っていうような人なんだよな。

浦沢　その時『ゲバゲバ90分！』の作家陣のリーダーをやってたのが河野洋さんで、河野洋さんが喰さんたちにどんどん金渡してたんですよ。

宮島　その事務所は河野洋のプロダクションだったの？

浦沢　そうそう、「ペンタゴン」の原稿運びをやってたんです、アルバイトで。洋さんが「将来、何するんだ？うちの事務所に居るんだったら、作家になるか、マネージャーになるか、タレントになるか、この3つしかないな」って言うんで、その時『ゲバゲバ90分！』の台本が事務所にたくさんあるでしょ？それ読んでて、「こんなモンなら俺、絶対書けるな」と思って作家を選んだんです（笑）。

宮島　へぇ〜凄い凄い！（笑）。だけど、あなたあの頃ハンサムだったもの、可愛いボーヤだったよね。

浦沢　だからタレントでも良かった（笑）。だけど、タレントのオーディションやると、カメラテストとか凄く写りが悪いんですよ。それで落っこっちゃったんです。あと、その時は歌の試験もあって、俺、歌が凄く下手で、「その道じゃないな」って（笑）。

宮島　そっか。でもさ、「書けるな」と思って書き始めたらどうだったの？

浦沢　いや、すぐに書けた。『ゲバゲバ90分！』は、原稿用紙1枚ぐらいの短いものだから、別に文才もクソもないですよね。ちゃんとアイディアさえあればいいから。だから、採用率良かったですよ。すぐ喰さんや松原さんに目を付けられて、その下で書くようになったんです。

ペンタゴン（放送作家集団）

メンバーは河野洋、井上ひさし、田村隆、奥山侊伸、恵井章、
つかさけんじ、かとうまなぶ。

齋藤さんの笑顔に騙された

――最初にテレビで放送された作品って覚えてらっしゃいますか？

浦沢　最初はね、ギニョさんがやってた『コント55号のなんでそうなるの？』か、『カリキュラマシーン』か、どっちが早いかわかんないけど、『カリキュラマシーン』のほうが早かったかな？　いや、その前に河野洋さんがやってたコントの番組あったでしょ？　そこでやってたと思う。

宮島　でも「コント」というよりは「ギャグ」だよね、タイプとしては。

浦沢　コント嫌いなんですよ。いや、嫌いっていうわけじゃないんですけど、『カリキュラマシーン』みたいなヤツが好きなんですよ。

宮島　こないだの喰のインタビュー（第1章参照）でも、やっぱりそういう話だったよ。彼も全くコントに興味ないんだよね。

浦沢　そうだと思いますよ。でも、ギャグだとかばっかり言ってると仕事にならないんですよ。『カリキュラマシーン』以降、そういう仕事ないから（笑）。『カリキュラマシーン』が終わったらホントに仕事なくなっちゃって、作家やめようと思ってたんです。

宮島　『カリキュラマシーン』は性分に合ってた？

浦沢　ええ、だから「これが一生続いたら、こんな良いことはないな」って感じでした（笑）。やってる時は一生続くような感じがあるじゃないですか、違う番組でも同じようなことが出来るのかなって。でも『カリキュラマシーン』以降、そういう番組が

コント55号のなんでそうなるの？

制作：日本テレビ
放送期間：1973年～1976年
出演：コント55号

ないですよね。

宮島　ディレクター側でいうと、齋藤さんが一本柱でいて、周りは季節労働者みたいなディレクターで。齋藤さんはともかくギャグが大好きで、そういう意味では浦沢や喰の路線と非常に合ってるんだよね。俺なんかギャグがどうだとか思ってもいないからさ、「来た台本を演出すればいいんだろ？」って（笑）。

浦沢　宮島さん、よく俺のところへ来て「これ面白いのか？」って訊いてたじゃないですか（笑）。

宮島　（笑）。でも、どんな台本でも実は面白く出来るんだよ、演出でね。

浦沢　あと、役者さんのキャラクターのほうが強くなっちゃうのはいやなんですよね。「ちゃんと正しく台本通りやってもらいたい」とか、「もっとキャラクターがないほうがいい」って思っちゃうんだけど、なかなかそんなに巧くは行かないですよ。

宮島　それはアニメでは出来ないの？

浦沢　いや、アニメのほうがキャラクターが強いです。アニメーションってアニメーターのものだから、アニメーターが好き勝手やれば、それでだいぶ変わっちゃうんです。

宮島　『カリキュラマシーン』でやっていた50音の文字が一つ一つチョロチョロって動く、あれも一種のアニメではあるけれど。

浦沢　ああいうのがやりたかったんです。商業作品でああいうアニメはないでしょ？「実験アニメ」みたいなものでやっても、それは商売にならないし。あの当時の特徴ですよね、ああいうアニメが出来たのって。でも、アニメに興味なかったですから。

宮島　やっぱり「ギャグ」？

浦沢　「ギャグ」。

宮島　『カリキュラマシーン』にはいっぱいディレクターいたじゃない？　結局ギャグをちゃんと理解してたのは齋藤さんでしょ？

浦沢　齋藤さんはもともとギャグが好きな人でしたから。「ペンタゴン」にしても、事務所自体が齋藤さんに傾倒してたっていうか、「齋藤さんが世界で一番偉いディレクター」みたいな思いが、松原さんからしてあったんです。それで俺も「こういうギャグの勉強をするには齋藤さんのところに行かなきゃダメだ」っていうふうになってたんです。やっぱり、「ギャグ」とか「お笑い」に関しては、当時のテレビ局の人の中では一番凄かったと思います。

宮島　凄いよね。『カリキュラマシーン』から長い年月が経ってるけれど、今まで齋藤さんがやってきたことを見ると、やっぱりあの人、凄く才能あると思うな。

浦沢　あと、働く量が半端じゃないですよ。ちょっと異常だよ、あの働き方は（笑）。違う番組でね、今でも覚えてるんだけど、朝まで打ち合わせするんだよ。打ち合わせが長くなる時ってのはあるんですけど、萩本欽一さんと一緒だともっと長くなるんですよ。それでずーっと打ち合わせやってて、朝になって解散したら、その日が『ズームイン!!朝！』の初日で、齋藤さんはそのまま『ズームイン』の初日やってるんですよ、平気で。

――その萩本さんの番組って『欽ちゃんドラマ・Oh！階段家族!!』では？

浦沢　そう、それそれ！　確か『階段家族』の何かで打ち合わせしたんだよ。朝まで打ち合わせは酷いと思うよ（苦笑）。

欽ちゃんドラマ・Oh! 階段家族 !!

制作：日本テレビ
放送期間：1979年
出演：萩本欽一

ズームイン !! 朝 !

制作：日本テレビ
放送期間：1979年～2001年
出演：徳光和夫、福留功男、福澤朗　ほか

——喰さんと齋藤さんが、ある台本で「男『は』」にするのか、「男『が』」にするのかで2時間議論したって伺いましたけど。

浦沢　喰さんとはね。俺とはそういうのはないよ。俺はもう「齋藤さんの言うことを全面的に聞くしかない」って思ってたから、何も逆らったことはない（笑）。ただ、あの人、台本読んで笑うんですよ、ちょっと異常なくらいに（笑）。

宮島　作家が書いてきた台本を読んで、面白ければ素直に笑うのも齋藤さんだし、つまらなければ凄い勢いで突っ返すのも齋藤さん。両極端なんだよね。

浦沢　普通、台本読んで笑う人ってなかなかいないんですよ。でも、齋藤さんだけは本当に笑うんです。あれで騙された。あの笑顔で（笑）。

「門（もんがまえ）」に「西」と書いてなんと読む？

宮島　さっき「ペンタゴン」でいろんな人が書いた台本を読んで「俺なら書けると思った」って言ったけど、その前から色んなものを見てた？

浦沢　ないですよ全然。本も読んでなかったし。だいたい俺、字も書けなかったもの（笑）。

宮島　おかしなこと言うね、君は（笑）。

浦沢　だって、ひらがな間違えてたぐらいですから。

——確か、喰さんも「字が書けなかった」っておっしゃってました。

浦沢　そう、喰さんも字をあんまり知らなかったから、いつも辞書を持ってたんだ。

宮島　今でも忘れないのは、あなたが書いた台本のト書きに「関西系暴力団」ってあるんだけど、「関西」って書くのを「門（もんがまえ）」の中に「西」って書いてあって（笑）。

浦沢　そういう間違いとか。

宮島　間違いじゃなくて意図的にでしょ？

浦沢　意図的じゃないですよ！（笑）。漢字は12画以上は全然書けなかったんです。

宮島　12画以上（笑）。

浦沢　だから、本当に全く字を知らなかった。それで、喰さんが知らない字を自分で辞書引きながら書いてるのを見て、「ああやって書きゃいいんだ」って思ったんです。

――喰さんの場合は『シャボン玉ホリデー』とかビートルズの映画から影響を受けてギャグを書いてたって伺いましたけど、浦沢さんはどうですか？

浦沢　喰さんにギャグの下地を教えてもらったんですよ。「こういう本を読みなさい」とか「こういう映画を観なさい」とか。それまでは下地が全然なかった。

宮島　作家もそうだけど、ディレクターも結局は「俺がいいと思えばそれでいい」って思ってんのよ。「誰かがいいもの作ったから、あれよりいいものを作りたい」とか関係ない。

浦沢　ただ「これはカリキュラムになってない」とか言い出すと、よくわかんないんですよ。宮島さんはわかってました？　カリキュラムって。

宮島　うん。だって、俺は「カリキュラムの先生」って言われてたんだから。

浦沢　ああ、宮島さんが一番詳しかったんだ！

宮島　俺と齋藤さんがね。

浦沢　作家でわかってたのは、喰さんぐらいだと思うんですよ。松原さんもそこそこわかってたとは思うんですけど、喰さんが一番カリキュラムを理解してたような気がする。そういう「理解する能力」があるんですよ、あの人。

――カリキュラムに沿って台本を書くというのは、やっぱり難しかったですか？

浦沢　いや、むしろカリキュラムがあったほうが楽だった。それが性に合ってたんだよね。

♪君は～　完全に～　包囲された～　ドッコイショ！

宮島　誰の台本だったか覚えてないけど、全学連がやぐらに登ってて、そのやぐらの周りを機動隊がぐるぐる回って。

浦沢　それ、俺です。俺の傑作のほうに入るギャグですよ。

宮島　あれは面白い！　しかも宮川（泰）さんの音楽が……

浦沢　♪君は完全に～

宮島　♪包囲された～　ドッコイショ！　っていう（笑）。

浦沢　「おどり『を』おどる」ですよね。それ、何のカリキュラムでしたっけ？

宮島　「くっつきの『を』」じゃない？

浦沢　そうそう、俺「くっつきの『を』」が得意だったの（笑）。「おどり『を』おどる」は、ずーっと考えてようやく出たギャグなんですよ。あの当時、安

宮川 泰（みやがわ ひろし）

1931年～2006年
大阪学芸大学（現：大阪教育大学）音楽科中退。数々のヒット曲を生んだ作曲家・編曲家。『巨泉×前武ゲバゲバ90分！』、『カリキュラマシーン』、『宇宙戦艦ヤマト』、『ズームイン!!朝！』、『午後は○○おもいッきりテレビ』など、TV番組のテーマ曲も多数手がける。『NHK紅白歌合戦』では「蛍の光」の指揮者として出演し、派手なパフォーマンスを見せた。

おどりをおどる

田講堂事件とかもあって「君たちは完全に包囲されている」っていう言葉にインパクトがあった。

――台本を書く時に「この役者にやって欲しい」という当て書きはなかったですか？

浦沢　なかった。役者に全く興味がなかったから。

宮島　それ書いてもダメなの。キャスティングが出来ないから。

浦沢　そうなんですか!?

宮島　だって、当日１２０シーン撮る中で、役者によって出る時間、入る時間が決まってるから。

浦沢　キャスティングはどこで決めてたんですか？

宮島　仁科さんが一人で決めるんだよ。

浦沢　現場で？

宮島　もちろん事前に。香盤表を作る前に、あの人は自分のところに上がってきた台本を全部バラバラにして、まずは「この役は誰に」というのを振るんだろうけど、その人の出入り時間とか、同じシーン、同じセットで使えるとか、そういう大変な組み合わせを考えてたの。そんなことをパソコン使わずにやってたんだから、仁科さんは凄く頭がいいんだよね。あの人じゃなかったら、絶対出来なかった。

浦沢　編集もやってますよね。一回、編集の現場に行ったら仁科さんがいて驚いたんですよ。大変だなあって（笑）。

宮島　だから、井原さんが「仁科はいつ子ども作ってるんだ？」って不思議がってた（笑）。

浦沢　仁科さんも凄く働く人なんですよね。齋藤さんと仁科さんと働き者が二人いるって凄いよ。

宮島　まあ、当時のディレクターやプロデューサーってみんなそういうところあったよね。作家も

香盤表（こうばんひょう）

撮影を行なう際のスケジュール表。各シーンごとの出演者、出演時間、衣装、小道具など、撮影に必要なものが書いてある。「香盤」はもともとは「香道」で使われた言葉。

東大安田講堂事件

1968年、全共闘と新左翼の学生が東京大学本郷キャンパス安田講堂を占拠し封鎖。1969年に警視庁が封鎖解除を行った。
投石や火炎瓶などによる学生の抵抗を受けて、機動隊による封鎖解除は難航したが、各学部施設の封鎖を解除し安田講堂を包囲、2日間かけて封鎖解除を完了した。

そうで、エンドレスでやってたもんね。それがまた逆に楽しかったんだよ、メチャメチャに。

浦沢　朝までみんな仕事してて（笑）。だから、俺ずっと日テレの食堂で飯食ってましたよ。あと、あの当時、日テレのパーラーが全部タダだったんですよ。あそこにあったサンドイッチとか適当につまんで食べてました。

宮島　いい時代だよね。

浦沢　オイルショックの前ぐらいでしたね。食堂も金払った記憶がないんですけど、食券貰ってたんだと思いますよ。ラーメンとかカレーライスとかよく食べてましたし、食堂で仕事もしてたし。

宮島　で、話また戻るけど、台本書いて形になったものをプレビューで見たことある？

浦沢　ありますよ、プレビュー室みたいなところで何回も見ました。作家は自分が書いた回は割と見に行ったんじゃないですかね？

宮島　齋藤さんは自分のやった回以外も見に来ててね。

浦沢　ディレクターは胃が痛いと思いますよ。

宮島　やっぱり齋藤さんって実績もあるし、権威もある人だから、年下のディレクターたちにしてみれば、齋藤さんがどう言うかってのは凄く気になってたんだと思う。俺は全然気にしなかったけどね。

浦沢　齋藤さんは人間的に出来てないから酷いこと言うんだよ、笑っちゃうくらい（笑）。俺から見ても「失礼なこと言うなあ」って（笑）。

――自分が書いた脚本のプレビューをご覧になった時に、演出で「これは違う」と思われることはありましたか？

浦沢　そういうことは思わない、全然。「これは違う」とかそういうことを思う力も自分にないんじゃないかな？　喰さんは違う。うるさいタイプ。口ばっかりだけど（笑）。

――喰さんは映像が出来上がった時に自分が想像してたものとは違うことがあったとおっしゃってました。

浦沢　まあ、みんなあるんだろうけど、俺はないんですよ、全然。

――出来上がりを想像しないで脚本を書いているということですか？

浦沢　脚本を書いている時に「思いつき」ってのがあって、その「思いついた」時の喜びだけ。台本が出来上がってディレクターのところへ行った後は、もうディレクターのものだと思ってるから。

宮島　そうだよね。役者が誰になるかとかはお任せだもんね。そこまで注文出せるなら別だけれども。

浦沢　あと音楽とかも俺、全く興味がないっていうか知らないから、作品のイメージが出来ないんですよ。

宮島　とはいいながら、やっぱり『カリキュラマシーン』は一番面白かったわけじゃん？

浦沢　そうそう。当時20代だから体力もあったし、ずっと考えていられて、それでいいギャグを思いついた喜びとかあって。でも今はそういうのないですよ。

宮島　それは今、あなたにもないのと同時に、世の中のテレビでそういうことを作家が感じて書いているような番組がないという意味でもある？

浦沢　いいや、そんな他人のことに興味ないですから。若いとそういう情動があると思うんですよ、きっと。だけど、俺、今何か見ても感動しないもん。別に感動したくもないんだけど（笑）。

よくわかったんです、感動っていうのは心が濁った人がするもんで、心が美しいと感動なんかしないんだって。『カリキュラマシーン』のときも俺、ほとんど感動なんかしなかったと思いますよ。

宮島　そりゃまあ怒涛のような仕事だったからね、感動も何もなかったね。だって、今DVD-BOXが3枚組で出てるでしょ？　全部見て、どれが自分の演出した回かわかんないんだよ。

浦沢　そのDVDはどういう内容で分けてるんですか？

宮島　これは良さそうだっていうのを選んだみたい。俺のは3本しか入ってないけど。もっとも、俺は1年目はスタジオとカリキュラムしかやってなくて、神戸（文彦ディレクター）のおしっこが赤くなっちゃったんで、交代して2年目からディレクターになったから。

浦沢　神戸さんは2年でやめた？

宮島　1年目だけ。

浦沢　『カリキュラマシーン』は3年やったんですか？　それとも2年？

宮島　収録は3年で放送は4年。4年目は再編集もの。だから、新作は3年。

浦沢　1年目は「ギャグ」が多かったけど、2年目、3年目と段々「お話」になっていって、そっちのほうが楽しくなった。だから、3年目なんか俺、結構良かったと思うんです。「5の家出」とか「ギャグ」じゃなくて「変な話」になってて、そういうのが俺が一番得意だと思ってたから。

神戸 文彦（かんべ ふみひこ）

日本テレビの制作局エグゼクティブディレクター。元々は子役として映画に出演したことも。『巨泉×前武ゲバゲバ90分！』『カリキュラマシーン』『欽ちゃんの仮装大賞』などの演出を手がける。

宮島　一本ストーリーを作ると。

浦沢　そう。ストーリーっていっても短い時間なのでたかが知れてるんですけど、「変な話」を書くっていうのは『カリキュラマシーン』で覚えたことですよ。

――1年目はほとんど『ゲバゲバ90分！』の延長線みたいな感じでしたね。

浦沢　そう。だから、俺の中では2年目で初めて『カリキュラマシーン』になったって感じがしたの。『ゲバゲバ90分！』じゃないことをやりだしたっていう意味で。1年目は完璧に『ゲバゲバ90分！』の作り方を真似てやってたから。

宮島　でも、インターネットで『カリキュラマシーン』の思い出なんかを語ってる人たちは、もう2年目、3年目とか関係なく、全体として「とにかくあの番組は素っ頓狂でいまだに忘れられない」って言うね。

浦沢　それはそうでしょうね。それに15分の番組にしては豪華ですよね。宮川さんの音楽は今も使われますもんね。脚本に音楽を付けてもらうのも結構楽しかったですよ。あれで「俺、詞が書けるんだ」と思いましたから。

宮島　でもさ、宮川さんって人は稀有の天才で、今の話をちょっとぶち壊すような言い方になっちゃうけど、どんな詞が来ても曲にしちゃうんだよ。「タイル　タイル　タイルを置こう」なんて詞に誰も作曲なんてしないんだよ、普通（笑）。それをあの人はちゃんと曲にしちゃうんだよね。

浦沢　そういえば思い出したけど、俺が書いたやつで一回だけディレクターに「あそこダメですよ」って言ったことがあるの。「5の家出」で「5は家出して○○になった」とかはゆっくり流したかったんだけど、ロールで早く流しちゃうんだもの。放送時間が短いからしょうがないんだけど、俺としては、それを最初に持って来て、後ろに回したものを詰めて貰いたいって感じだった（笑）。

カリキュラマシーン ベストセレクション DVD-BOX
販売元：バップ
発売：2004年

宮島　そうか、「5の家出」はあなたの台本か。あれもムチャクチャだね！

浦沢　あのあたりから俺の中では「『カリキュラマシーン』はこういうものなんだ」って。

宮島　そういう意味では、あれはストーリーがあって、しかもギャグだね。5が家出してオカマになって、ヤクザになって。ムチャクチャだよね（笑）。

入間のFMラジオで俺がディスクジョッキーやってた番組に『カリキュラマシーン』のファンだった女性をゲストに呼んで、「5の家出」の音をビデオから録って流したことがあったの。そしたら彼女喜んじゃってさ、思わず叫んだね、「5は家出しない！　オカマにもならない！　だからあの番組は面白かった！」って（笑）。今、ああいう台本書いて世の中に通ると思う？　テレビ局が通すと思う？

浦沢　30年位前のフジテレビは結構やってくれたの。「この時間帯はどうでもいいや」って感じが当時のフジにはあったからさ。今はちょっとダメかもしれないですね。

——それは夜中の時間帯ですか？

浦沢　日曜朝9時。「その時間は誰もテレビ見てない」っていうんで、フジの担当もどうでもいいやって感じで「悪いことさえしてなけりゃ、何やってもいいですよ」って（笑）。

——東映不思議コメディーシリーズですよね。

浦沢　そうそう。その時やってたのが、だいたい『カリキュラマシーン』でやってたことですよ。『カリキュラマシーン』の時に原稿用紙1枚のギャグでやってたのを30分にして。それで一番良かったのは「チャーハンとシューマイの結婚式」。結婚指輪の代

東映不思議コメディーシリーズ

制作：東映
放送期間：1981年～1993年
石ノ森章太郎原作による特撮コメディードラマシリーズ。
フジテレビ系列で放送された。

わりにグリーンピースを交換するやつ。それを30分の番組でやったの（『ペットントン』第30話「横浜チャーハン物語」）。チャーハンとシューマイが結婚しようとするんだけど、店主が許さない。で、その二人はラーメン屋から逃げて駆け落ちしちゃうの。それはね、その枠での大傑作だと思うよ（笑）。

宮島　やってるスタッフとかディレクター達は満足した？

浦沢　ディレクターが横浜の中華街まで行って、チャーハンとシューマイを吊って、ラーメン屋から逃げる画を撮ってくれて。

宮島　（笑）。そういうセンスのある人いいね。

――そういうのを面白がる人が今はいないんですかね？

浦沢　やっぱり、そのときのフジが良かったんだよね。「何やってもいい」っていう感じで、「こんな番組関わってられないから、あとは好きにやっといてくれ」っていう姿勢がね（笑）。

――あと、『ゲバゲバ90分！』や『カリキュラマシーン』でNGになった台本を他局に持って行って使ったっていう話はよく聞くんですが。

浦沢　いや、『ゲバゲバ90分！』は「短ギャグ」だから、あんまり他で使いどころがないんだけど、『コント55号のなんでそうなるの？』なんかはボツ原稿が凄くあったりして、それはもう他局へ（笑）。喰さんは「55号」向けのギャグじゃなくて普通にただの「男が二人出てくる」コントで書くから、他でも通用するっちゃ通用するの。「劇団東京乾電池」なんかには、俺も喰さんもよくあげてましたよ。とにかく、齋藤さんのコントの落とし方（＝ボツにする数）が物凄いから。

劇団東京乾電池
1976年～
柄本明、ベンガル、綾田俊樹によって結成された劇団。

「思いつき」にしか興味がない

宮島　そういえば、「『よ』の時報」はあなたの台本でしょう？

浦沢　そう、あれからなんですよ！

宮島　あれは素晴らしい！　あれはいまだに忘れない。

浦沢　それまで俺が作家の中で一番若くて、齋藤さんたちからは「本当に使えるかどうかわからない」って思われてたんだすけど、台本を書いて初めて採用されたのが「『よ』の時報」でした。

宮島　「『よ』の時報」ってさ、（時計の秒針を模しながら）「よ、よ、よ、よ〜。四時をお知らせします」ってさ（笑）。これはいい！

浦沢　「よ、よ、よ、よ〜」で伸ばして『よ』はお段」っていうのを教えるためカリキュラムで、あれがみんなに認められた最初のやつです。

宮島　だいたい突拍子もないものを書いてるのはほとんどあなただよね。他の作家たちは喰以外はみんな常識人だから、突拍子があるんだよね（笑）。

浦沢　いや、俺は奇を狙っていくしかないと思ってたんで。普通に書くなら松原さんとか巧い人がいるから。

――歌詞も書かれてましたよね？「ソング・オブ・カリキュラマシーン」というレコードがあるんですが、あれは宮島さんや齋藤さんに伺っても「あったような気がする」ぐらいの感じで。

宮島　記憶にないですよね。

――東芝から出ていて、AB両面とも作曲が宮川さんで、B面の曲の歌詞を浦沢さんが書かれてるんですよ。

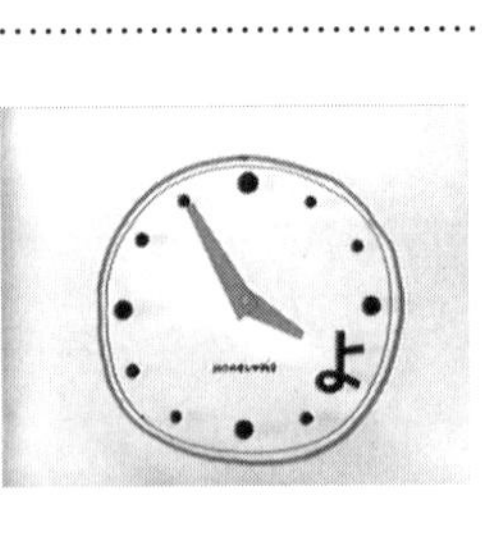

「よ」の時報

浦沢　それ、送ってもらって聴いたんだけど、俺もあんまり記憶にないんですよ。俺の印象にある曲とちょっと違ってたんです。それより『ズームイン!!朝！』の曲のほうが印象に残ってますよ。

――徳光和夫さんが歌ってらした「天気予報の歌」ですね？

宮島　あれ、ソノシートがあったんだよ。

浦沢　そう！　俺、レコードになったと思って喜んでたら、ソノシートが日テレで「お持ち帰り」になっててさ、「なんだ」ってガックリしちゃって（笑）。日テレの玄関に置いてあるんだもん、「どうぞお持ち帰りになってください」ってさ（笑）。

ところで話変わるけど、ディレクターは収録が終わったら台本捨てちゃうんですか？

宮島　捨てちゃうよ。

浦沢　俺、3年間ぐらい持ってたんですよ。

宮島　それは自分の台本でしょ？　ディレクターはそれをバラバラにして、並べ替えて、収録台本にして、（指で厚みを示しながら）こんなになってるやつを持ってたの。だから、そんなのは取っておけないよね。

――喰さんがおっしゃっていたんですが、台本から抜粋して放送されることもあるんですか？

宮島　書くときには「これを収録したら何分になるか」なんてことは考えずにどんどん書くから。

浦沢　収録時間が長くなったりして、時間通りに行かないってことですよね。半分ぐらいボツになったこともありましたよね？

宮島　そうそう。当然、仁科さんは「こんなに台本が厚くて、ちゃんと時間に収まるか？」って言ってくるわけ。その段階で削ることもあるけども、取り敢えず撮る。それで役者が入れ込んだりすると、どんどん伸びちゃう。そしてまた仁科さんが

ソング・オブ・カリキュラマシーン / ゴリラの一郎 花とさけ
販売元：EMI ミュージック・ジャパン
発売：1974年

やってきて「これ長いけど、どうするんだ?」ってことで、「これはカリキュラムに関わるから外せない」とか判断して、ディレクターが外すんです。プロデューサーが外すってことはない。喰はそういう意味で言ってる。

浦沢 俺はそういうのは気にしなかったです。喰さんはイメージが出来てるんじゃないですか? 自分で書いたものに。昔からよく言ってましたね、自分のイメージと出来上がりが一緒になったことがないって。ただ、一個だけあるとは言ってましたけど。

──思い通りにできたということですか?

浦沢 それって、俺はよくわからないんだけど、出来上がりが凄く面白くなってたから「自分の思い通りになった」と解釈したってことだよね、きっと(笑)。

宮島 いい時代だったと思うよ。今の「何でもあり」とは違う「何でもあり」だったよね。もっと自由な感じで。

浦沢 テレビが裕福だった時代でしたからね。裕福っていうか、まだ成長期の段階で、何やってもいいっていう感じでしたから、きっと。

──浦沢さんは撮影現場に足を運ばれたことってありますか?

浦沢 一回しか行ったことない。ライターが行っても現場は忙しくて相手にもされないから。とにかく、ほとんど行かないですよ。「来い」とも言われないし。

宮島 そりゃそうだよ、現場はもう大騒ぎだからね、あの番組は。

浦沢 そのクセが付いて、俺はどの現場もあんまり行ったことがないんですよ。

宮島 もっと前の、それこそ宍戸錠さんなんかが若かった頃の時代は、作家もスタジオに来て、収録が終わると飲みに行ってたりしてたんだよね。でも、井原チームはドライだから、そんなことなかったね。齋藤さんは役者と呑みに付き合ったりしてたけど。

浦沢　そうそう、よく喰さんとも話してたんですけど、齋藤さんは作家がいる時には作家サイドになって役者のことを言ってるんだけど、スタジオにいると完全に役者サイドになってるって（笑）。

宮島　それはしょうがない（笑）。

浦沢　そういうものですよね。齋藤さん、フロアディレクターなんて巧そうですよね。

宮島　齋藤さんのあだ名の「ギニョ」って名前は、ヘッドホン付けてフロアやってる姿がギニョール人形みたいに見えたからってことだからね。

――浦沢さんは途中でやめたいと思ったことはないですか？

浦沢　やめたいと思ったことはないけど、齋藤さんがみんなをピストルで撃ち殺しちゃう夢は見たことあるよ。オリエント急行の中でみんなが台本書いてて、それを読んだ齋藤さんが「ダメだ、こんなの！」って、みんなをバンバン撃ち殺しちゃう（笑）。

宮島　それ、台本に書いたら良かったのに。「ディレクターに撃ち殺された作家が５人」って（笑）。

――浦沢さんは、他の作家さんの台本から刺激を受けることはありましたか？

浦沢　俺がこの商売やろうと思ったのは、『ゲバゲバ90分!』の台本運びしながらそれを読んでて、1本だけ「面白い!」って思う台本があったからで、それが喰さんのだったの。それだけがバーンと来て、「これなら書いてもいいや」って思った。あとは何にも影響受けてない。

――たとえば『カリキュラマシーン』の脚本を書くのに参考にされた番組とかは?

浦沢 ない。

――『モンティ・パイソン』はご覧になりましたか?

浦沢 『カリキュラマシーン』を書いてる最中だったけど、井原さんから『モンティ・パイソン』見せられたことはある。ただ、それだけ。

――『ラフ・イン』は?

浦沢 『ラフ・イン』は知らない。全然見たことない。

――じゃあ、本当に何も参考にしないでギャグを書いていたんですね?

浦沢 そうそう、「思いつき」で。

――面白いですね(笑)。確かに当時、日本にそういうギャグ番組ってなかったですよね。『カリキュラマシーン』でも、アニメーションとスタジオ撮りとロケ撮りとありましたけど、そういうのは書いているときに想定しているものですか?

浦沢 「池で」とか書いたら「ロケになるかな」と思ったりはするけど、そのぐらい。

宮島 でも、「池」でもクロマキーで合成してやっちゃうこともあって、それは「そっちのほうが面白いかどうか」ということや、「実際に役者を池に飛び込ませるわけにはいかない」ということとかもあってね。

浦沢 その判断はディレクターですよね。

モンティ・パイソン(Monty Python)
活動時期:1969年~1983年
2013年~2014年
メンバー:グレアム・チャップマン、ジョン・クリーズ、テリー・ギリアム、エリック・アイドル、テリー・ジョーンズ、マイケル・ペイリン
1969年から始まったBBCテレビ番組『空飛ぶモンティ・パイソン』で人気を博したイギリスのコメディーグループ。

宮島　そう。台本が来て「これはロケハンに回そう」ということはディレクターが判断することで、作家は全く知らないこと。

――『カリキュラマシーン』の仕事は、その後の仕事への影響がありましたか？

浦沢　『カリキュラマシーン』でやったギャグを30分のアニメや特撮にするっていうのが、俺のその後の生き方だから（笑）。

――人がやるよりも鍋がやったほうが面白いとか（笑）。

浦沢　それもきっと『カリキュラマシーン』でやったから平気でやれるんだと思う。人があんまり好きじゃないんだと思うよ、俺は。

――それで「チャーハンとシューマイが結婚する」ということになるわけですね？

浦沢　そう、『カリキュラマシーン』で思いついたことを長く伸ばしてやってるだけっていうことです。

宮島　それは本人にとって悲劇ではないの？

浦沢　いえ、俺は「思いつき」にしか興味がなくて、ドラマとかには興味ないですから。

宮島　でも、世の中に受け入れられるか受け入れられないかっていう問題もあるじゃない？

浦沢　そういうことをやってるのは今のところ俺だけだから大丈夫なんです（笑）。

宮島　それで「ああいうのは浦沢に頼もう」ってことになるわけだ（笑）。そりゃいいね。

浦沢　今まではそれで生き延びてきたんですけど、これからがヤバいと思うんです（笑）。

――そうすると、今は「ギャグ作家」が育ってない

ラフ・イン（Rowan & Martin's Laugh-In）

放送局：NBC
放送期間：1968年～1973年
ダン・ローワンとディック・マーティンがホストで出演したスケッチコメディーのテレビ番組。

んでしょうか？

浦沢　俺とか喰さんたちがやってきたような「ギャグ」の作家っていうのは育ってないでしょ。

宮島　でも、喰はこないだ「ギャグ作家は育ってます」って言ってたね。

浦沢　それは、アニメとかゲームとか、アイディアがある人は色んな世界にいるってことじゃないですか？　今、コンピューターで小さいアニメもたくさん作れるようになったし、マンガを描く人も昔よりずっと多いから、そういうところで育ってるといえば育ってるんだと思います。俺はあんまりそういうの知らないから興味がないだけで。

宮島　今、日本の映画とかアニメとかが世界に出て行ってるけど、ああいうの、どういう人たちが台本書いてるんだろ？　若い人たちがいるの？

浦沢　ええ、若い作家はいますよ。

宮島　でも、みんなつまらないよね。

浦沢　それは歳のせいですよ。俺も何見てもつまらないですよ。もう面白がるパワーがないんです。でも、それはいいことなんですよ。今更面白がったってしょうがないし（笑）。昔、あんだけ面白がればね、それで充分ですよ。

――今後、何かやってみたいと思われているようなことは？

浦沢　ないですよ（笑）。「やってみたい」なんてことは思ってないし、必死ですよ、来る仕事に対して。

宮島　だけど、いい球が転がってくるのは待ってるよ

ね、やっぱり。

浦沢　「いい球」なんて来たためしがないですよ。来た球は全部受けちゃうってことだけですね（笑）。

――もし、また『カリキュラマシーン』を作ろうって言われたら、脚本を書きますか？

浦沢　書きますね。ぜひ書きたいですよ。本当は『カリキュラマシーン』だけをずっとやっていたかったっていうのが、人生で一番思うこと。

宮島　そうか、またやるって言ったら書くか。

浦沢　書きますよ、そりゃ。

きみは かんぜんに ほうい されている
どっこいしょ♪
むだな ていこうは おやめなさい
ちょいなちょいな♪

作詞:浦沢義雄

3

齋藤ディレクターとはすでに面識があったので、宮島さんを頼らず研究会だけでインタビューを試みる。周囲を気にしなくていいように音楽スタジオを予約。でも2時間はあっという間に終わっちゃうんだ。結局、3日に分けての超ロングインタビューとなり、しかも3日目は大晦日の夜。インタビューの後は朝まで飲んでしまったのでありました。明けましておめでとうございます（笑）

カリキュラマシーン

3

齋藤太朗ディレクター インタビュー

「毎日が文化祭」ですから(笑)

●2011年10月〜12月 吉祥寺スタジオフェスタにて

本日のゲスト

齋藤太朗さん
さいとう・たかお

元日本テレビディレクター。『カリキュラマシーン』では、メインディレクターでありながら番組のカリキュラムの説明などを行う「ギニョさん」として出演。『シャボン玉ホリデー』『九ちゃん!』『巨泉×前武ゲバゲバ90分!』『コント55号のなんでそうなるの?』『欽ちゃんの仮装大賞』『ズームイン!! 朝!』『午後は○○おもいッきりテレビ』などの演出を手掛ける。演出においてはそのこだわりの「しつこさ」から「こいしつのギニョ」と呼ばれる。

聞き手:平成カリキュラマシーン研究会

トライアルとしてのゲバゲバ90分ができるまで

――『カリキュラマシーン』は井原プロデューサーと『セサミ・ストリート』を観て、「これがやりたい」って思われたそうですが、イメージ通りにできたでしょうか？

齋藤　難しい質問なんだよな、これ。順番にいっちゃっていいですか？

――はい。

齋藤　われわれは『九ちゃん！』っていう番組をやってたんですが、色んな事情があってやめようという話になって、じゃあ次何やろうかっていう会議をやったんですよ。井原さんと僕と仁科プロデューサーと、あと作家の小林信彦（中原弓彦）、井上ひさし、河野洋が集まって。事情は色々あるんですけども、終わらせようって話になったんです。でも、終わらせるっていうことは、次のこと考えとかなきゃいけない。

色んな雑談をしてる中で、「『セサミ・ストリート』っていうの観たことある？ あれって面白くない？」っていう話になったわけですよ。井原さんもわれわれも、少しでも世の中の人の役に立つようなことやりたいよなっていう話をしてて、そっちが先だったか後だったかわかりませんが、ひょっとすると、そっちが先にあったかもしれないね。とにかくまあ、教育番組っていうものをちょっと試みにやってみよう、それも、楽しく観られる教育番組をやりたいね、俺たちは楽しくやる番組だったら出来るよなってことで、とりあえず方向を決めたわけですよ。

で、井原さんが『セサミ・ストリート』を作ってるチルドレンズ・テレビジョン・ワークショップの話を聞きにアメリカへ行ったの。そこで「子どもたちっていうのは長い時間引っ張っておくことは難しいよ」とか、「目先をどんどん変えないと、すぐにそっぽを向いちゃうよ」とかいうようなことを教わった。そもそも英語読めないし喋れないっていう、ヒスパニックの子どもたち向けに企画されて、いろんな財団の寄付などで賄われてた番組ですよね。そういう形でやってるから出来たんで、これを営業的にやる

チルドレンズ・テレビジョン・ワークショップ（Children's Television Workshop）

アメリカの非営利団体。1968年設立。1969年に放送開始された『セサミストリート』は150カ国以上の国で視聴された。2000年に「セサミワークショップ（Sesame Workshop）」に改名。

九ちゃん！

制作：日本テレビ
放送期間：1965年〜1968年
出演者：坂本九、小林幸子、てんぷくトリオ、小川知子　ほか

のは非常に難しいだろうということもね。

とにかく、子どもたちに興味を持たせるにはシークエンスを短くしなきゃいけない。そして、実は火曜日の夜にNBCがやっている『ラフ・イン』って番組があって、チルドレンズ・テレビジョン・ワークショップの人たちは、その『ラフ・イン』の非常に短いシークエンスで、どんどんどんどん全く脈略もなく変わっていくという手法を手本にしたという話を聞いてきたわけ。井原さんは『ラフ・イン』をアメリカで見られなかったんだけど、ニューヨーク支局に頼んで、オープンリールで二週分撮って送ってもらって、それを観たわけだよね。

これがまた面白いんだ。英語わかんないんだけど、とにかく無茶苦茶おかしいんだよね。

で、それが出来ないと『セサミ・ストリート』みたいなものは出来ないということと、そもそもこれ面白いよなと。で、『セサミ・ストリート』の日本版みたいな番組の「前哨戦」として、まずは『ラフ・イン』の日本版みたいなものをやろうじゃないかって話になったわけですよ。それが『ゲバゲバ90分！』の発端なわけね。

それで、作家はどうしましょう、音楽はどうしましょう、タレントはどうしましょうって問題がすぐ起きてくる。当然の如く、プロデューサーの井原さんはお金も集めてこなきゃいけないから、サントリーとホンダと武田薬品工業へ乗り込んでって、「これこれこういうものやるんでスポンサーになってくれ」みたいな話をしたわけだよね。

まず時間枠ってのがあるんだけど、火曜の夜の8時が空いてたんですよ。で、9時台の30分も空いてるよって話があって、こっから先が井原さんの恐ろしいところなんだけど、その時代にはもう1時間番組はいっぱいあったの。でも1時間以上の番組なんてなかったんだよ。でね、「90分やる!!」って言い

齋藤太朗ディレクターの『ゲバゲバ90分！』のサンプル台本と『ゲバゲバ90分！+30』の台本

ラフ・イン（Rowan & Martin's Laugh-In）

放送局：NBC
放送期間：1968年～1973年
ダン・ローワンとディック・マーティンがホストで出演したスケッチコメディーのテレビ番組。

出したわけだよ。こっちもびっくりしたけどさ、「目立つわな、これは」っていうんで、タイトルにも「90分」って付けて売り込むっていうかね。

で、スポンサーにどうやって説明しようかっていうんで、まずひとつは『ラフ・イン』っていうのは、ローワン＆マーティンっていうコメディアンがいて、これが中心になってやってる。日本の場合もそういう人が必要だよなと。で、大橋巨泉と前田武彦が滅茶苦茶売れてた時代ですよね。二人とも自分で番組を週に5本ぐらいこなしてる時に、大橋巨泉と前田武彦の両方で司会をやるっていうのを仕組んで、「そんなことってあるわけ!?」みたいな形をひとつ作って。

それだけじゃ足りないから、当時、「視聴率取る」って言ったらこの人たちしかいないだろうって言われてたのがコント55号なんですよね。で、コント55号をとにかく何とかしてとっ捕まえて出演者の中に入れると。ただし、二人揃って出るっていうのが、どうしてもOKにならなかったんですよね。「収録には一日一人ずつしか行かないよ」みたいな契約しか取れなかったんだけど、でも、二人とも出てくるわけでしょ。

だから、「大橋巨泉と前田武彦の司会だよ！」「コント55号も出るよ！」「非常に面白い番組だよ！ アメリカでも今売れてるし」って、それを売りにしてスポンサーを口説きに行って、大スポンサーが３つくっついてる。社内的にも「スポンサーも付いてて、時間枠はあって、井原がやるって言ってんならいいじゃない」ってなことでもって、「ドン！」と行っちゃったわけね。

一方で作家をどうしようってのもあって、何しろ短いシークエンスでたくさんの台本が必要だから、いろんな人が大勢で書かないと出来ないぞと。でね、『九ちゃん！』っていう番組が合作システムだったんですよ。ある意味、テレビ史の中で、あれが初めての合作システムだと思います。毎週ホテルの一室に作家を集めて、企画や担当を決めて、その日のうちに台本をみんなで分散しながら書くというシステムですよね。

――『九ちゃん！』が合作になったきっかけは何ですか？

前田 武彦（まえだ たけひこ）

タレント・放送作家・司会者。1968年から放送された『夜のヒットスタジオ』（フジテレビ）の司会者として人気を博した。

大橋 巨泉（おおはし きょせん）

タレント、放送作家、元参議院議員、テレビ司会者、競馬評論家、ジャズ評論家、時事評論家。『11PM』の司会で放送作家からタレントとして表舞台に。

齋藤　井原さんの考えで、一人で書いてるよりも、面白い番組を書ける人が大勢集まれば、もっと面白いものが出来るだろうっていうことで始めたのね。合作システムってものの良さと同時に難しさもあるんですけども、『九ちゃん！』でそれをやって、どうやって転がしてけばいいかっていうノウハウは持ってたんですよ。で、『ゲバゲバ90分！』をやるためには、これはもうどうやっても大勢でかからないとダメだよなあということで。

一年目の筆頭ライターは三木鶏郎（みきとりろう）さんなんですよ。ただし、一回も書いたことない。スポンサーを捕まえるためだったりしたんだと思うけど、とにかく鶏郎さんが筆頭なんですね。実質はキノトールさんと三木鮎郎（みきあゆろう）さんで、ホントの作業は河野洋なんだけどね（笑）。

永六輔を口説きに行ったら、「（永六輔の真似で）僕ダメです。テレビは今やりません」とか言ってさ（笑）。でもね、「別に弟子ってわけじゃないんだけど、今、二人若いのがいて勝手に色々やってるんだけど、こいつらちょっと面白そうな気がするんで、それ使ってみないか」って紹介してくれたのが「ニコニコ堂」の松原敏春と喰始なの。喰はまだ十代か二十歳になったかならないかじゃないかな？　松原君は二十歳そこそこだったと思いますね。で、その二人に「ちょいと書いてきてよ」って言ったらすごい量のギャグを書いてきたんだよ。で、これが面白いんだわ。「こりゃもう是非！」っていうんで二人は参加して。結局一年目は確か40人作家がいるんですよ。

――40人!!

齋藤　それを統括して整理する人が必要だっていうことになったんだけど、キノさんも鮎郎さんも、とてもじゃないけどそんなことやってらんない。河野洋が一番力もあるし、彼に頼もうってことになったの。彼はその時に井上ひさしらと「ペンタゴン」っていう組織を作ったんですよ。「ペンタゴン」って何かっていうと「5人」ね。5人の作家で赤坂に一部屋借りて、作業場というか事務所というかね。それで、原稿運びに男の子を一人入れたんです。それが浦沢義雄。

ペンタゴン（放送作家集団）

メンバーは河野洋、井上ひさし、田村隆、奥山侊伸、恵井章、つかさけんじ、かとうまなぶ。

キノ トール

劇作家、脚本家、演出家。『日曜娯楽版』で一躍人気作家に。『11PM』、『巨泉×前武ゲバゲバ90分！』、『光子の窓』などを手がける。1999年、永眠。

巨泉×前武ゲバゲバ90分！

制作：日本テレビ
放送期間：1969年10月7日～1970年3月31日
　　　　　1970年10月6日～1971年3月30日
出演：大橋巨泉、前田武彦　ほか

ところが5人もいるわりには『ゲバゲバ90分！』を理解して書ける人は河野洋しかいなかったみたい。結局、彼の一人仕事みたいになっちゃって、毎週、積み上げた原稿が押し入れの下の段から上まで行くんだよ？ 原稿用紙を折ってないんだよ？ そのまんまよ？ ギューって積み上がって、それをほとんど捨てるんだからね？ 実際に使うのはこんなもん（指で少しの厚みを示しながら）だからね？ 読んでさ、直さなきゃいけなかったりするわけじゃん？……という作業を彼は始めたわけですよ。それが作家のほうね。

　で、タレントのほうはというと、われわれがタレントを決めるにあたって、みんなで約束したのが「コメディアンはやめよう」ということ。コメディアンってさ、自分で笑わせようとするから。『ゲバゲバ90分！』は台本が主役なんで、それを具現化というか、映像化するのがその役の人たちなんだから。だから、コメディアンじゃない人ばっかり口説きに行ってるわけだよ。でも、「台詞なんてないかもしれませんよ」っていう話じゃない？ で、「台詞ないんじゃヤダ」って結構断られちゃったんですよ。

だけど、『熱中時代』とか『前略おふくろ様』とかを撮ったディレクターの田中知己さんが井原さんと仲良しで、彼が推薦してくれた人がね、みんな素晴らしかったのよ。小松方正、大辻伺郎（同名の活弁士・漫談家の子息）、常田富士男、吉田日出子、宮本信子……。とにかく田中知己さんは芝居のほうのプロダクションとかタレントさんに強くて、人を紹介すると同時に口説きもやってくださったりして、その人たちが新劇の人たちなんですよね。「台詞ないよ」とか言われても、一所懸命何でもやってた人たちだから、みんなOKになったわけですよ。

　それからおヒョイ（藤村俊二）はね、『九ちゃん！』をやってる頃から『ビートポップス』の振り付けとかやったりしてたんだよ。あの頃の流行りの曲の流行りのリズムダンスって、実はおヒョイが作ったりしてんだよね。「ブーガルーなんて変なリズム、どうやって踊ればいいの？」とかいうことをおヒョイんとこ訊きに行ったりなんかしてたの。

　彼とは番組として付き合ったことは全然なかったんだけど、河野洋なんかとも仲良しで遊んでたんですよ。でも、「あの男、絶対いいよ！」って言っても、

テレビディスコティクショー ビートポップス

制作：フジテレビ
放送期間：1966年～ 1970年
出演：大橋巨泉、星加ルミ子、木崎義二、藤村俊二、小山ルミ　ほか

藤村 俊二（ふじむら しゅんじ）

俳優、声優、タレント、振付師、実業家。日劇ダンシングチーム12期生として 1960年に渡欧。『8時だョ！全員集合』やレナウンのCFの振り付けなどを担当。2017年、心不全のため永眠。

井原さんも周りの人たちもみんな懐疑的だったね。役者じゃないし、何が出来るわけでもないし、動きがいいだけ。「でもでも、絶対いいから！ これだけは入れて！」って俺と河野洋が散々口説いて入れた。

宍戸錠さん（第10章参照）は、時期として非常にいいところで頼んじゃった。つまりね、映画はもうダメだと、何か別のことをやろうと一所懸命考えてた時期だったの。で、「面白そうだからやります」って参加してくれた。

スタッフ全員で感心したんですけどね、大勢役者がいる中で、宍戸錠さんはいつも中心にいるんですよ。みんながブツブツ言ってても、「いいじゃない、やろうよ」って彼が言うと、みんなついて行っちゃうみたいなね。カリスマ性っていうのかなあ、「スターってすごいな」って思ったよ。そのくせあの人全然飾らないから、みんなと一緒にその辺にごろ寝してさ、一部屋くださいなんて絶対言わない人でしょ。タレント班の中心に朝丘雪路さんと宍戸さんがいて、彼らがなんかするとみんな動いてくれるっていうような。だから、宍戸さんの参加は非常にありがたかったですね。

はっきり言うと、宍戸さんはあんまり上手じゃないんだよ。本人も「俺はあんまり上手じゃない」って知ってるの。でも、一所懸命やってくれるの。ただしね、かっこいいことやらしたら絶対かっこいいの！ ホントに！ これは誰も真似できない。

タレントの中で一番台本をよくわかってたのは宍戸さんじゃないかな。理解力があって、みんなに「面白いんだから、これ」っていうようなことを言って乗せてくれる。演出側からとタレント側からと、両方で押してってくれるみたいなところがあって、ホント凄かったですね。とにかくそうやってタレントは大体決まったのかな。

で、今度は音楽でしょ。僕と井原さんは前田憲男（まえだのりお）さんでずっとやってきたんだけど、彼はオリジナルの曲を書くのがダメなんだよね。書けないって言うのよ。それで、BGMもいっぱい書かなきゃいけなかったりするから、宮川泰（みやがわひろし）さんを入れましょうって話になって、音楽は宮川さんと前田さんと二人いるんですよね。大体それで体制は決まったんじゃないですか。

朝丘 雪路（あさおか ゆきじ）

女優、タレント、舞踊家、歌手、司会者。
宝塚歌劇団退団後、『11PM』のアシスタントを務め、バラエティ番組に多数出演。2018年，アルツハイマー型認知症のため永眠。

――その作業がスタートしたのはいつ頃からですか？ 番組は10月に始まってますけど。

齋藤　昭和43（1968）年の9月まで『九ちゃん！』って番組をやってたんだけど、とにかく予算がいっぱいいっぱい。そこに坂本九ちゃんのプロダクションからギャラアップがきたんですよ、凄い勢いで。でも、もうお金出るとこないわけ。

『ゲバゲバ90分！』もそうなんですけど、井原さんって人はね、文芸費にすごいお金掛けるわけよ。大体文芸費が予算の半分行くんですよ。作家がいっぱいいるから、もうタレント費に余裕がない。公開でやってたんだけど、公開もやめよう、レギュラー出演者も減らしちゃおうと。で、九ちゃんは残して、てんぷくトリオも伊東四朗だけにして、スタジオ撮りにして、『イチ・ニのキュー！』ってのをやったの、43年の10月に。

だけど、始めてすぐにまたギャラアップって話が来たの。それで、「もうやめよう」と。別に九ちゃんがイヤなんじゃないのよ。だけど、お金はどうにもなんないし、さっきの話の「じゃあ次何やろうか」って話が持ち上がってるから、昭和44（1969）年の頭にはもう既に色んなこと言い出してると思うんだよね。

44年に入って、『イチ・ニのキュー！』が3月で終わっちゃうことになって、でも『ゲバゲバ90分！』は火曜日の8時。その時間は野球やってるから、スタート出来るのは10月なわけだよね。そこまでなんかやらなきゃいけないよなっていうんで、前田武彦の『天下のライバル』っていう繋ぎ番組をやったんですよ。

大橋巨泉と井原さんは、その頃親友だから……今（取材当時）は喧嘩してますけど（笑）、大橋巨泉はいつでも口説ける。でも前田さんとは付き合いなかっ

前田武彦の天下のライバル

制作：日本テレビ
放送期間：1969年
出演：前田武彦　うつみみどり

たから、繋ぎの番組を前田さんの司会でやって、終わったとこで一緒にやろうよっていうのが一つの策略だったの。

『天下のライバル』は僕も2、3本やりましたけど、そっちは若い人たちにやってもらって、われわれは『ゲバゲバ90分！』のほうに全力で行ってたわけですよ。5月頃に台本があがってきただろうか？最初の第一稿というか。それで「これは面白い」とか「これはつまんない」とか色んなこと言いながら作品を選ばなきゃいけないよと。

台本についても作家と色々話をしたんですけども、何回も何回もおんなじシチュエーションで、やってることが全部違うっていう「連ギャグ」を入れましょうとか、コーナーをこういうふうに作りましょうとかっていうのがあって、それに則って書くほうは書かなきゃいけなくなっていくわけなんだけど、最初はそんなのは何にもなしで、ただただギャグがいっぱいグジャグジャグジャって来たってのがあって、それを整理したりコーナーを作ったりして、最終的には8月末ごろにやっと4本揃ったのかなあ？

5月くらいにテーマ音楽が出来てきたんだけれど、エンディングのほうがマーチだったんですよ。僕はオープニングをマーチにして外で撮りたいと思って、エンディングとオープニングを逆にしたんです。だけど機械でテロップを送るのにはキャスト一人分の長さが短すぎて名前を（字幕）スーパーできない。「じゃあ自分で持ちゃいいじゃないか！」ってのが僕のアイディアで、キャストが自分の名前のプラカードを持って歩くことになったの。

6月くらいからもう撮影始めてんのかなあ？1回のロケーションでタレント一人の分を13本分撮るんですよ。タレント何人いた？十何人いるんじゃない？一人を13カット、1日に回さなきゃいけなくって、二人連れてくと26カット撮んなきゃいけないわけでしょ？もうね、いっぱいいっぱいなの。

それも何か面白そうにやんなきゃいけないわけでしょう？色んなことしながらさ。人数分を撮ると、それだけですごい日数が掛かっちゃうわけですよ。場所なんか移動してたらとてもやってらんないから、どこがいいだろうって考えて、「よみうりランドだ！」ってことでよみうりランドと交渉してさ。

ギャグの撮影の時に一番泣いたのはね、道で撮影

『ゲバゲバ60分！』のオープニングを収録した16ミリフィルム（東京光音NTV現像所）

齋藤太朗ディレクターが所蔵されていた16ミリフィルム。2本のうち1本に『ゲバゲバ60分！』のオープニングが収録されており、もう1本は袋に「カリキュラマシーン」と書かれているが『モンティ・パイソン』が録画されていた。

するとスポンサーのホンダじゃない車が映る。車のギャグがいっぱい来てんだけど、事故とか壊れるとか、そういうの全部ボツ。ベンチの後ろに広告なんかあって、それに気がつかないで撮ってくると「ダメ」とか言われてまたボツ。酔っ払いもダメ、医者もダメ。スポンサーの武田が薬屋だからね（笑）。何かっていうと電通が来て「ボツ」って言う。

――ロケ撮りの役者さんって、結構無名の役者さんだったり、『笑点』の座布団運びやってた松崎真(まつざきまこと)さんとかが出てきたりするんですけど、ああいうのは役者さんが決まる前に撮影してたんですか？

齋藤　というよりね、役者を押さえきれないんですよ。一日ロケーション連れて行って全部やんなきゃいけなくって、それも同じ役者で全部撮れりゃいいんだけど、皆さんの出番の前後の関係とかあるじゃない？　で、シーン割りとかしたら役者が繋がりたくないとか難しくなっちゃうもんだから。ああいう人たちなら重複もないし、安いし、すぐＯＫ取れるからさ。要するに便利というか、楽というか。

松崎は一番多いでしょうね、きっと。あの頃、大内剣友会っていう殺陣師の一団がいたんですよ。で、実はほとんどが大内剣友会の人なんです。体鍛えてるから「転がれ」っていうと転がってくれるとか、死ぬの上手とかってあるじゃない（笑）、だから剣友会の人が多くて。松崎はね、ギャラもないのにいろんなこと手伝ってくれたりしてたから、こういう時に使ってやろうよって、割と重用してましたね。

――『元祖どっきりカメラ』の野呂圭介さんも出てますよね？

齋藤　そう。彼が宍戸さんが漫才やろうとした相手だよ。

――えっ、そうなんですか!?

齋藤　宍戸さんが入れてくれって言って、だから入れたんですよね。だってほら、漫才やるはずだったのがやってないんだから（笑）。

『巨泉×前武ゲバゲバ60分！』
オープニング

オーディション版と1年目のカリキュラム

――『ゲバゲバ90分！』が終わって、いよいよ『カリキュラマシーン』の準備を始められたと思いますが、まずはオーディション版の話をお願いします。

齋藤　オーディション版というのは、まだ『カリキュラマシーン』という番組名も決まってなくて、とりあえず「こんなこともいいじゃないか」「あんなこともやったらいいのかな」というのを考えて、羅列して、とにかく試しにやってみようということで作ったんですね。オーディション版にはうつみみどり(現・うつみ宮土理)も出ていて、それからフォーリーブス、おヒョイ（藤村俊二）、常田富士男さん、つまり、『ゲバゲバ90分！』の仲間に協力してもらおうっていうことで。

　実はあの時代でオーディション版にフォーリーブスがいるっていうのは、すごいことなんですよね。「子どもたちにも人気がある」ということで、それが実現したわけです。常田さんやおヒョイだけでは子どもたちは何が何だかわからないからね（笑）。

　とにかく、そういう形でオーディション版を撮って、幼稚園や保育園で子どもたちに見せながら反応を探りに行ったというのが昭和48（１９７３）年前半にやっていたことです。

　『ゲバゲバ90分！』の中心にいたスタッフたちで『カリキュラマシーン』をどうしようと議論していたわけだけど、そのメンバーには僕や井原さん、仁科（俊介）さんはもちろん、他に作家のチーフだった河野洋、『ゲバゲバ90分！』は書いていないんだけど『九ちゃん！』なんかで井原さんの「知恵袋」的な存在だった中原弓彦（小林信彦）さん、それから、井上ひさしさんもいたと思います。

　ただ、オーディション版の台本は、他の中堅どころの作家にも手伝

『カリキュラマシーン』のオーディション版調査資料

宮島将郎ディレクターが所蔵されていたオーディション版の調査資料。子どもの年齢ごとに、どのシーンでどんな反応をしたかなど、細かく調査結果が記されている。

わせながら河野洋を中心にやってたんだけど、その最中、河野洋がカナダに移住してしまった。「松原（敏春）君によく言い聞かせてあるから、あとは松原君とやってください」と。以降、松原君とずっと一緒にいるような生活が始まるわけです（笑）。だから『カリキュラマシーン』の本当のチーフライターは松原君なんですよ。

余談になるけど、ちょうどその頃に始まった『コント55号のなんでそうなるの？』のチーフも松原君。それまで僕が何か仕事をするとき、河野洋を中心に作家陣を組むやり方だったのが、そこから松原君を中心にするやり方に代わったわけ。

そんなふうにして台本を作って、オーディション版を見せに回って、無着成恭さんや遠山啓さんにお会いしてお話を伺ったり、お二人の国語や算数の教え方についての考え方の本を買ってみんなで勉強したりしてる最中に宮島将郎さんが入ってくることになるんだけど、そこに至るには宮島さんとの出会いっていうのがあって……、また、話逸れちゃうけどいい？

――はい（笑）

齋藤　昭和34（1959）年頃は日本中コーラスブームで、ダーク・ダックス、デューク・エイセス、フォー・コインズ、トリオ・コイサンズとかが売れまくってた時代。そのとき、日劇でコーラスグループばっかり集めて『コーラスパレード』っていうショーをやってて、そこではプロではなくアマチュアのコーラスグループもオーディションで募って、1位になったらプロの間に入って一緒に歌うっていうのがあったの。

そこで1位を取ったのが、当時、宮島さんたちがワグネル・ソサィエティー（慶應義塾大学の男声合唱団）の中で作ったコーラスグループで、その『コーラスパレード』の中継をやったのが僕なんです。実は僕の弟もその仲間にいたので楽屋に声を掛けに行ったら、そこに宮島さんがいたのが初めての出会いで、彼は商社マンになろうと思ってたんだけど、俺と話してるうちにテレビ屋になっちゃったって言うんだよ（笑）。

それで、入社試験を受けて日テレに入ってきて、ずっと顔見知りではあったんだけど、番組が違って

無着 成恭（むちゃく せいきょう）
禅宗の僧侶で教育者。1956年、明星学園教諭に就任。TBSラジオ「全国こども電話相談室」のレギュラー回答者を28年間務める。

遠山 啓（とおやま ひらく）
数学者。数学教育協議会を結成し、「水道方式」という数学の学び方を開発。1979年永眠。

河野 洋（こうの よう）
放送作家。『シャボン玉ホリデー』『巨泉×前武ゲバゲバ90分！』などの脚本を手がける。

松原 敏春（まつばら としはる）
脚本家、作詞家、演出家。『巨泉×前武ゲバゲバ90分！』に脚本家として参加した時は、まだ慶應義塾大学法学部の学生だった。2001年、肺炎のため53歳で亡くなった。

一緒に仕事をしたことはなかったんです。そうしているうちに宮島さんが井原さんのところに相談してきて……何だったっけ？

——「クラシックの番組をやっていたんだけど、制作が演芸班だったので、全然話が合わなくて揉めて、井原さんのところへ駆け込んだ」って宮島さんは仰ってました。

齋藤　そうそうそう。それで居たたまれなくなって「こっちで使ってくれ」って話になったんだ。井原さんや他の人たちは、僕が宮島さんを知ってるということを知らないんだけど、二つ返事で入れたんです。彼と一緒にやりたいとずっと思ってたから。そんな出会いがあったわけです。

『カリキュラマシーン』をやるについては、ものすごい数を撮らなきゃいけないから僕一人じゃ出来ないし、かといって、宮島さんはそれまで全然ジャンルの違うことをやってたから、本人も「恐くて出来ません」って言ってるし……、となると、誰かもう一人必要だろうと。

そこで、当時、重松（修ディレクター）がちょうど新人と中堅の間ぐらいの中途半端な位置にいて、上からはガンガン言われるし、何か新しいことがやりたいって思いもあっただろうし、「こっちに入れ」って言って入ってもらって、これでディレクターが一応3人。ただ、宮島さんは「ディレクター」で入ってるんだけど、そのときは「番組を作る」というより、なんというか「不思議なスタッフ」でいたんです。

——「カリキュラム」はどのようにして作成されましたか？

齋藤　オーディション版のスタッフが集まって、合宿をやったんです。僕の親友が所長をやってた大磯のセミナー施設に3泊4日ぐらい泊まって、朝起きて夜寝るまで飯を食う以外、ずっと部屋に籠ってカリキュラムの話をしたんです。何せ一つ一つ作っていかなきゃいけないから、膨大な量なんですよね。

その合宿に入る前に固めたのは「国語と算数を基礎にしましょう」ということ。思考は言葉を通じて考えるものだから、言葉がちゃんと出来ないとちゃ

『カリキュラマシーン』のカリキュラム

1年目から3年目まで、毎年改訂されている。どこでどういうスーパーを出すかや効果音まで細かく指示が書かれている。

んと考えられないし、新しいことも思いつかないし、コミュニケーションも取れない。だから「国語」は大切。

「算数」は物事を論理的に考えるのに必要で、たとえば「1」という数字は、それだけでは何も意味していない。「1」というのは個数かもしれないし、広さかもしれないし、番号かもしれないし、「一、○○である　一、××である」という時の『一』はただの記号だったりするんだよね。つまり、「1」というのは何を意味するのかということを扱うのが算数であって、特に「量」としての概念から段々把握していくわけだけど、そういうことをやっていくと論理的思考を身に付けられますよと。

その「国語」と「算数」を基にしてやれば、「理科」とか「社会」とかも理解できる。逆にいえば、「国語」と「算数」が出来なければ、世の中のことを理解するのが難しいんです。だから、この二つを基にしてやりましょうということになって、資料などもいただいて合宿に入りました。

で、ここから先はちょっとよく覚えてないんだけど、当時の日本の教育のスピードって凄いんですよ、今はどうなってるかはわからないけど。それで、どこまでの範囲にしようかって話をして、「小学校1年の2学期までにしよう」と。そうすると拗長音もちゃんと入っちゃうんですよ、確か。

ただ、難しいのは「昨日視聴した人が次の日も見て、また次の日も見て」っていうんじゃなくて、「ある日突然見る」かもしれない、ある日見たらいきなり拗長音なんかやられたら困っちゃうよなと。つまり「いつまで経っても先に進めない」ってこと。これは無着先生からも既に暗示されていたことではあったんだけど、われわれが議論した中でよくわかったことは、「テレビで教育は出来ない」ってこと。それは本当に骨身に染みましたね。

それに加えて、質問が出来ない。だから、わからないことがあっても訊けない。もう一つが演習が出来ない。実際に字を書いてみるとか計算をしてみるとか、僕らの前でやらせることは出来ないから、わかった気になってても、終わってみたら本当はわかってないってことがある。

それから、学ぶスピードには個人差がある。これは学校の先生も苦労しているところで、覚えの悪い子に合わせると覚えの良い子が退屈しちゃうから、退屈させないようにしながら同じレベルに持って行かなきゃいけない。それだけじゃなく、覚えの悪い子でも、一つ一つ覚えさせれば確実に自分のものにしていく子もいるし、一見覚えの良さそうな子でも、しばらく経つとすぐ前のことを忘れてしまって、わからなくなっちゃうこともある。そういうことに対して、テレビは一方通行だから対応できない。

それを補完するには、とにかくカリキュラムについては繰り返しやる。仮に1〜10までのレベルがあるとして、「1から10までやってまた1に戻る」じゃなくて、「1やったら7やって4やって9やって…」の繰り返しで、子どもたちに印象付けさせながらやるしかないんだよね。「毎日テレビの前に座ってろ」ってわけにいかないんだからね（笑）。

合宿の最終日には百数十本ぐらい作ったカリキュラムを「何を何回やるか」って話をしたんです。たとえば50音の『あ』と『ね』を同じ回数やってもしょうがない。何故なら『ね』がつく言葉なんて『あ』がつく言葉より少ないんだから、『あ』をいっぱいやらなきゃいけないとか。しかも、それを「何週目の何曜日に入れよう」とかやると、50音だけでも大変な作業なところに拗音やら促音やらを入れたり、算数も入れなきゃいけなかったりで。順番はともかく、1回の放送で国語の1テーマと算数の1テーマは必ず入れようと決めたので、算数は算数で国語と同じように百数十本ぐらいを『1』はここで、『3』はここで」ってやったんだけど。

――それは以前お話されていた「カード」で？

齋藤　そう、カードを作って、みんなでやって丸一日かかったんじゃないかな。誰かが「はあー」なんてため息つこうものなら、カードがワーッと飛んじゃったりもして、もう大変だったよ（笑）。

で、どういう内容のものをやろうとしたかというと、これは無着先生から教わったんだけど、たとえば日本の（当時の）文部省の教科書のやり方だと「あかい あかい あさひ あさひ」というところから始まるわけだ。でも「そうじゃない」と。

「あ」という文字が先にあるんじゃなくて、「あ」という音が先にある。「あさひ」というのも、「あ」「さ」

「ひ」の3つの音があって、それが繋がって「あさひ」になって、空に昇る「朝日」だなということになるわけだ。「あ」というのを喋らずに書きたいとすれば、そこで文字というのが必要になってくる。だから、まずは「あ」という音がわからなきゃいけない。

『カリキュラマシーン』だと、「あ」を教えるなら、「あさひ」の「さ」や「ひ」は関係ないから音の数だけ残して「あ・・」として、『あ』という音はこういう字を書きますよ」というふうにやる。それは他の50音も同じで、必ず「単語の最初の音にしよう」と決めました。

そうすると、単語のないのが結構あるわけだよ。外来語もあるんだけど、外来語をひらがなにするとおかしくなるからあんまり使えないしね。その上で、この字はどこで何回やってというのを一つ一つ決めたわけ。しかも、促音、拗音、長音、つまり『カリキュラマシーン』で言ってたところの「詰まった音」「ねじれた音」「長い音」もやらなきゃいけない。

「長音」もまたややこしくてね(苦笑)。「あ段」「い段」「う段」の長音は後ろに「あ」「い」「う」を付ければいいんだけど、「え」段の長音は後ろに「い」を付けなきゃいけないし、「お」段の長音は後ろに「う」と思ってたら「お」を付けなきゃいけない例外が16個ぐらいあるんだよね。

そうなると長音を扱うにしたって、「あ」から「う」は一日で出来るかもしれないけど、「え」や「お」は別々にやって、しかも他とどう違うかもやらなきゃいけないから、頻度も考えなきゃいけない。そんな「カリキュラムを作って、それを按配する」作業を一つ一つ、3泊4日の合宿で朝から晩までやりましたね。

そうそう、それとね、「国語」と「算数」の他にやってることもあるんです。それは「えんぴつの持ち方」。ちゃんとえんぴつが持てないと、字が巧く書けなくて勉強がはかどらないっていうこともあるんで、「大事なことなのでそれは入れましょう」ということになったんですね。それで1年目のカリキュラムが出来上がったんです。

ちなみに、さっき言った百数十本って数がどこから出てきたかというと、まず週5日放送で1年分。その1年分を半年間で作りましょうという予定だったと思います。やっぱりお金が掛かるから、年がら年中やってるわけにいかないんで半年で撮らなきゃいけないと。色々計算しても1日で大した本数は撮れないんでね。ものによっては同じようなシーンを撮ったりするので、1日に何本というのは一概に言えないんだけど。

週5日のうち、確か3日分は新作で、2日分はリピートをやったんです。でも、最初からリピートを入れちゃったら同じになっちゃうので、まずは週5日新作でやって、段々リピートを差し挟んでいって……ってやっていくのが1年52週の5日分という目安で、（新作が）百数十本って計算になったんですね。

ともかく「1週分撮る」ということは「3本撮る」ということなんですよ。それで一回の収録が朝10時から始まって、夜10時に終わろうと思って11時12時になることが多かったんだけどね。その収録が（1974年の）2月から始まるわけです。でも、その前にテーマ音楽とかタイトルを作らなきゃいけないので、動き出したのはその年の1月からということになりますね。

音楽の録音もテーマだけ録るんじゃ勿体ないっていうんで、台本も何本分かはもう用意して、宮川さんに頼んでどんどん作ってもらってたと思います。録音は1週おきくらいのペースでやってて、「M1」から始まって3〜4時間は録り続けて「M60」くらいまで行ってるからね。もっとも「♪チャンチャン」も一つなんだけど（笑）。ちゃんとした歌なんかも入ってるから、とにかくすごい量。

あれは宮川さんだから出来たけど、普通の人じゃ出来ないと思いますよ。結構、質も良かったでしょ？　でも、録る音は相当乱暴で、ちゃんと録るんだったら「もう1回」って言いたいところを「OK」にして、多少引っかかっても録りきりましたけどね。

それとタイトル。これは木下蓮三さんにお願いして、編集は『ゲバゲバ90分！』の頃から東洋現像所（現・IMAGICA）のビデオ部でやってて、今回もそちらにお願いしようということで、料金を割引してもらったり、スケジュール入れてもらったり、かなり無理なお願いもしたんですけど、その時に「スキャニメイト」っていうコンピューターでアニメーションを作る機械が入ってきて、木下さんも「面白そうだ」ということでタイトルのアニメをスキャニメイトで作ることになったんです。

スキャニメイトで作った『カリキュラマシーン』のオープニングアニメーション

アニメーションは毎年変えていた。

そこにタレントも出てるから、もしかすると1回目だけは（2月より前に）先に撮ってたかもしれない。スタジオに籠ってタイトルを作るだけで2~3日かかったかな。なにしろ初めて使うから、スキャニメイトでどういうものが出来るかわからないわけでしょ？

一番嬉しかったのは、画像が「ドンデン」に変えられたこと。これは、画像が真ん中に向かって縮まっていくのを作って、逆に広がっていくって作業をコンピューターがやってくれてるわけ。同じことをVTRでやろうとすると、縮むのと広がるのと前後でブレがないように2つ同時に走らせようとしてもズレが出てきたりして大変だったんです。

そんなこんなで2月まで時間があるようで結構慌ただしかったですね。台本だって20本ぐらい用意しておかなきゃいけなかったんだけど、当初は作家がカリキュラムをわかってくれてないんですよ。「面白いんだけど、これじゃカリキュラムになってないよ」っていうのばっかり。逆に「カリキュラムにはなってるんだけど、つまんない」っていうのもありましたけどね（笑）。

とにかく、そのくらい作っておかないと、始まったら『ゲバゲバ90分！』と同じで何週か先の分の打ち合わせなり、音楽なり、美術なりをどんどん進めなきゃいけなかったですから、『ゲバゲバ90分！』を先にやってなかったら出来なかったと思います。『ゲバゲバ90分！』は限られていたとはいえ予算がある程度はあったので色々試行錯誤もできたけど、『カリキュラマシーン』は予算も少なかったので手探りなんかできない。つまり、『ゲバゲバ90分！』をやってないと『カリキュラマシーン』が作れない。だから、あんな番組は今は誰も作れないんですよ。

――そういう意味では「先に『ゲバゲバ90分！』を

やろう」という考え方は正しかったと。

齋藤　正しかったんですよ。『カリキュラマシーン』の練習台というつもりで『ゲバゲバ90分！』を作ったってわけではないんだけど、やはりわれわれの仕事の本体は『カリキュラマシーン』という気持ちはあって、それが本当に活きましたよね。

——ちょうど齋藤さんたちが『カリキュラマシーン』の準備をしている昭和48（1973）年にフジテレビが『ひらけ！ポンキッキ』を始めてますね？

齋藤　そうです。われわれの噂を聞いて始めたんですよ。でも、全然気にはしませんでした。彼らは本当に「子ども番組」を作ってましたよね、従来のままの。それに彼らは彼らなりにカリキュラムはあったのかもしれないけど、いわゆる学校の勉強とは関係ないことをやってて、こちらは学校の勉強がわかるようになるものを作ろうと思ってやってましたから。

そんなことで『ゲバゲバ90分！』のノウハウを持ちながら、だいたい半年くらい準備期間があった中で、やっぱり台本作りがいちばん大変でしたかね。面白い台本を書くだけでも大変なのに、カリキュラムに沿わなきゃいけないから、作家のほうも嫌がるんですよ。「カリキュラム、どうにかなりませんか？」と言われても、「ならないの！」って（笑）。

1年目を実際やってみたら、色々問題点が見えてきて、カリキュラムを作り直す必要が出てきた。それで2年目にもう一度合宿をやったんです。そこで作られたカリキュラムは完成版といっていいと思うんですよ。その合宿には喰も参加していて、宮島さんも2年目からは正式にディレクターとして演出をやるようになったんです。それまでは、スタジオには来てたけどタイルをパチンと合わせるようなことしかしてなかったからね（笑）。だから、2年目で番組が安定したんですよ。

で、ちょっと先の話になってしまうんだけど、最終的に4年目をやろうという時に、もう予算もなかったもんだから「3年分を再編集してやる」ってことになって、問題のあるところは切っていくことにしたら、1年目がバサバサ捨てられていったわけです。2年目3年目もまったく問題なしではなかっ

ひらけ！ポンキッキ

制作：フジテレビ
放送期間：1973年〜1993年
出演：可愛和美、はせさん治、ペギー葉山　ほか

たけど、やっぱり4年目で使われたのは2年目3年目が80％ぐらいで、1年目のは20％ぐらいじゃなかったかな。

――ということは、現存している映像もほとんど2年目3年目の映像ですか？

齋藤　そうです。1年目も多少はありますけど、ほとんど2年目3年目。だから、『カリキュラマシーン』の本当のスタートは2年目からなんですよ。

――以前、浦沢さんが「作家で一番カリキュラムを理解していたのは喰さんじゃないか」って仰ってたんですけど、そうなんですか？

齋藤　いや、それは圧倒的に松原君ですよ。だって、彼はカリキュラム作りから会議にも全部出てますから。喰は特にカリキュラムに強かったってことはなかったと思いますけど、でも頭が良かったし、飲み込みが早かった。「こういうふうにやってくれ」ってことを無理矢理じゃなくてスッとやれちゃうような人だから。

そもそも松原君と喰は永六輔さんの紹介で「ニコニコ堂」として『ゲバゲバ90分！』に来て、それで二人とも面白かったから採ったっていうくらい才能がある人たちで、松原君はドラマのほうに、喰はギャグのほうに分かれて行ったけど、最初はどっちが書いたかわからないくらいでした。あと、浦沢なんかはまだ駆け出しだったけど、やっぱりいい台本書いてましたよね。

――浦沢さんは『コント55号のなんでそうなるの？』と『カリキュラマシーン』のどっちを先に書いたかっていうのを覚えてないって仰るんですけど、どっちなんでしょう？

齋藤　え？　『なんでそうなるの？』は『カリキュラマシーン』の後でしょ？

――『なんでそうなるの？』は1973年4月からスタートしてるので、『カリキュラマシーン』の前なんですよ。

コント55号のなんでそうなるの？

制作：日本テレビ
放送期間：1973年～1976年
出演：コント55号

齋藤　そういえば、欽ちゃん（萩本欽一さん）が不機嫌になったことがあるんだよね。「こっちやりながら、そっちもやるわけ!?」って。だから、確かにどこかで重なってるね。

――『カリキュラマシーン』のオーディション版を作り始めたのが1973年の2月と仰られていたので、確かに重なる時期がありますね。

齋藤　そういうことばっかりなんだよ、ホントによく働いたからなあ、俺（笑）。で、そうなると、やっぱり浦沢は『なんでそうなるの？』が先になりますよ。河野洋が作った「ペンタゴン」の6人目にやっと入ってくるような時期ですよ。それでも、最初から面白い台本書いてきましたよ。もちろん、面白いからこっちも頼んだんだけどね。

あいつはね、ムチャクチャなんだ。今でもそうかもしれないけど、平気で反社会的なことを書いてきたりする（笑）。だから面白いんだけどね。つまり、感覚が凄く飛んでて、「何でこんなものとこんなものがくっ付いちゃうんだろう？」ってことを思いつく人。天才だよね。普通の作家はどうしても常識が入ってくるから、ギャグ物は特に苦労するんですよ。

で、話を元に戻すと（笑）、1年目の放送が始まって……、俺、放送ってほとんど見たことないんだよ。忙し過ぎてあんな朝早くは起きられないから1度も見たことないし、夕方はちょろっと横目で見たことがあるくらい。視聴率的にもあんまり良くはなかったよね。あの当時の朝方は圧倒的にNHKのニュースが強くて、視聴者はみんなそっちばっかり見ちゃって。子ども番組があれば、子どもがいる家はしょうがなく見る程度で。

あの時間で数字が取れるようになったのは、俺が『ズームイン!! 朝！』を作ってからですよ。『ズームイン』をやるようになってから、あの時間が激戦場になった。でも、こっちは楽々20%以上取ってたけどね。だって、誰も追いつかないんだもん、「ざまあみろ！」って（笑）。そのうち、裏番組が引っ繰り返してきたりするんだけど。

と、それは置いといて（笑）。『カリキュラマシーン』の1年目の話に戻ると……、確か、1年目は宍戸錠さんはいなかったよね？

ズームイン!! 朝！

制作：日本テレビ
放送期間：1979年～2001年
出演：徳光和夫、福留功男、福澤朗　ほか

――いなかったです。

齋藤　1年目でいえば、『ゲバゲバ90分！』もそうだったんだけど、やっぱり音楽の宮川さんがすごく頑張ってくださったんです。

やっぱりこれも『ゲバゲバ90分！』からなんだけど、小松（方正）さんとか常田さんとか、まったく音楽ダメなんだよ(笑)。それでも『ゲバゲバ90分！』や『カリキュラマシーン』で歌ってるから、他局の音楽番組から出演依頼が来ちゃって断るのが大変だったなんて話もあったんだけど、それは俺が素人さんをどうすればいいかわかって教えてたから、何とかなっちゃっただけなんだよね（笑）。僕と宮島さんと宮川さんと3人で仮歌を録って、出演者たちに渡して、練習して来てもらって本番をやるっていう形だったんで、事前に作っておかなきゃいけなくて大変でした。

――「3はキライ！」は齋藤さんたちの仮歌のままでしたよね？

齋藤　あれは仮歌じゃなくて本番だったんですよ。最初は誰かに歌わせようって思ってたんだけど、結局「いいよ、俺たち3人でやっちゃおう、そのほうが早い」ってことになったんです。教えるのも大変だし、ハーモニーにもしなきゃいけないし。

あと、宮川さんが歌った「行の唄」、あれは仮歌なんです。だけど、「あの壊れてる感じがいい！」っていうんで、そのまま使っちゃった（笑）。で、1年目だと、タレントは確か桜田淳子がいて……。

――藤村（俊二）さん、常田（富士男）さん、吉田日出子さん、青島美幸さん、渡辺篤史さん、フォーリーブス、あとクロベエ（黒部幸英）さんっていう……。

齋藤　ああ、クロベエいたねぇ！『スター誕生！』出身で欽ちゃんの弟子の。

――あとは「いずみたくシンガーズ」の方たち。

齋藤　いずみたくシンガーズも個々人で結構売れたよね。彼らも一所懸命勉強したと思いますよ。売れ

常田 富士男（ときた ふじお）

俳優、声優、歌手、ナレーター。映画では黒澤明監督作品『天国と地獄』（1963年）と『赤ひげ』（1965年）などに出演。1975年から始まった『まんが日本昔ばなし』（TBS系）では、すべての登場人物の声を市原悦子と2人で担当。2018年、脳内出血のため永眠。

桜田 淳子（さくらだ じゅんこ）

女優・歌手。1972年、日本テレビのオーディション番組『スター誕生！』で最優秀賞（グランドチャンピオン）を受賞。森昌子、山口百恵と共に花の中三トリオと呼ばれた。「わたしの青い鳥」のヒットで第15回日本レコード大賞最優秀新人賞、第4回日本歌謡大賞放送音楽新人賞を受賞。

てくれて良かった。

――「いずみたくシンガーズ」の中で沢とし子さんは、当時『カリキュラマシーン』を見ていた男の子たちから大人気だったんですよ。

齋藤　たぶんあの子だろうなあって気はするんだけど、でも、彼らのこと通称でしか知らないから、ちゃんと名前出されるとかえってわかんないんだよね（笑）。

それで、2年目に入ってカリキュラムの組み直しをすると同時に、宍戸錠さんに入ってもらうことになったんです。1年目はタレントの統率が取れないというか、チーム化していかないという感じがあって、やっぱり錠さんが必要なんじゃないかと。

本当は1年目から呼びたかったんだけど、あの人は映画スターだから、ギャラが高くて呼べなかったんですよ。だけど、そんなこと言ってられない、どこか締めてもいいから錠さんにお願いしようということで、2年目から入ってもらった。それで実際、ちゃんと全体が締まったんですよ。これは本当に不思議。やっぱりスターなんだよね。

井原プロデューサーってどんな人？

――井原プロデューサーはどんな方でしたか？

齋藤　日テレの社長も『カリキュラマシーン』に理解を示してくれたけれど、社長を説得してくれたのが井原さんだと思うな。日テレだけのお金じゃとても出来ないから、ネット（放送網）でもって「みんなが大事だと思うものに投資するみたいな形でやりましょう」という「ネット協力費」というのがあるんだけど、そのネット協力費が『カリキュラマシーン』に降りてるんですよ。スポンサーだけだったら、とてもじゃないがあんな番組はできない。

フォーリーブス
初期のジャニーズ事務所を代表する男性アイドルグループ。メンバーは北公次、青山孝史、江木俊夫、おりも政夫。

黒部 幸英（くろべ ゆきひで）
タレント。『スター誕生！』の欽ちゃんコーナーの初代チャンピオン。

青島 美幸（あおしま みゆき）
作家・タレント・女優。作家でタレント、元東京都知事である青島幸男の娘。

渡辺 篤史（わたなべ あつし）
俳優、タレント、ナレーター。情報番組やドキュメンタリー番組のナレーターとしても活躍。

だけど、井原さんが偉くなっちゃったりしてね、あんまり現場に出入り出来なくなっちゃって、それがいやで井原さんは日テレ辞めたんだけれどもね。大プロデューサーとしての井原さんは番組の育ての親だから、最初の収録の頃はちゃんと必ずスタジオに来ていましたよ。ヘッドセットだけつけて腕を組んで座っててさ、「ふんふん」とか言いながらいたけど、しまいに来なくなっちゃった(笑)。でも、やっぱりやりたかったんだと思う。

――井原さんと齋藤さんが組んで最初にされた仕事は何でしたか？

齋藤　井原さんは日テレの開局からいる人。ぼくは4年目の真ん中くらいに入ったのかな？ 学生アルバイトで。12月からアルバイトに行って、一番最初は音楽効果班をやれと。音楽効果班って、主な仕事は選曲なんですよ。あの頃のニュースは全部BGM付きなの。その選曲みたいなことをやるんですよ。

『悦ちゃん』っていう松島トモ子主演の番組があって、その効果音係をぼくがずっとやってたんだけど、秋元近史さんっていう『シャボン玉ホリデー』を作った人がその時に『ミュージック・パラダイス』っていう番組をやっていたんですよ。僕は演出をやりたいもんだから、隙を見ては勝手に手伝いに行って、そのリハーサルに付き合っているうちに『悦ちゃん』の本番すっかり忘れてたの（笑）。

その翌日に編成局長に呼び出されて、「キミはそんなに現場をやりたいのか？」っていうんで、番組制作のほうに入ったわけ。

その時の音楽課っていうのがどういうふうになっていたかというと、いわゆるポピュラー、外国系の音楽を扱う通称「ジャズ班」と、「クラシック班」と、それから「音楽効果班」とになっていたんですよ。その頃のテレビは普通のサラリーマンの数カ月分の給料払わないと買えないような時代で、ハイソサエティーの人しか持っていないから、クラシック班はクラシックとかそんなのばっかりやっていたのよ。ところがクラシックの番組がだんだんなくなっちゃって、もうクラシック班は歌謡班になっちゃってた。

音楽効果班で俺は落第して、井原さんが親玉の

悦ちゃん
制作：日本テレビ
放送期間：1958年
出演：松島トモ子、竜崎一郎、飯田蝶子、坂本武、舟橋元、金子信雄

秋元 近史（あきもと ちかし）
日本テレビのディレクター、プロデューサー。
『シャボン玉ホリデー』などの演出を手がけた。

いずみたくシンガーズ
作曲家のいずみ たく氏がプロデュースしたグループ。1974年に日本テレビ系で放映されたドラマ『われら青春！』の主題歌「帰らざる日のために」がヒット。

「ジャズ班に行きなさい」と言われ、それから井原さんがぼくの親方になった。ジャズ班には井原さんがいて、秋元さんがいて、横田さんっていう『11PM』をずーっとやり続けていた人がいて、ぼくが4人目なわけです。ジャズ班では井原さんと秋元さんと横田さんの3人で、週に11本やっているんですよ。皆さん偉いディレクターというかさ、ベテランでしょ。僕がフロアマネージャー（フロマネ）をやらなくちゃしょうがないじゃない（笑）。

僕はこのフロマネの仕事を確立させてやろうと思ったものだから、「フロマネっていったい何をするのかな？」というのをいろいろ考えた。例えば生番組で生演奏だったりすると、ディレクターが「3、2、1、キュー」って言ってから「ワン、ツー、スリー」って始まっちゃうの、必ず。だけど、「ワン、ツー……」はいらないの。僕はもともと棒振り（指揮者）だから、ディレクターが「キュー」って言った時に音が出るようにしたいと思って、2秒とか2秒半前に「キュー」振っちゃう。そうするとディレクターが「キュー」っていったときには「ジャーン」って音が出る。

大道具さんとか小道具さんたちのとコミュニケーションも、なんたって「フロアマネージャー」なんですよね。すべてのことを全部把握して、台本も全部覚えちゃう。カット割までほとんど覚えていたものね。その頃は覚えられたんだよ、今は何も覚えられないけどさ（笑）。

あの頃生番組で、たとえば『ニッケジャズパレード』っていうのをやるとね、タレントはひとりなんですよ。プリレコで事前に音は録ってあって口パクだから、ひとりの人が歌ってて、次の歌がすぐ繋がって出てきちゃうと、そのまんまの状態になっちゃうわけじゃない。

それで井原さんが考えたのが、ヘレン・ヒンギス（当時のファッションモデル）が、ただ網タイツはいていろんな衣装着ているだけなんだけど、それのタイトルを作って、それやっている間に違うセットに行ったりセット変えたりとかしてやるわけだ。その間に衣装も着替えなくちゃいけない。イントロの間の数秒間に着替えなきゃいけないわけだよ。引っ張るとぴっと服が取れて下の衣装が出てきちゃうとかね。そういうのはタレントのほうが考えた。

プリレコ（prerecording）

音声を先に録音し、あとで映像を撮影すること。

口パク

事前に録音された音声に合わせて歌手が口を動かして、生で歌っているかのように見せること。

そのうちに、カメラが寄ってアップの間に着替えて、カメラが引いて行くと衣装も替わってるっていうのをやろうとかいう話が出てくる。そうすると僕がタレントの下に潜って、下から衣装をむしり取ったりなんかしながらさ（笑）。でも、フロマネが活躍すれば、もっといろんなことが出来るぞと思って、「よーし、日本一のフロマネになってやる」ってなことを言ってやってた。

そうすると、みんな便利なもんだから、まったくうちと関係ないところまでが「ちょっとやってくれないか」なんて言ってきて、ますます忙しくなったりして。ホント、むっちゃくちゃ働きましたよ。

で、そんな中で井原さんとの関係なんですけれども、3月に井原さんが月曜日の夜の7時15分から『ヒノ デザートミュージック』っていうのを始めたんですよ。日野自動車の提供で、出演がダークダックス、一緒に出ているのが中村八大で。

でも、始まったとたんに次の話がまた持ち上がっちゃったんだと思う、資生堂の提供で、日曜の夕方6時半かな？ 草笛光子の番組がスタートするよって話が。『ヒノ デザートミュージック』は3月の1週目は井原さんが演出をやって、2週目も井原さんがやって、そこで「お前、ちょっとカット割りとかやってみたいだろう？」って言われて、カット割全部、1曲について7通りとか作ったよ。

で「こんなの作りました」って持って行ったら、井原さんがそのカット割のまんまいっぺんやってくれて、「なっ！ こういうふうになるんだよ、お前がやったのは。わかったか？ 来週からお前やれ！」って（笑）。それで「ディレクター」が一丁上がり。4月の最初の週から「ディレクター齋藤」なんですよ。井原さんとの関係っていうのはそれが最初かも知れないけど。

偶然なんですけど、その年の4月から、それまでクレジットに出なかった演出家の名前が必ず出ることになったんですよ。今まで誰も出たことないんだよ。井原さんの名前だって出たことないんだよ。にもかかわらず、最初の最初に「演出：齋藤太朗」って出た（笑）。

――ラッキーですね！

井原 髙忠（いはら たかただ）

1929年〜 2014年

伝説の日本テレビプロデューサー。学生時代からウェスタンバンド「チャックワゴン・ボーイズ」のベース奏者として活躍。1953年、開局準備中の日本テレビでのアルバイトを経て、翌年、入社。アメリカのバラエティー番組制作のノウハウを日本の番組制作に取り入れた。

手がけた番組は、『光子の窓』『スタジオNo.1』『あなたとよしえ』『九ちゃん！』『イチ・ニのキュー！』『11PM』『巨泉×前武ゲバゲバ90分！』『カリキュラマシーン』など。

齋藤　もう大変ですよ（笑）。当時はテレビなんて買えないわけね、どこのうちも。俺んちもなかったのよ。でもね、「やるよ」って話をしたら、親父が大金はたいて買ったね。それで俺の名前がテレビに出たもんだから泣いてた（笑）。そんな時代であると同時に、それが僕のディレクターの第一発目ね。

その5月だったか6月だったかに、かの有名な『光子の窓』っていうバラエティーショーが始まるんですよ。井原さんが長年やりたかったバラエティーショーそのものっていうのかな。当然、僕がフロマネでね。リハーサルにフロマネが立ち会うなんてことはなかった時代に、リハーサルから僕が付き合うというような体制が、そこで初めて出来たのかな。井原さんが親玉だからそんなことが出来たんだよ、ある意味ではね。日本のバラエティーショーの草分けと言われる『光子の窓』がそこから始まったわけ。

結局フロマネっていうものの存在が非常に大事になってきて、僕の後に入ってきた人たちも「よーし、俺もフロマネをやるぞ」って頑張ったやつがいたりとか、フロマネっていう仕事の確立っていう意味では、僕はけっこう役に立ったと思っていますよ。

フロマネをやろうと思った時に、まず何をやったかというと、ジーンズを買いに行ったね（笑）。絶対寝っ転がらなきゃダメだと思ったから。ところが会社は「職工みたいなかっこうしやがって、ここをどこだと思っているんだ、テレビ局だぞ！」って。テレビ局を偉いと思っているんだよ。何勘違いしてるんだか知らないけど、まだそういう人がいっぱいいた時代なの。偉そうにネクタイなんかしてね。今テレビ局のやつがジーンズ履いてるのは、みんな俺のおかげだ、感謝しろってんだ！（笑）

フロマネっていう仕事はネクタイなんかしてる場合じゃないですからね。カメラ3台がこっち向いちゃってるところで、こっちから向こうへ行くって大変なことなのよ。寝っ転がっ

花椿ショウ・光子の窓

制作：日本テレビ　東宝テレビ部
放送期間：1958年～1960年
出演：草笛光子　ほか

てその下をくぐって行かなきゃいけないようなことがいっぱい起きるし、タレントさんにキューを出すのも、レンズの下側から出さなきゃいけないようなことになれば、床に寝っ転がるなんてことはごく当たり前のことでね、そういうことがちゃんとできないといけない仕事だったはずなんだけれども、やってなかったんだね。

――齋藤さんから見た井原さんとはどういう感じの人でした？ やっぱりおっかない人？

齋藤 それはおっかない人には違いないですよ。すぐ、がーっと怒鳴るしね。まず僕が言いたいのは、あの人が「男子一生の仕事としてテレビを選んだのならば、自分でテレビに何ができるかっていうことをやらなければ、面白くも何ともないじゃないか」って言ってたこと。だから、あの人は新しい番組っていうか新しいテレビっていうものを目指してやってきましたよね。エンターテインメントに関しての考え方がすごいんですよ。ぼくは井原さんにそれを教えられたと思っています。お陰様でその後も『ズームイン!! 朝！』とかね、誰もやったことのない番組を作ることができたし、『欽ちゃんの仮装大賞』もすごいしね。

「どういう人だったか？」って言うと、とにかくよく勉強する人。自分でお金出してニューヨークまで何かを見に行ったりして、帰ってくるとメモのノートがすごいの。

――メモ魔っていうか、とにかく全部メモするらしいと伺ったことがあります。

齋藤 いろんなものをちゃんと残しておくしね。勉強して勉強して、本当に勉強する人ですよ。まったく勉強したような顔なんかしてないんだけれども。「今ここにある素晴らしいものは、どこにその理由があるんだろう？」とか、「あ、あそこに車がついてる」というような細かいことまで見てくるって言うのかな。そういうことを一所懸命やって、そういうものをどんどん取り入れていく。日本のテレビって遅れているわけだから、アメリカから盗むしかないですから。

ディレクターにズームイン!!
～おもいッきりカリキュラ仮装でゲバゲバ…なんでそうなるシャボン玉

齋藤 太朗　著
発行：日本テレビ放送網
発売：2000年

齋藤太朗ディレクターが手がけた番組の出演者やスタッフの証言と、番組作りの舞台裏や㊙エピソード。

例えばの話ですけれども、『光子の窓』やっている最中に一回だけ休んでアメリカに新しいショーの番組を見に行ったんですよね。で、帰ってきてそれ以降演出ががらっと変わったんです。要するに舞台転換。4スタに吊り物のバトンなんかあんまりなかったのを増やしてもらって、写ってるタレントの後ろがスーっと変わってシーンが変わるとか、セットに車つけて動かすとかっていうことをやってきて。

　ところがスタジオが狭いもんだから仕舞っておくところがない。それを映らないようにするために、こっちのほうでやっている時にはあっちのほうに仕舞っておいてとか、そういう仕事が増えちゃって、フロマネとしては大変だったけどさ（笑）。

　それから立ち位置に全部印つけておいてっていうようなことは、あれは井原さんが学んできたことですよね。もっとも、立ち位置にビニールテープ貼るのは日本の方法。アメリカはチョークだったみたいだよ。ビニールテープって、絶縁テープなんですよ。

　技術さんの中にあの絶縁テープが大好きな人がいて、台本でも何でも角に全部テープを貼ってる。この人のあだ名が「バミさん」って言って、絶縁テープは「バミテープ」って言われていたの。そのバミさんにテープをもらって始めたのがあれ。「バミテープを貼る」から「バミる」って動詞になっちゃった。すごいですよ、後ではがせるし、位置がちゃんとわかるし。

　それまでわりと曖昧だったんだよね。ステージだと全体との位置を考えればだいたいこの辺だってわかるのよ。なんかオブジェが立っていればその脇だってすぐわかるじゃない。ところが確か井原さんがアメリカから帰ってきてからだったかその前だったか、立体感を出すために「ホリゾントから離れろ」と言いだした。

　すると、中途半端な位置っていうか、スタジオの中の何の目印もない真ん中辺にいなきゃいけないでしょ。「どこだよ」っていう話になるから、印つけないといけないわけですよ。そうなるとセットはここになくちゃいけない、コーラスはここに立っていなくちゃいけないってことになって、「テープが緑一色だとわからないから、他の色はないのか？」ってことになって、赤とか白とかだんだん増えていった。

元祖テレビ屋ゲバゲバ哲学

井原髙忠　著
取材・構成：恩田泰子
発行：愛育社
発売：2009年

井原プロデューサーの自伝的語り下ろし。装丁は木下蓮三さんと木下小夜子さん。

元祖テレビ屋大奮戦！

井原髙忠　著
発行：文藝春秋
発売：1983年

井原プロデューサーがテレビの黎明期から手がけられた番組の回顧録。装丁は木下蓮三さん。

──それまではスタジオの真ん中辺の一番いい位置にカメラがあって、井原さんがアメリカに行ってみたら、人間がいちばんいい位置に立ってカメラはその向こうから……。

齋藤　そうそう、当たり前の話なんだけれども、知らないっていうことはそういうことなんだよね。あれですっかり変わりましたよね。そういうようなことを井原さんが勉強してきて、あの頃、他局の人もよく来たりなんかしてね、お互い情報交換なんかしてた。そうやってテレビが発達してきたことに大きな貢献をした人ですよ。

──次に仁科プロデューサーについて伺いたいんですけれども。

齋藤　井原さんに出会ってずっと一緒にやっていたんですけれども、『光子の窓』のプロデューサーは秋元さんで、やってる最中に秋元さんは『シャボン玉ホリデー』をスタートさせて、『光子の窓』が終わってから、なんか妙に井原さんの番組がない時代があるんですよ。その後に企画したのが『九ちゃん！』なのかな。

『九ちゃん！』もね、実は味の素の提供でやる前の半年間、僕はそれにかんでいないんですよ。番組を始めるっていう話が出てきて、スタッフを集めてスタートをさせたわけね。これがけっこう良くて、味の素がスポンサーに付いて、改めて土曜日の7時半っていう時間に大々的にお金もいっぱい付いて始めたわけですが。

いわゆる井原さんの作る番組ってね、お金かかるんですよ。ああいうショーなんかは、衣装とか音楽の編成の厚さとか、そこにコーラス入れるとか、ストリングス入れるとかいうだけで、ものすごくお金がかかるんですよ。その割には別にどうってことはないように見えちゃうちゃうもんだから、なかなかお金のかかる番組って出来ないの。ところが、あの人はお金のない番組は作らない。「お金がないなら最初からやりませーん！」っていう人だからさ。それであんまり仕事がなかったんだと思うんだけど。

『九ちゃん！』をやることになったけど、ジャズ班はみんなそれぞれ番組持って忙しい中で、だれか手の空いているのはいないかっていうことで、手が空いていたかどうかはわかんないけれど、歌謡班のほうに仁科さんがいた。仁科さんと井原さんはそこで出会っているはずなんです。

――じゃあ仁科さんはもともと歌謡班?

齋藤　そうそう、クラシック班のほうの人だった。いい番頭さんで、「制作の仕事」っていうのが素人さんにはなかなかわからないんだけれども、プロデューサーの仕事って本当に多岐にわたっていてさ。

大雑把に言うとね、プロデューサーっていうのが亭主で、ディレクターってカミさんなんだよね、家族でいうとね。ディレクターは家族の中のことはすべて仕切っているし、亭主が持ってくるお金の中で、子どもになんとか言うこと聞かせて、お手伝いさんがいるならばお手伝いさんに手伝わせて……っていうのが「番組」みたいなものでしょ。

亭主っていうのは何やっているかというと、外行ってお金もらって帰ってきて、「これでいくからな」と。「外のことは俺に任せておけ」っていうのがプロデューサーなんですよ。ディレクターは対外的なことはとてもやってられないから。井原さんみたいに両方やっちゃう人もいるけど。

仁科さんはディレクターはできないの。僕はプロデューサーはできないの。そういうわけで僕と仁科さんとは、どっちかがいないと出来ない。その代わり、両方いれば2人分よりもっと行くよという関係なんですよね。全て何かっていうと仁科さん、仁科さんでずっときました。

「ギニョさん」もつらいよ?

――以前、『カリキュラマシーン』の中で、齋藤ディレクターが自ら「ギニョさん」の役を演じられるようになった経緯をお伺いしましたが、ご自分が出演されて、その後何か影響はありましたか?

齋藤　影響っていうのはないですけどね。ずっと後の話になりますけど、『カリキュラマシーン』を見ていた子どもたちが入社して来て、俺はその頃には少なくともチーフディレクターとかにはなっているから、割とそれらしい場所にデスク構えて座っているじゃない？　入ってきた人たちが「なんでタレントがあんなところに座って、いろんな人使って何かやっているんだろう？」って思ったっていう話があります（笑）。

よく「出演していくらかもらっているの？」って訊かれるけど、もらっているどころの話じゃないよ、洗濯代もくれないんだから。衣装代もくれないから、自分で派手なの買ってきてさ。おまけにクロマキーの初期でしょ？　あの頃のクロマキーはちょうどこんなブルーの布を使わないとクロマキーにならない訳よね。塗ってある泥絵具が剥がれて青い粉がいっぱい散ってね、衣装でも靴でも何でも、みんな青いのがいっぱいくっついちゃって大変なのよ。だから、洗濯代も大変。結局えらい勢いで出費してたよ。でもしょうがない、自分の番組だからね。

そういう話は別にして、僕自身がやってどうだったかって言うと、やっぱりね、ディレクターっていうのはカメラの後ろ側にいる人、つまり裏側からタレントとかカメラに映るものに対していろんなことを指示したりする商売で、ともすれば映っているほうの人たち、まあ一番典型的なのはタレントだけど、タレントの気持ちとか一所懸命忖度はするんだけれども、実際にはよくわからないよね。その側に立ったから「そうか、出演者っていうのはこういう時にはこんなことを感じるんだ」っていう経験をした訳よね。

何かで間違いが起きるんですよ、番組っていうのは。カメラ割を変えたりとかしてる間、「今何やってるの？」ってタレントに訊かれると、「うるせー、バカヤロー！　待ってろ！」とか言ってたけど、うるせーどころじゃなくてさ、「うるさくないよ、バカヤロー！

ギニョさん役で『カリキュラマシーン』に出演する齋藤ディレクター

クロマキー（Chroma key）

均質な色（ブルーやグリーン）の背景の前で人物を撮影し、背景に別の映像を合成する技術。

お前、何か言え!」って（笑）。
だって照明当たっている真ん中で立ったまんまで、何やっているんだかわからないし、ヘッドホンでやっているから何しゃべっているのか全然わからないしさ、イライラしますよ。そういうのがあって、僕が演出の仕事をやる上で、ほんの一部ですけど役に立ちましたね。
やって損したのはね、俺の子どもが俺と一緒に電車に乗らなくなっちゃったことかな。電車に乗るとよその子が「アー、アーッ!」って指差すもんだからさ、うちの子がいやがって「パパと一緒に行かない」とか言うんだよ（笑）。これはまいったね。
まあ、ほんの少しだけどいい経験になったし、いい思い出にもなったしっていうところではあります。家庭用のVTRはまだない時代だから、8ミリのフィルムが残っているかどうかでさ、家庭用のVTRが出た頃には、『カリキュラマシーン』は終わっちゃってるでしょ? だからさ、あの時代に動いている自分の映像が残っているって、普通はないんですよ。恥ずかしいから一回も見たことないけど、どこかにあるんだよ。というのがね、得したことかな。

——かなりたくさん歌や踊りがあったと思うんですけど、あれっていつ練習されるんですか? その場でですか?

齋藤　僕は譜面には強いから、歌は別にどうってことないですよ。ただ、数字や変な言葉がいっぱい出て来るし、ひとつの「てにをは」も絶対間違えられないのがとっても大変だったですけど。
踊りは大変。当日行って、振り付けの小井戸秀宅に「これぐらいやんなよ!」なんて言われながらさ、「エーッ!」なんて言って大急ぎで練習して。

——当日なんですね!?

齋藤　そうです。朝からずっと演出やって、夜9時くらいまでに自分の出演分だけ残して、出来るだけ全部撮り終わって、9時くらいからまとめてどかどかと撮る訳ですよ。確かね、夕食休憩に入る時から、あーだこーだ色々動かされて、メシ食いながらこんなこと（踊る仕草）をやっておいて（笑）、またもう一回演出の仕事やって、9時になったら今度本格的にやる。いい迷惑というかさ（笑）。

自分で演出しているものでは踊ったり穴に落ちたりは絶対しないんです。そういうの書いてきたらボツにしちゃうから。ところが、神戸とか宮島さんとかが演出すると、彼らが面白がってさ、「やろう、やろう」ってやってくるもんだから、来ちゃったものはしょうがない（笑）。

——仮歌っていうのは、『ゲバゲバ90分！』と同じように出演者に1週間くらい前にお渡ししてたんですか？

齋藤　1週間どころじゃないでしょうね。音撮りはね、アニメーションの作業なんかあるとするとね、結構早くからやっておかないと作業が止まっちゃうから、最低でも2週間前にはタレントに渡っていたと思う。それで練習してくる訳ね。

『ゲバゲバ90分！』の話の時に言ったように、小松方正さんとか大辻司郎さんとか、ほとんど歌えない人たちが歌うもんだから、他の局の音楽番組から出演の依頼が来てさ、「齋藤さん、困っちゃったよ」って話になったんだけれども。ちゃんとしたものを作ってちゃんと渡しておけばね、結構できちゃうんだよね。

ディレクターのチームワーク

——カリキュラマシーンのディレクター同士って仲が良かったですか？

齋藤　チームワークとしてうまくいくのが「仲がいい」というのならば、完全に仲がいいです。ただ個人的に集まって何かするとかいうことはほとんどありません。仁科さんは一滴もお酒飲めない人だし。彼とはものすごい仲良しといえばものすごい仲良し、仕事上の。ただし、彼がプライベートでいったい何している人なのか、時々なんかの機会に「ああ、競馬やるの？」っていうのがわかるぐらいで、お互いに個人的なことは知りません。

だから、仲がいいかと聞かれると困っちゃうんですけど、仕事上はいいチームワークだったですよ、みんな。その辺でなんか問題が起きたことはまったくありません。
重松（修ディレクター）の話ってしましたっけ？

——いや、まだです。

齋藤　『カリキュラマシーン』を始める時に、百何十本撮らなきゃいけない……確かね。それで、毎週5本ずつ撮って半年で1年分にしなきゃいけないから順繰りこうやる（まぜるしぐさ）。僕一人じゃできないから、誰か一人入れてくれって言って、来てもらったのが重松。
最初のうちは台本の直しを重松にやらせながら、「こういうのは直したほうがいいよ」とか言いながら一緒にやったと思います。最終的には重松がこれでやりたいっていうものを持ってきて、一応僕が目を通して。
2年目だったかなあ？ 3年目の話かなあ？ もうひとりでできると思ったから、俺はその後、何も言わなくなっちゃったの。そうしたら重松が、これは城悠輔さん（放送作家）から俺は聞いたんだけど、「『最近、齋藤さんが何も言ってくれなくなって、俺は見捨てられた。どうせクビになるんだろうから、俺が辞める』とか言って悩んでいるよ、げっそり痩せているよ」って言うんだよ。
俺は重松が一人前になったと思ったから、後は責任も自分で取れと、俺が面倒見てるってことは、責任は俺が取るってことじゃない？ 当然ね。でも「独り立ち」っていうのは、自分で責任を持つことだよね。だから僕は敢えて言わなくなったの。
重松もそれで「ああ、そういうことだったのか」って納得してくれて、その後は機嫌よくやって、多分2年目の頭だったのかな？ それが。
あとはね、宮島さんは2年目にディレクターやってる？

——2年目と聞いています。どなたかがご病気でディレクターが出来なくなったので、宮島さんとチェンジしたと。

齋藤　あ、ということはきっと神戸だわ。神戸はね、肝臓が悪いんですよ。肝臓を壊しているのね。

神戸 文彦（かんべ ふみひこ）
日本テレビの制作局エグゼクティブディレクター。元々は子役として映画に出演したことも。『巨泉×前武ゲバゲバ90分!』『カリキュラマシーン』『欽ちゃんの仮装大賞』などの演出を手がける。

重松 修（しげまつ おさむ）
1970年、日本テレビ入社。『カリキュラマシーン』や『紅白歌のベストテン』『火曜サスペンス劇場』などの演出を担当。1995年、編成局編成部長就任。2003季にはバップの取締役に就任し、2013年退任。

――神戸さんはお酒がお好きなんですか？

齋藤　酒好きなんだけど、肝臓壊したから酒飲めなくなっちゃったんだよ。肝臓が悪くなって入院した時に「神戸さん、入院が１週間遅かったら死んでたよ」って言われたくらい、すでに肝硬変が進んでて。４分の３くらい肝臓が死んでるんじゃないかな、今でも。

――そういう事情で仁科さんが誰かディレクターやるやつがいないかと……。

齋藤　ということはね、1年目にやっているんだね、神戸が。それで入院して、２年目になっても復帰できなくて、もう宮島を引っぱり上げるしかないなって話になったんじゃないのかな。宮島さんは最初は辞退していたと思うんだけど、無理やり引きずり込まれたみたいなことだったと思うよ。いやこれね、「と思うよ」でね、まったく自信ないです。まったく自信ないけど、でも前後関係を考えると、そんなようなことだったのでしょう。

天才・宮川 泰さんとの〝得も言われぬ〟関係

――音楽については齋藤さんが宮川さんと打ち合わせをされたんですよね？ どのタイミングで、どういうふうな打ち合わせをされたのですか？

齋藤　『カリキュラマシーン』のスケジュールってどうなっていたんだろう？ ちょっと今思い出せないんだけれども、アニメーション作るのには３週間必要ですから、本番の３週間前には音作ってなきゃ間に合わないってことだよね。

――かなり早い段階ですよね。

齋藤　いやそりゃもう、早いですよ。『ゲバゲバ90分！』の場合でいうと、10月の音録りは、６、７月にもうやっていなきゃ間に合わない。特にあの時のテーマ音楽なんかは10月開始で5月にはやっていたかな？ そのくらいじゃないと撮影が間に合わないもの。だから、台本はもっと早いってことですよね。

宮川 泰（みやがわ ひろし）

1931年～2006年

大阪学芸大学（現：大阪教育大学）音楽科中退。数々のヒット曲を生んだ作曲家・編曲家。『巨泉×前武ゲバゲバ90分！』、『カリキュラマシーン』、『宇宙戦艦ヤマト』、『ズームイン!!朝！』、『午後は○○おもいッきりテレビ』など、TV番組のテーマ曲も多数手がける。

『NHK紅白歌合戦』では「蛍の光」の指揮者として出演し、派手なパフォーマンスを見せた。

——台本が上がって、すぐに音楽の打ち合わせに入るって感じですか？

齋藤　うん。音楽の打ち合わせをする時には、もう台本は完璧なものじゃないと。音楽って簡単に変えられないんですよね。だから、台本は完全なものにして、尚且つ、それをどういうふうに演出するのかも全部決まってて、「ここところとの間に何秒必要です」っていうようなことを全部言えなきゃいけないわけだから。「どういう曲がどういうふうに必要ですよ」「どういう歌で、こういうことで、ああいうことで、誰が歌いますよ」とか、BGMはどうだとか、細かいことがいっぱいありましたからね。

なにしろ録音で「M60」以上録っていたような記憶があるからね。毎回ものすごい量ですよ。それを3時間くらいで「はい、次！　はい、次！」って録らないと間に合わない。本当にその辺は、綱渡りみたいな仕事やりましたよね。

だからミュージシャンは一流の人ばっかり。羽田健太郎なんかがピアノ弾いているんだもの。だってNGは出せないし、一発でパッパッパッパッてやってさ、「はい、本番！」ってどんどんどんどん録っていかないといけないから。

——そうすると、台本があって、「このシーンはこんな感じの曲」というのは全部齋藤さんのほうで考えて宮川さんに伝える？

齋藤　そう。ただね、そこは僕と宮ちゃんとの付き合いの長さというか、仕事の歴史の長さというのかな？　そもそも、あんなにごちゃごちゃと宮ちゃんと仕事をしたのは『ゲバゲバ90分！』からかなあ？『ゲバゲバ』もやっぱりBGMも多いですよね。それでいろんなシチュエーションでいろんな頼み方をしてるから、彼もわかっているし、僕も宮川さんにはどこをどう頼んだらいいかっていうツボはわかってる。

僕が宮ちゃんに頼んで、「ここでだいたいこういうことになるんだろうな」って思っていると、もっといいものになって出来上がってくるのね。で、「出来上がったものをこういうふうに使うんだろうと思っていると、もっとうまく使ってくれているから」と

羽田 健太郎（はねだ けんたろう）

作曲家、編曲家、ピアニスト。桐朋音楽大学卒業後、スタジオミュージシャンとしての活躍を開始。高度なテクニックが高く評価された。アニメ音楽の作曲、編曲も多数。

か言ってまたお宮が喜んだりするんだけれどもさ。

つまりそういうもんでしょ？ 作っている者同士ってのは。そういう意思の疎通っていうのが『ゲバゲバ』の時代に培われている訳ですよね。『カリキュラマシーン』ではもうツーツーでツッタカツッタカいける。それでもまあ打ち合わせは1時間くらいかかるでしょうけれども、数が多いからね。

——1時間くらいで？

齋藤 1時間くらいだったと思うよ。それ以上長いってことはあるかな？ お酒飲んじゃったってことはあるかもしれないけれども（笑）。僕と合うんだよね、音の好みというか、とってもよく合ってね。だから、あの人が亡くなったのはもうほんとうに痛い。とにかく頼んでおけば、「おお、そうそうそう」っていうのがくるんだもの、お互いにね。だから、〝得も言われぬ〟部分があって、「打ち合わせはどんな感じで？」って言われても、「えー、得も言われぬ」って（笑）。

——例えば、ロックやルンバやジャズなど、いろんなジャンルの音楽をやってますよね。指定するのは齋藤さんなんですか？

齋藤 台本上から言って指定しなければいけないものは当然そうしますね。それ以外のところはお宮任せです。「任せ」なんだけど、「例えばさ、雰囲気としてこんな感じ」って話はしてますよ。その時に「ズンズンチャズ、ズンズンチャズ、ドドーン。ドッドド、ドッドド。こういうのやろうよ」っていうと、彼は「あ、なるほど」って言って、そのまんまやってくるか全然違うことをやるかわからないけど、どういうことを僕がイメージしているか伝えるためには、少し立体的にしてあげないといけないし、彼もそれがわかると、なんかちょっと書き込んでって、あっという間に作っちゃう。

例えば、50音のタテのほうの「あいつのあたまはあいうえお♪」ってやつは……、あれはお宮任せにしたんじゃないかな？ あれは宮ちゃんが歌って練習用テープをそのまま使っているんだから。でね、ヨコのほうのね、「あーかーさたなー♪」とかって

「カリキュラマシーン」ミュージック・ファイル

CD
発行：バップ
発売：1999年

『カリキュラマシーン』のサントラ盤。曲はすべて宮川泰さんで、「カリキュラマシーンのテーマ」から「じゃぁまた！」まで66曲収録。

いう「段の唄」っていうのがあって、あれは確か「ボサノバでいきたい」って俺が言ったような気がする。対比をさせたかったから。「これとこれは対比させなくてはいけない」とか、「これとこれとは一群にしなくてはいけない」とかは演出上の問題ですから、こっちがちゃんと計算して説明しなければいけない。

テーマ音楽の「シャバドゥビデュッパ」っていうやつ、あれは俺もびっくりしたね。あれもけっこう早かったんですよ、アニメーションも作らなくちゃいけないしね。僕の番組のテーマ音楽を宮ちゃんにいっぱい書いてもらってるんだけど、『ズームイン!! 朝!』にしたって、あんな番組他にないから、「どんな番組よ?」「いやいや、だからさ」とかいって、いくら説明したって番組始まってもいないんだからさ。それでもあれができる。番組なんてまったく影も形もない時にょ? 「わかんねえ」って言いながら書いてくるものがちゃんとはまっちゃうっていうところが天才だよね。

『カリキュラマシーン』のテーマは荒川少年少女合唱団? 荒川少年合唱団? 女の子いたかな? いないような気がするな。いたかな?

――西六郷少年少女合唱団ですね。

齋藤　そうそうそう! その子どもたちが来るのを、俺は録音スタジオに行くまで知らなかったんだ。そうしたら、あの合唱団の子どもたちがすでに練習してて、あの面倒くさい歌を一糸乱れず「シャバドゥビドゥッパ、シャビドゥバ♪」って。

それもね、あのスキャットはお宮がスタジオで書いたんだと思う。子どもたちは「ラララララッラ、ラララ♪」とかいうので練習してきて、スタジオ来てからお宮が「ウーン」といいながらなんか書いてた。それで、あんなのができちゃうわけですよ。子どもたちがめちゃくちゃうまかったのが印象に残っているのと、お宮らしいというかなんというか、とんでもないテーマ音楽でしょ。

僕は声を入れることはぜんぜん考えてもいなかった。そしたらお宮が「子どもの声だ」と思ったんだろうね。とにかく子どもの声を楽器にしてやろうというのは彼のアイディア。こっちもびっくりしたけ

西六郷少年少女合唱団（にしろくごうしょうねんしょうじょがっしょうだん）

1955年、東京都大田区立西六郷小学校の教諭であった鎌田典三郎（かまた のりさぶろう）が設立した児童合唱団。テレビアニメソングも多数歌唱している。

ど、当然ＯＫだよね。

――じゃあ、事実上作詞も宮川泰さん？

齋藤　作詞ってものじゃないけどさ(笑)。スキャットっていうのは一種の楽器演奏ですからね。ただ、普通の場合だと歌手が勝手にいろんなことというわけだけど、子どもたちには何か書かなければいけないから、お宮が必死になって書いたというところだと思うけどね。

番組の終わりってどんな音してた？

――「じゃぁまた」で、「チャラララチャラララチャラララチャラララ、チャッチャ♪」で終わりですよ。

齋藤　ということは、たぶんその時にそれも作っているよ。だって終わんなきゃいけないもんな。宮川さんでなきゃできなかったと思う。あんなＭ60とかＭ70とかね、それもどんどこどんどこ録ってね。

そこで言わなきゃいけないのがね、鳥飼（弘昌）さんっていうミキサーがいるんですよね。当時ずっとフリーだったですけど。あの人と付き合いはじめたのはやっぱり『ゲバゲバ90分！』かな？　あるスタジオに「いいミキサーが欲しい」って言ったら、「うちにいないんですけど、ひとりご紹介します」と言われて、やってきたのが鳥飼さん。『ズームイン‼朝！』なんかでもみんな音がちゃんとしているのは鳥飼さんですよ、ミキサーはね。

その鳥飼さんって人がミキサーで、スタジオの中に宮ちゃんがいて、もちろんミュージシャンみんないて、僕がこっち側に座ってて。で、録音やるじゃない。普通さ、録ったら送り返して「はい、ＯＫ！」ってなるのに、送り返しなんてぜんぜんやっていない。「齋藤さんが聞いててＯＫだったら、それでいいからね」って、

ピアノピース PP1613
カリキュラマシーンのテーマ
宮川泰（ピアノソロ・ピアノ＆ヴォーカル）

発行：フェアリー
発売：2019年

『カリキュラマシーン』のテーマ曲がNHKの人気番組『チコちゃんに叱られる！』のオープニングテーマとして使用され、ピアノスコアが発売された。

送り返しの時間ももったいないから、どんどんいこうっていうことで。「これはもう一回やりたい」と思ってもさ、終わった時には次の曲の話しているからさ（笑）。

鳥飼さんだから出来たね、ほんとに。僕と宮ちゃんがやろうとしていることを彼はだいたいわかっているわけ。だから音のバランスもね、これはちょっとリズムセクション少し強く欲しがってるなってわかってて、全部やってくれるから。仕込みのときはちょっと時間がかかりましたけどね。いろんなことやってバランスとって、事前にあらゆる音出してもらわないといけないから。鳥飼さんだからあの量いけましたね。だから、ほんとに優秀な人たちが揃っているの。

みんなぱっぱっぱって打ち合わせしたら絶対間違わない人たちで、美術の高野（豊）さんは、例えば「丸い椅子が欲しい」って言ったら、必ずもう一通り回転するやつと背が付いてるやつとかね、予算的に言うと少し無駄が起きるかもしれないけど必ず用意した。だから、「それじゃなくてこっちかな」って言う時にぱっと出てくる。下手な美術だと、「おい、どっか行ってあれ探してこい」とか「あそこ行って買ってこい」って話が起きるけど、絶対に起きない、あの人は。

というように、スタッフがみんな気が利いているし、頭の回転いいしね。みんながそうやってくれているから、とっとことっとこ撮れたりする。誰かが止まると全員が止まったりするんだけど、そんなことは絶対に起きない。みんな優秀な人たち。

音楽のプレーヤーもスタジオミュージシャンとして名の通っている人たちが来ている訳ですよ。だから お金的に言うとね、少し高いの。初見でどんどんどんどこいっちゃうような人たちがみんな揃っていたから。

いいBGMがいっぱいあるでしょう？ あれを宮川さんは毎回何十曲って書くんですよ。それでも使い回ししているんだけどね。音効さんは「まだ足りない、まだ足りない」って言ってさ、「じゃあ6曲」っていうと6曲書いてくれるんです。

とにかくあの人の音楽ってメロディーもきれいだけど、流れがとてもいいんですよ。「おかず」ってわかります？ 主たる歌なりなんなりをやっているところに、途中にぺろって入るやつ。「おかず」があんなにメロディックでちゃんとぴったりはまってリズムにのっていくものを書く人って、あの人が一番なんじゃないかな。世界的に言ってもそうじゃないかと思う。あの速い仕事をしながらね、ちょろっと入る音の使い方のうまさっていうかね、絶妙ですよね、あの人は。今はいない。本当に悲しいですよ。

アニメーションは蓮ちゃんにお任せ

――木下蓮三さんのアニメーションについてはどういうふうに打ち合わせをされたんですか？

齋藤　蓮ちゃんと初めて会ったのはね、『九ちゃん！』でお金がなくなって、中止っていうか休止させて、10月から公開を止めてスタジオにして半年やったよっていう話を前にしましたよね。その番組が『イチ・ニのキュー！』っていうタイトルなんですけれど、そのオープニングをアニメーションで作りたいなと思ったんです。

ダークダックスの番組なんかでお話のある歌をやるときに、中の挿絵みたいなものを手塚治虫さんにわざわざ描いてもらったりしたことがあるのね。そんなことで虫プロとは細々ながら付き合いがあったもんですから、虫プロに「アニメーションでやりたい」って言ったら、「実はこういう人がいるんですけれど、この人とやりませんか」と紹介されたのが木下さん。

僕がやりたいのはアニメーションと実写とを合成させたようなもので、『イチ・ニのキュー！』は「味の素」の提供ですから、提供の「味の素」まで全部わかっちゃうようなやつを作って、営業なんかも全部できちゃうものを作ろうと、木下さんと打合せを始めたんですよね。

合成っていうのがあの頃はすごく大変でね、虫プロだけに合成する技術があったんですよ。オスメス作って、人間だけ黒く塗ったネガと、人間だけ抜いて、まわりをまっ黒けにしたネガと重ねて、ふたつ一緒に焼くと完全になる……というようなことをやる技術が虫プロにあったんですよね。

イチ・ニのキュー！
制作：日本テレビ
放送期間：1968年〜1969年
出演：坂本九、伊東四朗、小川知子、ヴィレッジ・シンガーズ、ピンキーとキラーズほか

――いわゆるクロマキーのような技術？

齋藤　まあそういうことです。でもひとコマひとコマ黒いの作らなきゃいけないのよ。人間の動きを全部作らなきゃいけない。それを2枚作らなきゃいけない。２枚というか2通り。で、食い込んだりしないようにしながらやんなきゃいけないっていう、えらいことだったですけど。それに、音楽とアニメーションを合わせるのって、ものすごい技術なのね。

このオープニングを作った時の有名な話が、予算が２００万で、「２００万でできた！」と思ってたのに、請求書が来たら４５０万で、仁科さんが怒ったって話ね（笑）。人件費とかそういうのぜんぜん入れてなかったの。要するに、それは単なる制作費なんだよ。制作費だけで２００万使っちゃったの。「どうしてくれるんだ！」って仁科さんが怒るだけ怒ったっていう、それがそれです（笑）。

それで蓮ちゃんとの付き合いが始まって、『イチ・ニのキュー！』が半年で終わって、次の『ゲバゲバ90分！』までの6カ月、『天下のライバル』っていうのやったけど、あれはアニメ使わなかったのかな？ということは次は『ゲバゲバ90分！』なんですよね。

『ゲバゲバ90分！』の1年目は何をやったかというと、ギャグとギャグの間にね、「何かないと、どこで終わってどこで始まったんだかわかんなくなるぞ、これは」っていうのがあったもんだから、ブリッジを作りたいなと思ったんですよね。

――あの「ゲバゲバピーッ！」ってやつですよね？

齋藤　そう。アニメーションですから1秒24コマなんだけど、ギャグとギャグの間に1秒はどうしても長い。「蓮ちゃん、16コマ（3分の2秒）で何かブリッジ考えたい」っていうので、まあいろんな話しましたよ。だって、どういう番組なのか蓮ちゃんにもわからないわけ。

あの番組くらい世間にどうしても説明できなかったものはない（笑）。もちろん『ラフ・イン』は一応見せたんだよ、蓮ちゃんにもね。でもあれにはアニメーションなんて入っていないんだよ。

帰りがけだったと思うけど、蓮ちゃんがね「齋藤さんね、イメージ、何かない？」って言うから「ネ

木下 蓮三（きのした れんぞう）

アニメーション作家、アニメ監督、国際アニメーションフィルム協会副会長。
1967年に（株）スタジオロータスを設立。『巨泉×前武ゲバゲバ90分！』『カリキュラマシーン』のアニメーションを担当し、テレビCMでも多数のアニメーションを制作。1997年に永眠。

コ」って言ったら「うん、うん」って言って帰ったの。それで1週間後くらいに会ったら、紙にさ、鼻がでっかくて、ヒゲがあって、目玉がこうなってて、口がこういうふうについていたかな……輪郭はなにもないのよ。「こんなのどう？」って。

「ねえ、蓮ちゃん、この口開くよな？」って言ったら「開くよ」って言うから、「ここからぺって舌が出てさ、『ゲバゲバ』って書いてあるの、どう？」って言ったら、「おお、いいね。これで動きができる」と。それまで彼は目玉で何かしようとしていたの、目玉がギョロっとするとか。「よーし、決めた！」って言ってあの16コマが来たんですよ。16コマだからね、なんたって。

試写すると「ピュッ、アッ！」「ピュッ、アッ！」「ピュッ、アッ！」で、どーする？（笑）。それで音効さんに『ゲバゲバ』って言いたい！」って言ったんだけど、これまたいいスタッフがいるんだってば。

——音効さんは山口敏夫さん？

齋藤　そう。未だにあいつ言わないんだよ、誰の声だって。でもね、多分あいつが自分で「ゲバゲバ」って言って回転あげてるのね。でね、「シーンとシーンの変わり目だから、はっきりさせるために『ピッ！』っていう音を入れたい」って言ったら、いわゆるスタジオなんかで出す「ピーッ」の音をぶちっと切ったのをつけて「ゲバゲバピー」ってのが来たのよ。この「ピー」がね、味も素っ気もないんだよ、電子音だから……。

ちょうどその時にね、その1週間くらい前だったと思うんだよなあ。アポロ11号が月面着陸して、交信で「なんとかオーバー、ピーッ！」っていうのやってた。それをみんな興奮して見てたけど、俺も見てたんだよ。「ピーッ！」ってすごい雑音入ってる。何とも言えない「ジーッ！」っていうか「フィーッ！」っていうか、へんな音なんだけどさ。やっぱり宇宙を渡ってくるとこんな音になっちゃうんだって記憶にあったの。「あれ使おう」って言って、山口さんがその時のニュースを探してきて、「ゲバゲバピーッ！」ってあの音入れたわけ。そしたらさ、生きているんだよ、音が。電子音と違ってすご

「ゲバゲバピーッ！」のアニメーション

く幅があってね。あの「ゲバゲバピーッ！」っていうのはそこで完成したの。

それが木下さんとの2回目の仕事なのかなあ。なんか3回目の仕事のような気がしたんだけど2回目の仕事かもしれません。その辺で、彼もぼくとやると面白いことが出来るのを感じてくれたのかなあ。おれも蓮ちゃんとの仕事が面白いと思ったんで。

その後はテレビとは関係ない蓮ちゃんのアニメの仕事っていうか自分の作品なんか作る時に「齋藤さん、ちょっと何か考えてくれない？音どうしたらいいと思う？」っていう相談とかもずいぶん受けていますよ。個人的にというか、テレビ局を超えたお付き合いみたいな。あの人もお酒飲まない人なんですよ。お酒飲まない人はほんと困っちゃうよ。でもね、そういう仲になりましたね。

でね、『ゲバゲバ90分！』で言うとね、「ゲバゲバおじさん」は1年目のどっかでギャグの中で動いてるとかいうのをちょろっとやったんじゃないかな。それで輪郭がついて、ネクタイと短い手足がついて、いわゆる「ゲバゲバおじさん」になったんですよ。それまでは「ゲバゲバ」って言うだけの単なる顔だったんだけど。

2年目は完全にアニメーションと実写っていう形でタイトルからやって、ギャグの部分もアニメーションでやりましょうっていうことで、蓮ちゃんに頼んで「なんか仲間集めてよ」って言ったらさ、錚々たる人たちが6人集まって、マッド・アマノさんなんかもいたんだよ。みんなすごい人たちだった。

その人たちが、みんなでよってたかっていろんなアイディアもってくるわけ、アニメのギャグの面白そうなやつを。ゲバゲバおじさんが出るっていうことが条件でね。実写と合成しているやつとかさ、なんかいろんなのやりましたよ。

たとえば、こんな丸があってさ、丸の中を通れるやつとか、落っこちちゃうやつとか、なんかあったでしょう？あのアイディアを「みんなで『丸』っていうので考えよう」とか言って、その人たちがみんなで考えてくるんだよ。その中で面白そうなやつを「じゃあ誰が作る？」とか言って、結局、蓮ちゃんが作ったのかな？ゲバゲバおじさんのものだから。

その次がたぶん『カリキュラマシーン』になる

巨泉×前武 ゲバゲバ90分！傑作選 DVD-BOX
発行：バップ
発売：2009年

んだよ。

――その間に『コント55号のなんでそうなるの？』があります。

齋藤　あっ、そうだ！　あれもタイトル全部やってんだ！　1年目は確か宇宙なんだよな。ビョーってよってくるとね、地球があって、日本があって、東京があって……どこまで行ったんだろう？　タイトルになるのかな？　2年目が原始時代でさ、最後に「カー」（カラスの鳴き声）とかいうやつあるでしょ？　あの「カー」はおれが勝手につけたんだけど（笑）。3年間毎年タイトル違うんだ。

あれもコントとコントの間がはっきりしないから、ちょっとブリッジ作りたい、ついては55号の顔写真を使ってなんかやりたいって言ったらさ、蓮ちゃんが好きに作ってきたんですよ、あれは。顔がいっぱいになっちゃうやつとか、頭上からなんか降ってきて「ゴーン」とかなるやつとかいろいろあるじゃない。あれは蓮ちゃんだけのアイディア。

――じゃあもうお任せということで。

齋藤　もうお任せで十分。「これでやるからね」って言えば、「はいよ」っていう関係になっていて、それであれをやったんですよ。

そしていよいよ『カリキュラマシーン』のオープニング。アニメーションでやろうと当然のごとく思っていたらば、東洋現像所が「コンピュータで映像をごちゃごちゃするスキャニメイトっていうのが入ったから見に来てください」って言うんで、「蓮ちゃん、こんなのできたらしいからちょっと見に行こうか」って見に行ったのよ。あの頃のコンピューターだからね、ラックが4台くらい並んでるすごいやつでさ、もうなにしろ大変。

「これってワイプ（画面の切り替え）はどういうふうに使えるのかなあ」っていうのがあって、ぶっといVTRを2台回してやれば間のワイプができるんだよ。すると同時に3台必要なわけだよね。最初の絵とワイプしたあとの絵と、それを受けるやつの3台。3台をさ、いつ来るのかわからないのに1日中押さえたらさ、東洋現像所に「齋藤さん、勘弁し

『コント 55 号のなんでそうなるの？』
オープニングアニメーション

てくれ」って言われた。そりゃそうだよな、4台しかなかったんだから（笑）。

　それじゃダメだっていうんで、ワイプもできない。だけど、絵の回転はできるって話になってさ。要するにきゅーっと縮めることができるわけ。回転するってことは、絵をきゅーっと縮めてやるとここまでくるわけ。で、ここからきゅーっと伸びるだけなんだけど。「じゃあ、その技術を使って、真ん中でもって編集すればいいんだよね。どうする、蓮ちゃん？」って言ったらさ、「うん。俺やったことないからやってみたい」って言うんだ。

　本当はあの人電子に弱いんだ。とにかく機械にすごく弱い人（笑）。だけど手書きのアニメーションとはまた違う面白そうなものができそうだから、それで『カリキュラマシーン』のタイトルロールはあのスキャニメイトになったんですよ。


——1年日からですか？


齋藤　1年目からです。それで毎年作り変えたから3種類。スキャニメイトは機械なんだから、アニメーターなんかいらないだろうって話になるかもしれないけど、やっぱり蓮ちゃんはさすがアニメーターで動く絵の人ですから、「これとこれとは合わない」とかね。

　機械はいろんなことできるようでいながら、決まったことしかできないんだよね。蓮ちゃんがその場で色調整をしても、色が違ったりするんだよ。だけど、微妙なところはやっぱり芸術家。蓮ちゃんがやってくれたんであれができた。俺たちがやってたら、あんなふうにはならないですよ、絵は動くけどね。

　物事ってそうなんです。お金がかかるよってこと。お金かかるけどやっぱりできる人がやらなきゃダメなの。それが『カリキュラマシーン』のタイトルの作り方。

　あとは中身の話になるけど、中身はご存知のとおりで。「あいつのあたまは……♪」ってやったじゃない？　その版権まで蓮ちゃんが全部自分で交渉してくれて、あのキャラクターで本人と相談して作ってくれたの。

　それ以外にも「1」がお辞儀するやつとかあるで

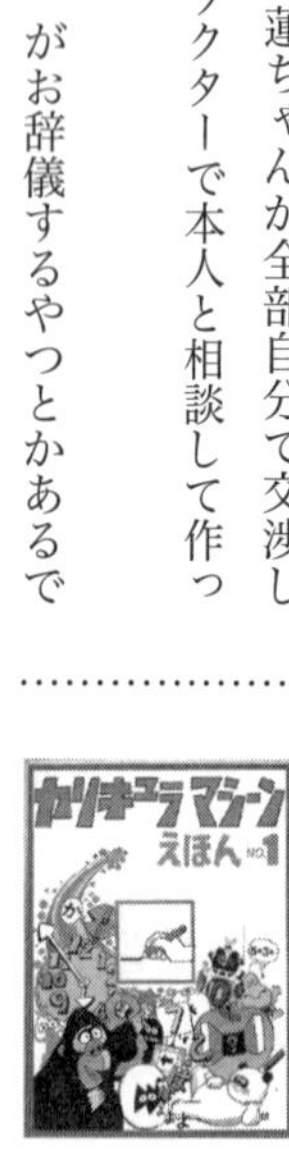

えほん・カリキュラマシーン
発行：日本テレビ放送網株式会社
発売：1974年　読売新聞社

しょ？ 一柳 慧って知ってる？ アメリカにずっといた人で、日本にあのころ帰ってきたばっかりだったんだけど、前衛音楽の最先端の人ですよ。あの中にいくつか一柳さんの音楽もあるんだよ。蓮ちゃんが作ったアニメーションに一柳さんが音を付けてくれたんだと思う。

最終的に音のことがあるから後で少し編集したりしたこともあったと思うけど、『カリキュラマシーン』はすべて蓮ちゃんに任せて、もう気心知れてますからね。そうやって作ったのがずいぶんあるんですよね。「あいうえお」と「１２３４」が全部あるんだからね。

――算数に出てくるキャラクターみたいのありますよね？

齋藤　そのキャラクターもたぶん彼が勝手に作ったんだと思いますね。そんなことはもう相談なんかしない段階になってて。だからさ、お宮（宮川泰さん）と一緒で、言っときゃなんとかなるし、向こうも作って渡しておけばなんとかなるっていう。お互いにそうやってちゃんといいものができちゃうっていう信頼関係があったから。

「あいうえお」全部あるでしょ？「がぎぐげご」もあったかな？「拗音」で「き」と言っておいて「あ」の方にねじれるとかっていうのも作ったかな？ そうすると「きゃ」だとか、そんなもの作ったよね。

「あいうえお」の50音表の中でもって字がひとつずつ動くのあったでしょう？ あれが大変だったんだ。50音全部作らなきゃいけなくてさ。最終的に「あ行あ段の『あ』」とか言うだけのためにさ。あれの音つくるの大変だったけど、あのアニメは完全に蓮ちゃんのアイィデアで、蓮ちゃんが勝手に作ってきたの。

――あと印象に残っているのはクレイアニメーションとか、いわゆるストップモーションアニメを多用し始めてますよね。

齋藤　それはね、蓮ちゃんが「クレイもやってみたい」って自分で思ったのかな。そういう実験的なところとか意欲的な部分とかであって……彼だって大

一柳 慧（いちやなぎ とし）
作曲家、ピアニスト。ジョン・ケージなどのアメリカの前衛音楽の演奏や自己の作品で日本の音楽界に衝撃を与えた。

変だよ、あんなにいっぱいいろんなこと考えなくちゃいけないんだからね。実際に画用紙に描いちゃうやつあるよね？　手書きでもって、こんなふうにぶれるけどさ、味がある……、「広島アニメーションフェスティバル」はいつからやってる？

――1980年代中期からですね。

齋藤　あれ見たって俺たち全然びっくりしなかったものね。普通の人はみんなびっくりしたけど。俺なんかいつもやっていることばっかり（笑）。

結局アニメーションを僕に教えてくれたのが蓮ちゃんなんですよ。セル描きしたものもさることながら、そうじゃないものも動かせばそれがアニメーションなんだということを教えてくれたのが蓮ちゃんなんですよね。

クレイアニメーションなんかも、半分面白がりながら、半分苦しみながらやったんじゃないかなあ。決まったお金しかお支払いできないけど、彼はこれで儲けようなんてのはこれっぽっちもなかったでしょう、きっと。どっちかっていうと持ち出しでもいいから自分が面白いことやりたいっていうか。

俺のところはそんな高くないんですよ。でも、予算の中で、できる限りのものをお支払いしていた。僕らの精神ってのはね、そういう裏方っていうか、そういう人たちにできる限りのお金をつぎ込もうと。見えている部分っていうのは最終的なところなんで。

アメリカの劇場は、見えないところがステージの3倍から4倍あって、ステージに乗ってるものがそのまま後ろにどーんと入ったり、脇へどーっと寄ったり、全部そのまま動くっていうくらいでっかいじゃない？　後ろ側にどれだけ余裕があるかっていうのはものすごく大事なことだと思う。僕らはそれを井原さんに教えられたというか。

その意味では、僕らの思いから言うとあんまり払えなかったんだけど、よそ様よりはたぶんちゃんとやっていたと僕は思いますけどね。そんなに潤沢なものではなかったですけど。

――1年目はほぼ同時進行で絵が出来上がるという感じですか。

広島国際アニメーションフェスティバル

アニメーション専門の国際映画祭。木下蓮三・小夜子夫妻の尽力で開催が実現し、木下小夜子さんがフェスティバルディレクターを担当。
開催期間：1985年～2020年の隔年8月
公認：国際アニメーションフィルム協会／ASIFA（2006年～2009年と2019年～2022年、木下小夜子さんが国際の会長）
主催：広島市、共催：ASIFA-JAPAN

齋藤　そうねえ。特に一年目は大変だったと思う。あれだけのものを短時間に……。どれくらいの期間で作り上げたんだろう？「あいうえお」の50音って最初に全部出てくるじゃない？ もう大変、一年目がね。ダビングとか編集も大変だったですよね。音付けもね。その後どんどんでてきちゃうしさ、全部音付けしなきゃいけないし、新たに作らなきゃいけないから、まあ大変大変、徹夜続き。しかも僕が「あ」なんて言わなきゃいけないしさ、「あたま」とか、夜中の3時4時にさ。眠そうな声してるもんな（笑）。

でね、50音表の「カチャカチャカチャカチャ」って音はね、ノイズをテープに入れておいて、きざんでいるんですよ。動くときの「ちゃっちゃっちゃっちゃっ」っていう音を全部ひとつずつきざんでいくわけ。だいたい１５０くらいきざまなきゃいけないんですけどね。「ちゃっちゃかちゃっちゃっちゃ、ちゃっちゃっちゃ」っていうの全部作ったの、編集室にとじこもって。

元はなんだったんだろう？ アメリカのアニメーターの人が、35ミリフィルムの音ラインに傷をつけていたんですよ。傷をコマでやっているから絶対にシンクロするんです。それをやろうとしだんだけれども、16ミリじゃ音の傷をつけることができない。それでテープできざむことになっちゃったの。

「じゃあ35ミリフィルムに起こせばいいわけ？」って言ったらさ、35ミリフィルムに起こすと高いのと、またネガに全部起こして、音のネガをまたあげなきゃいけないでしょ？ で、合わなかったらもう一回やらなくちゃいけないでしょ？ とてもじゃないけどやってられないってんで。

——じゃあ、あれは絵が先行？

齋藤　そうです。あれに関しては蓮ちゃんの負担を軽くしたいということもあって、そういう形でやりましたね。

『ゲバゲバ90分！』でアニメ合成やったのは何年目？

——2年目です。１９７０年。

カリキュラマシーン　こくごノート
カリキュラマシーン　さんすうノート
編集：日本テレビカリキュラマシーングループ
発売：株式会社ミドリ

齋藤　アニメ合成。あれが大変なんだよ。VTRを全部コマに描きかえてさ、全部合わせて走らせなきゃいけないんだもの。あれでたぶん蓮ちゃんは鍛えあげられているわけ、俺との間でね。俺はシンクロさせるためには半コマでも「合わない！」って言うからさ。「絶対合わせられる」っていうの知ってるし、お互いにそういう信頼関係があったから。

　VTR自体が今みたいな電子的に動いているのじゃなくてモーターでビューっと動くんだもの。フィルムに印をつけておいて、「カチャン」って動き始めた時にどっちに動くかわからないところがあって、「はい、OK！」っていうのが来るまで何回も何回も本番やって大変だった。それを蓮ちゃんも全部付き合いましたからね。

　いろんな人がもう一回やりませんかって言ってくるの。でもね、あのスタッフがいたからできるんでね、今そんな優秀なスタッフ揃わないんですよ。表向きの部分はどうってことないつまんないことに、ものすごい努力が要るから。

　蓮ちゃんの話からちょっと逸脱しましたけど、蓮ちゃんとはそんな付き合いですね、その先もずっと。

――印鑑が馬の形になったりするアニメありますよね。あれよくみるとスタッフさんのお名前ですよね？　重松さんとか齋藤さんとか。

齋藤　そういうところで凝るんですよ。そういうのが楽しいと思えるかどうかだけどね。それが苦しいって思っちゃう人はダメでしょうけど。俺も「楽しい？」って訊かれれば、苦しかったけどやっぱり楽しかったんだろうね。いつか言ったように「毎日が文化祭」ですから（笑）。

プレイブック・カリキュラマシーン

発行：株式会社エルム
発売：1975年

カリキュラマシーン ぬりえ

発行：日本テレビ 音楽株式会社
発売：株式会社ミドリ　年不明
制作：株式会社スタジオロータス

1975年〜1977年の1月1日、新春特別番組『カリキュラマシーンお正月60分！』が放送され、その時のスチル写真と思われる。宍戸錠さんがいないことから、おそらく1年目の放送。カメラマンに扮するのが、おそらく藤村俊二さん。

4

平成カリキュラマシーン研究会を結成して1年とちょっと。いよいよカリキュラマシーンの要、仁科プロデューサーへのインタビュー。知ってるようでよくわからない、〝プロデューサーのお仕事〟とは？

カリキュラマシーン

4

仁科俊介プロデューサー インタビュー

こんぺい糖のとげとげを取っちゃったらただのアメ玉でしょう？

●2012年4月 荻窪リンキーディンクスタジオにて

本日のゲスト

仁科俊介さん
にしな・しゅんすけ

元日本テレビプロデューサー。1959年にスタートした『ペリー・コモ・ショー』の経験を買われ、『エド・サリヴァン・ショー』で井原プロデューサーの右腕となる。以後、『九ちゃん！』『巨泉×前武ゲバゲバ90分！』『カリキュラマシーン』『11PM』『ズームイン!! 朝!』などをプロデュース。収録のスケジュールから撮った映像の編集まですべてを担当し、朝の5時から夜中の1時ごろまで勤務。伝票のズルは絶対に見逃さない井原組の大番頭である。

聞き手：平成カリキュラマシーン研究会

始まりは『ラフ・イン』

――日本でギャグを主体とした子ども向けの番組をやろうと聞いたときに、どういうふうに皆さんは考えられたのでしょうか。

仁科　『セサミストリート』が原点であることは間違いないんですよ。『セサミストリート』というのはアメリカのチルドレンズ・テレビジョン・ワークショップが作ったっていうところまではわかっていて、ニューヨーク支社からテープを取り寄せて見たりなんかしていた。

――直接ニューヨークからテープを取り寄せて？

仁科　そうそう。それで井原さんからその話が出た時に、私の子どもがちょうど幼稚園だったかな？　それがどうもね、子ども番組を見てて面白がらないの、ぜんぜん。たまたま『ゲバゲバ90分！』を見る必要があって、うちでビデオテープを見ていたの。

――それは『セサミストリート』を元にした子ども番組を作ろうという企画が出て、『ゲバゲバ90分！』を撮った後のことではないですか？

仁科　いや、『ゲバゲバ90分！』を4年間やって、それが終わって休養期間に入ったわけですよ。その時にたまたま『セサミストリート』の話が出て……。

――これまでに聞いている話では、『九ちゃん！』を終わらせなくてはいけないっていうところで『セサミストリート』の話題が出て、子ども番組を作れないかという話になり、井原さんがアメリカに行って、チルドレンズ・テレビジョン・ワークショップでその事情を聞いて……。

仁科　ちょっと順番が混乱していると思うんだけれども。僕が井原さんに呼ばれて井原さんと付き合うようになったのは、『エド・サリヴァン・ショー』だったんですよ。それを日本で放送するっていう話になって。吹き替えだとか字幕スーパーだとかのノウハウを、私が知っていたのでね。

エド・サリヴァン・ショー（The Ed Sullivan Show）

制作：アメリカ・CBS
放送期間：1948年〜1971年
ホスト役のエド・サリヴァンとゲストとのトーク番組。
日本では日本テレビで 1965年2月から半年間放送された。

なぜかっていうと、会社に入ってすぐに『ペリー・コモ・ショー』をやらされた。『ペリー・コモ・ショー』の日本語のスーパーは私が入れていたんですよ、生でね。清水俊二さんっていう映画のスーパーインポーズを作る人がいてね、その人に頼んでスーパーを作ってもらって入れていたわけ。コマーシャルの部分をカットしたり差し替えたりっていうのもやっていた。そういう下地があったから、井原さんから『エド・サリヴァン・ショー』を一緒にやってくださいって言われた時、「はいはい」って言ったの。

「はいはい」と言ったわりにはね、ジャズ班の連中にこっそり訊いたんだけど、「絶対あの人とは付き合わないほうがいい。殺されるか、スポイルされるか、下手すると廃人になりますよ」なんて酷いこと言われた（笑）。でも、「逆にこれは面白いかもしれないな」と思ったの。

ということで、井原さんと話をした時に、「僭越ながら、対等でやらせてください」っていきなり言ったわけね。そうしたら「ようござんす！」って話になってね（笑）。「じゃあ、やりましょう」ってことで『エド・サリヴァン・ショー』をやって、その関係で『九ちゃん！』をやったわけ。

その頃、坂本九はプロ野球で言うと二軍落ちしていたのね。一世を風靡した『夢であいましょう』がとっくに終わっちゃってて、ヒット曲もなくて。低迷していた坂本九を復活させようじゃないかということで、『九ちゃん！』っていう番組はそこから出来上がってきた。しかも舞台でね。後からドリフターズの番組なんかでやった屋台崩しとか、ああいうのを全部やっているんですよ。

榎本健一さんとか美空ひばりさんにも出てもらって。最初から一人で井原さんがディレクターやって、僕がプロデューサーで、渋谷公会堂や杉並公会堂で2週に1回ずつ公開番組でやっていた。

で、井原さんが

九ちゃん！

制作：日本テレビ
放送期間：1965年～1968年
出演者：坂本九、小林幸子、てんぷくトリオ、小川知子　ほか

坂本 九（さかもと きゅう）

歌手、俳優、タレント、司会者。「上を向いて歩こう」、「見上げてごらん夜の星を」、「明日があるさ」等数多くのヒット曲で知られる。1985年、日本航空123便墜落事故に巻き込まれ永眠。

一人でディレクターをやっていたのでは、２週間で２本分の台本作って収録して放送するのが、もう間に合わなくなってきたの。それで、「誰かいないか？」って言ったら、「齋藤っていうのが『シャボン玉ホリデー』で干されてるらしいよ」っていう話を聞いた。「秋元さんっていうプロデューサーとちょっとうまくいかなくなって、仕事がなくてぼーっとしているみたいだよ」って。それで「あいつを引き込んじゃおうか」っていう話になって、それで『九ちゃん！』に齋藤太朗ディレクターを引きずりこんだ。

で、ウマが合ったというか、ディレクター２人とプロデューサー１人の三人組みたいなのが出来上がって、「井原軍団」と称して井原さんのテリトリーの中で仕事をする、そういう形が出来上がった。で、『九ちゃん！』が終わって、今度はスタジオで同じことをやってみたいねっていうんで、『イチ・ニのキュー！』を1年間だけやった。ずっと味の素さんがスポンサーに付いていてくれてたんだけれども、１年間で終わったの。その後なんですよ、『ゲバゲバ90分！』をやったのは。

――その『ゲバゲバ90分！』をやるきっかけは？

仁科　井原さんがアメリカに行って見てきた『ラフ・イン』っていう番組が面白いよと。ビデオテープを持って帰ってきてくれたのをみんなで見たの。ニューヨーク支社からも送ってもらったりなんかしてね。すごく面白かったんですよ。「これを日本でやるとどういうことになるかね？」っていろいろやって、その辺はちょっと省略するけれども、『ゲバゲバ90分！』をやることになった。

そこで、いわゆる総監督が井原さんで演出もやり、もう1人のディレクターが齋藤さんで、私がプロデューサーをやるという形が出来上がったんですよね、『九ちゃん！』からそのまま引き継いで。その『ゲバゲバ90分！』のノウハウでもって『カリキュラマシーン』へ。でも、『カリキュラマシーン』ではもう井原さんは偉くなっちゃってたもんだから。

――局長さんになられたんですよね。

仁科　スタートしてからは時々スタジオに来て腕を

ラフ・イン（Rowan & Martin's Laugh-In）
放送局：NBC
放送期間：1968年～1973年
ダン・ローワンとディック・マーティンがホストで出演したスケッチコメディーのテレビ番組。

シャボン玉ホリデー
制作：日本テレビ
放送期間：1961年～1972年　1976年～1977年
出演：ザ・ピーナッツ、ハナ肇とクレージーキャッツ

組んで見ていたんだけれども、井原さんが実際に手を下すことはなくなった。

……という順番なんですよ。だから、『ラフ・イン』という原型があって、『ゲバゲバ90分！』ができて、『ゲバゲバ90分！』のノウハウをもって『セサミストリート』に乗っけて『カリキュラマシーン』を作った。

——今まで聞いていた順番とは違ってきましたね。

仁科　違うでしょ。それから『カリキュラマシーン』のノウハウをもって『ズームイン!! 朝！』を作ったわけだから（笑）。『ラフ・イン』が確かに『ゲバゲバ90分！』のベースなんだけれども、もっとわかりやすく言っちゃうと、実はベースはコマーシャルなんですよ。15秒、30秒で勝負、そういうコマーシャル。それがギャグという世界に一番合いそうだということ。いわゆるコントっていうのは15秒、30秒では入らないから、〝ギャグ〟と〝コント〟っていうのをはっきり分けた形で構成していきましょうと。

つまり『ラフ・イン』をベースにしてコマーシャルを取り込んだ笑いの番組が『ゲバゲバ90分！』。その『ゲバゲバ90分！』のノウハウを全部生かして『セサミストリート』をベースにして作った番組が『カリキュラマシーン』ということです。

——ということは、全ての原点は『ラフ・イン』ということですね？

仁科　そうですね。『光子の窓』だったり、齋藤さんがやっていた『シャボン玉ホリデー』のノウハウだったり、まあ、いろいろあるんだけれども、言ってみれば『ラフ・イン』。

——子ども番組にしようと思われたのは、何かきっかけがあったのですか？

仁科　『セサミストリート』っていう面白い子ども番組があるよということと、それからあの、名前忘れちゃったんだけれども、アメリカで子どもたちだけで番組作っちゃってるっていうのがあったんですよ。

セサミストリート（Sesame Street）
制作：チルドレンズ・テレビジョン・ワークショップ（現：セサミワークショップ）
放送期間：1969年～（アメリカ）

巨泉×前武ゲバゲバ90分！
制作：日本テレビ
放送期間：1969年10月7日～1970年3月31日
1970年10月6日～1971年3月30日
出演：大橋巨泉、前田武彦　ほか

──『エレクトリック・カンパニー』ですか？

仁科　ああ、そうだ、『エレクトリック・カンパニー』だ。あれも何がしか影響しているのね。

とにかく、もう一回話を元に戻すと、僕はちょうど幼稚園ぐらいの子どもがいて、「子ども番組はつまらない」と言っている子が『ゲバゲバ90分！』をたまたま見ていた時に、気がついたら横でケケケケ笑っているのよ（笑）。

それともうひとつは、民放の子ども番組だとコマーシャルが入るでしょ？　コマーシャルに入ったとたんにじーっと見ているわけね。で、コマーシャルが終わったとたんに何か違うことをやりだす。で、またコマーシャルになると、ピュッと戻ってくる。

何でだろうと思ったら、あのスピード感と音、これがすごく重要なのよ。子どもはすごく音に敏感でね。子どもをテレビのほうに向かせるために、コマーシャルのスピード感とか音楽とか『ゲバゲバ90分！』の面白さとかを組み合わせて、それをカリキュラムのベースの上に乗っけてやったらどうなるか？　というようなことを井原さんたちとずっと話をしていて、そこから『カリキュラマシーン』の原型は出来上がってくる。

──井原さんは『ラフ・イン』をご存知でアメリカに行かれたのですか？

仁科　あの人はね、1年に1回くらいブロードウェイのミュージカルを見にアメリカに行っていたの。舞台を見ながらライトが付いたペンでノートにばーっとメモを描くわけね。あの人絵がうまいから、どういう舞台装置をどういうふうに動かして、人をどういうふうに出入りさせて……、みたいなことを全部メモしていたの。

それが、『光子の窓』や『あなたとよしえ』、『スタジオNo.1ダンサーズ』なんかに活かされているわけね。で、ブロードウェイのミュージカルを見に行った時に、たまたまテレビを見てて「これ面白いかもしれない」って言い出したのが『ラフ・イン』なんです。

──『ラフ・イン』目当てに行かれたわけではなくて、

ザ・エレクトリック・カンパニー（The Electric Company）

制作：チルドレンズ・テレビジョン・ワークショップ（現：セサミワークショップ）
放送期間：1971年～1977年（アメリカ）

たまたまそれを発見されたということなんですね？

仁科　『ラフ・イン』にぶつかったの。

――それはいつ頃か記憶されていますか？

仁科　『ゲバゲバ90分！』を始める1年半くらい前かな。そんなもんでしたよ。

――まだ『九ちゃん！』をやっている最中ですか？

仁科　『九ちゃん！』をやってて、『イチ・ニのキュー』をやる前かな？『イチ・ニのキュー』が終わった時かな？よく記憶にないんだけれども、とにかくあの人は2週間だろうが10日だろうがぴゅーってアメリカへ行っちゃう人だったから。わざわざ『ラフ・イン』があるから見に行ったのではなくて、もっとも、行く前に誰かから『ラフ・イン』っていう変な番組があるよってことは、ちらっと聞いていたらしい。それが誰だったかっていうのは覚えていない。

――いわゆる放送作家さんとかからですかね？

仁科　たとえばそういうような人。それが三木鮎郎さんだったのかキノトールさんだったのか永六輔さんだったのか、それはわからないけれども、誰かからちらっと情報は聞いていたみたい。それで舞台の合間にテレビを見た、ということでしょうね。

ギャグの積み重ねみたいな番組で、ギャグとギャグの間にドイツ軍の格好した人が出てきて「ベリー・インタレスティング！」って言ったりする。あれは僕らもびっくりしたね。実にいいタイミングで出てくるわけね。そういうの見て、これは今までの日本のテレビにはないなと。『ゲバゲバ』の「あっと驚くタメゴロー！」は、『ラ

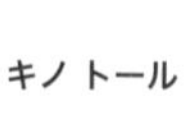

キノ トール

劇作家、脚本家、演出家。『日曜娯楽版』で一躍人気作家に。『11PM』、『巨泉×前武ゲバゲバ90分！』、『光子の窓』などを手がける。1999年、永眠。

フ・イン』のドイツ軍の格好した人がハナ肇さんのヒッピーになったものなの。そういうメリハリが『カリキュラマシーン』でも活かされている。

ただ、『カリキュラマシーン』は非常に具合の悪いことにカリキュラムがあった（笑）。子どもたちに算数だとか国語だとかをまともに教えようとしても、なかなかこっち向いてくれないでしょう？　それをどうやって向かせるかってことを、いろいろ考えた末に出来上がったのがあの番組だったのね。

オーディション版のカリキュラム

――本放送の前にオーディション版を作られていますが、その時の調査資料を拝見すると、「カリキュラム」という言葉がすでに出てきています。オーディション版の時点でカリキュラムはある程度できていたのですか？

仁科　カリキュラムはありました。子ども番組をやりたいということで、井原さんと齋藤さんと私と3人で無着成恭さんのところへ行ったの。無着成恭さんっていうのはラジオなんかに出ていてね、非常に子どもにアピールするっていうか、子どもを惹きつける要素を持っている。

――子ども電話相談室ってありましたよね。

仁科　そうそう。とつとつとしたあの語り口でね。で、無着先生が明星学園の先生をやっていたので「会いに行っちまおう、ひょっとしたら何かヒントがあるかもしれない」と思って3人で……、作家が誰かいたような気もするけど……会いに行って、無着先生といろんな話をした。

そうしたら、「お行儀のいい無菌状態の場所で子どもに何か教えようとしたって覚えてくれませんよ」ということがひとつ。もうひとつは「国語と算数があれば人は生きて行けますよ。ただそのやり方にはいろいろあって、明星学園ではこういうやり方をしています」ということを言われて、「にっぽんご1」と「さんすう1」という教科書をもらってきたの。これがオーディション版のカリキュラムのベースに

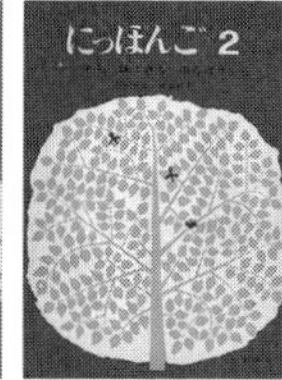

にっぽんご１ もじのほん
にっぽんご２ もじ　はつおん　ぶんぽう

明星学園 国語部　著
出版：むぎ書房
発売：1964年初版

無着 成恭（むちゃく せいきょう）

禅宗の僧侶で教育者。1956年、明星学園教諭に就任。TBSラジオ「全国こども電話相談室」のレギュラー回答者を28年間務める。

なった。だからカリキュラムはあったのです。

――ということは、自分たちのオリジナルのカリキュラムではなかったということですか？

仁科　無着先生に「申し訳ないけれども、これを使わせてください」と言ったら、「いいですよ。教科書には著作権なんかないですよ」って。実はあるんだよね、本当はね。それを無着先生がそう言ったもんだから、こっちもそれ信じ込んじゃって、それでやっちゃったんだよね。大胆だったね、そういう意味ではね。

――本放送では1年目からオリジナルのカリキュラムでしたか？

仁科　ではなくて、やっぱり教科書がベースになった。僕たちは学校の先生をやってたわけではないから、何か拠り所がないとどうしようもない。悪いけれども無着先生がくださった「にっぽんご」と「さんすう」、この2つのいいとこ取りしちゃおうと。

「にっぽんご」のほうでは何を取ったかというと、「あいうえおかきくけこ」ではなくて「あかさたなはまやらわ」、つまり段の概念。これね、われわれの年代は段の概念というのを教わった記憶がない。だから、ひょっとしたら今の教育でもちゃんと出来ていないのかもしれないから、これやっちゃおうよと。そうすると、あ段やい段の活用なんか、すごく簡単に出来ちゃうということを僕らも初めて理解したわけ。

それから「さんすう」のほうでは、繰り上がりとか繰り下がりとかっていうのを、「5のかたまりと10のたば。5のかたまりをばらにすると……」っていうようなやり方ね。それを実際に目で見ながらやるってことの大切さがわかった。

この2つが実はカリキュラムのベースになっているの。そこから先の『カリキュラマシーン』のカリキュラムは齋藤さんと宮島将郎さんを中心に作っていった。

――2年目にカリキュラムをかなり修正されてからうまくいくようになったと伺いました。

わかる　さんすう 1
わかる　さんすう 2
遠山 啓　監修
出版：むぎ書房
発売：1965年初版

かな文字の教え方
須田清　著
出版：むぎ書房
発売：1967年初版

仁科　やってるうちに具合の悪いところがいっぱい出てくるわけですよ。それを全部修正していくということを宮島さんを中心にやっていった。彼が一番学校の先生に近い頭脳を持っていたのではないかしら（笑）。とても私は出来なかったですね。

——オーディション版の調査に関しても仁科さんが担当されたんですか？

仁科　全部で2週分作るつもりだったんだけれども、結局4日分と3日分くらいしか出来なかったんじゃないのかな？　つまり10分くらいのものを4本と3本、全部で7本かな？

　1週目2週目で分けて作ったつもりだったのが、編集してみたら5本5本にならなかった。だから、少しカリキュラムなんか混乱しているの、オーディション版は。国語と算数が1本になっちゃっていたりとかね。

——それを幼稚園や保育園に実際に持って行かれて調査をされたんですよね？

仁科　20カ所くらい行きました。全部見せてもせいぜい1時間くらいなのよ。「見てくださーい！」って言って先生たちに見せていると、子どもたちが集まってくる。後ろで「キャーッ！」なんて喜んだりしてる。でも、7割の先生は「こんなものをテレビでやっちゃ困る」「教育というものは……」って始まっちゃう（笑）。情操教育がいかに大切かなんていうのを滔々と語られたりね。

——説教ですね（笑）。

仁科　もう大変だったんですよ。これは本放送を始めてから一般の保護者からくる苦情を説得していったのと同じなんだけれども、要するに「子どもっていうのは面白がって覚えていく。面白いことは必ず覚える。だってコマーシャルを1回見たら、すぐそのコマーシャルのマネをするでしょう？　先生が何かひとつ教えようとしても、1回教えてすぐにやってくれますか？　やってくれないでしょう？」みたいな話から始まって、では、どうして覚えてもらうか？「世の中には良いことと悪いことがあるよ」と。

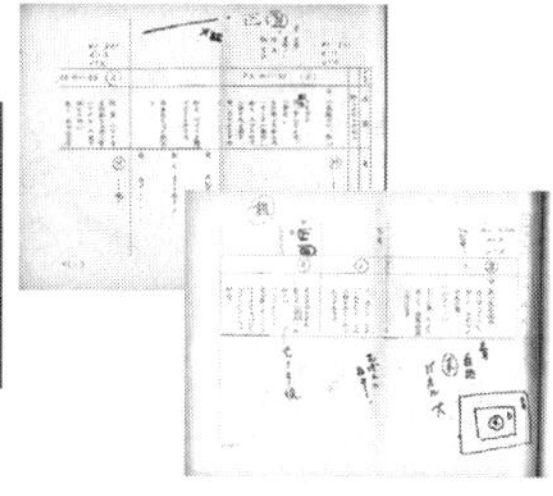

渥美ディレクターの
オーディション版の台本

表紙には
H4339-001
ニホンセサミ（仮稿）オーディション版
コンテ（ライブ）台本
1973年2月18日VTR
と書いてある。

「良いことばっかり無菌状態で教えていったら、子どもは悪いことをどうやって区別していくのか？　その辺を考えて欲しい。悪いことをやって見せて、『これはどうして悪いのか？』っていうことを教えてくださいよ」と。「『なるほど、だからこれは悪いのか』っていうことが子どもに理解できたら、その子は悪いことをやらなくなる……と思いませんか？」みたいな話をね、延々とやっていったの。1時間くらいのビデオを見せて、5時間くらい議論したんだよね（笑）。それを20カ所くらい回りました。ほとんど僕が回ったの。

――説明してご納得いただけましたか？

仁科　70％くらいは納得してくれた。あとの30％はダメでしたね。若い先生ほど納得してくれた。頭がまだ柔らかいんだと思うね。

――まだ子どもに近い（笑）。

仁科　そうそう。僕が必ず言ったのは、「自分たちが子どもだった頃を思い出して欲しい。子どもの頃に善悪をどうやって判断しましたか？　良いことと悪いことをどうやって見つけましたか？　自分が子どもだった時のことを忘れて、子どもに対してものを言っていませんか？　大人の目線でものを言ったって子どもは言うことを聞きませんよ。子どもの目線で考えてみることが必要なのではないですか？」ということ。今にして思うと、ずいぶんいい加減なことを言ったなと思いますよ。

――今も言っていただきたいお話です（笑）。

仁科　「みっともないな」と思いながら、でも、それをやったのはなぜかっていうと、まず「こういうものを放送したい」と思ったら、自分がやりたいことを人に理解してもらわないといけない。悪い言葉でいうと「どうやってだましていくか」。それは要するにスタッフであったり、スポンサーであったり、会社のお偉いさんであったり、最終的には見ているお客さん、つまり子どもたちであったり、そのお母さんやお父さん、その辺を全部だましちゃう。

『カリキュラマシーン』のオーディション版調査資料

宮島将郎ディレクターが所蔵されていたオーディション版の調査資料。子どもの年齢ごとに、どのシーンでどんな反応をしたかなど、細かく調査結果が記されている。

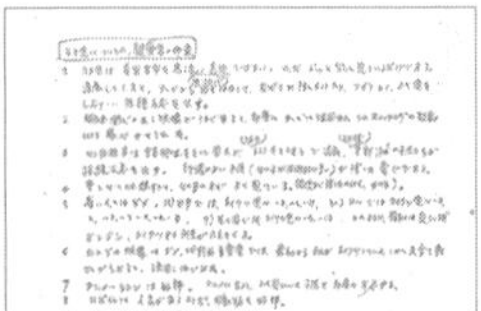

だまし終えたらその番組は大成功。

クレームはぜんぜんなかった……わけがない

――宮島さんは「クレームはぜんぜんなかった」とおっしゃったんですけど、そんなことはないですよね？

仁科　あの連中ね、ずるいんですよ（笑）。つまりそういうクレームの電話がかかってくると全部僕に回してよこす。こっちはひーひー言いながら対応していた。毎日電話かかってきた。

――オーディション版で保育士さんたちを説得した内容がクレーム処理に活かされたんですね？

仁科　そう、そのとおりです。同じ事を言っているんです。

――スポンサーからのクレームはなかったですか？

仁科　スポンサーには最初から、「必ずこういうクレームがきます。商品の不買運動なんかが起こるかもしれません。その時には私たちと同じように説得してください。そうすると逆に味方が増えてくると思いませんか？　もし思えないんだったら、この番組の提供をやめてください」と伝えた上で、スポンサーになってもらった。

だから、スポンサーからのクレームはなかった。ああ、でも、1カ月で降りちゃったスポンサーがひとつあったな。何だったかな？『カリキュラマシーン』では、パイとかをぶつけちゃったりするじゃないですか。僕らは「ものを粗末にする」ということが、いかにいけないことなのかっていうことを、そうやって教えていくわけですよね。それをまともに「ものを粗末にする番組はけしからん！」ということになっちゃったような気がしたな。その辺の意思の疎通がうまくいっていなかったと思いますね。

――クレームに対しての処理はほぼ仁科さんが？

仁科　ほとんど僕がやってたんじゃないですかね。

みんな逃げちゃうんだもの。「こういうことはプロデューサーが解決する問題だ」なんて勝手なことを言いおって（笑）。まあでも、プロデューサーの仕事ですよ。ディレクターがそういうことで矢面に立っちゃいけないんでね。

——今はちょっとでもクレームが来るとすぐに制作に言いますよね。

仁科　あれは絶対やってはいけない。僕は自分で番組を売り込みに行ったり、自分で宣伝したり、新聞記者ともずいぶん仲良しになっていますよ。いろいろとネットワークを広げていって、そこで広報活動なんかを自分でやっていたから、こっちに来るのは全部受け止めていたんだけれども。

本来は宣伝部だとか広報部だとか著作権部だとか、今で言うならば視聴者サービスセンターとか、そういう部署でクレームが来た時はがっちりと受け止める組織を作っていかないとダメ。ディレクターやプロデューサーのところへクレームを回してよこすようなことではいかんのですよ。

——今はもうクレームが来た瞬間に制作を自粛するようになっていますよね。

仁科　そんなことやっているから、テレビがつまらなくなっていっちゃう。こんぺい糖のとげとげを取っちゃったらただのアメ玉でしょう？　今のテレビってみんなアメ玉になっちゃって、何だか色は違うけれども、まん丸いころころしたものが一日中並んでいるじゃないですか。とげとげがないんですよね。

とにかくクレームに対処するっていうのは実に大変だし、いやですよ。もうめちゃくちゃ言われるんだから。でも、それに耐え忍んで、なおかつディレクターたちを守っていかないと、ディレクターがやりたいことをやらなくなっていっちゃう。そうすると、面白い部分が欠落してつまらなくなっていく。今のテレビってそうなんじゃないですか。だから民放もＮＨＫもほとんど変わらない。

ＮＨＫは一般家庭からお金もらってやっているから、クレームに配慮しなきゃいけないと思うけれども、民間放送っていうのは、スポンサーに対して配慮しなきゃいけないし、責任は当然持たなきゃいけないけれども、見ているお客さんに対しては、「自分が本当にやりたいことをやって評価していただく」という場でなければいけないんだろうと思う。プロデューサーはそこまで考えてやらなきゃいけないんですよ、本当はね。

キャストはどうやって決めたの？

――『カリキュラマシーン』のキャストはほとんど『ゲバゲバ』に出ていらした方が中心ですが、違う方もいらっしゃいますよね、フォーリーブスとか。

仁科　フォーリーブスとか森昌子とか桜田淳子とか、色々出ていたでしょう？　あれはね、時間帯というか、子どもを意識した。知っている顔がちらちらしているっていうのは、いいものなんですよね、子どもにとってもね。

……ということがあったのと、前にも触れたけれども、「歌」っていうのは強いですよ。子どもは音に対してとっても敏感だから。そういう意味でフォーリーブスや森昌子が出ていれば歌手だっていうのがわかるし、一種のアイキャッチャーとして彼らを起用した。

ついでに言っちゃうと、齋藤太朗ディレクターを出しちゃったっていうのは、「カリキュラムを説明する人間っていうのが必要だけど、どうしよう？」っていう話になった時に、学校の先生は最悪、でもタレントだと嘘っぽい。アナウンサーは、ニュースやったりバラエティ番組やったりクイズ番組やったりいろいろやって、あっちこっちへ顔を出すから、これもちょっと説得力がないかもしれない。

それと、もうひとつは、人間臭くないほうがいいなと。つまり「機械みたいな、ロボットみたいなの

カリキュラマシーンに出演するフォーリーブス

フォーリーブス

初期のジャニーズ事務所を代表する男性アイドルグループ。メンバーは北公次、青山孝史、江木俊夫、おりも政夫。

森 昌子（もり まさこ）

1971年、『スター誕生！』に13歳で出場し、初代グランドチャンピオンとなる。山口百恵、桜田淳子とともに「花の中三トリオ」と呼ばれる。

が一番いいな」というところからロボットが出来ちゃったんだけれども。やっているうちに「おい、ギニョって社会性がまったくないよな」って話になって、本人には申し訳ないけれども(笑)、「あいつ、いけるかもしれないよ」と。で、突然「お前やってみない？」っていう話になっちゃった(笑)。

あいつはしばらく考えていたけど、「うん、確かに俺には社会性がないよな。やってみる」って言ったの。本人も自覚していた、そういうことをね。それであの「ギニョおじさん」っていうのが出来上がって、彼がカリキュラムを説明する係になった。

——オーディション版の時点で「かの字」と「ゴリラの一郎」はすでに出来上がっていましたか？

仁科　いません。「かの字」にしても「ゴリラの一郎」にしても、作るの大変だったんだから。会社の偉い人がずらっと並んでいるところで企画を説明して、OKをもらわない限り番組は作れない。

「まあ、やってみろ」っていう話になって「じゃあこういう番組ですから、オーディション版作らないと危なくてしょうがないんで、お金ください」ってお金もらうでしょ？でも、オーディション版だからそんな大金かけられないし、オーディション版に使ったお金っていうのは、本番の制作費のほうへ乗っかってくるわけですよ。

つまりオーディション版も番組の制作費のうちなんですよ、最終的にはね。だから、そんなにお金かけられない。ゴリラだのロボットだの作っていられない。

——「ゴリラの一郎」はすごくよくできていますもんね。

仁科　あれを作ったのは円谷プロだもの。

——齋藤さんに伺ったところ、本当は「かの字」に電飾をつけて、お腹の部分に文字が出るようにしたかったけど、なかなか難しかったとおっしゃっていました。

仁科　テレビで映すと面白くもなんともないのよ。

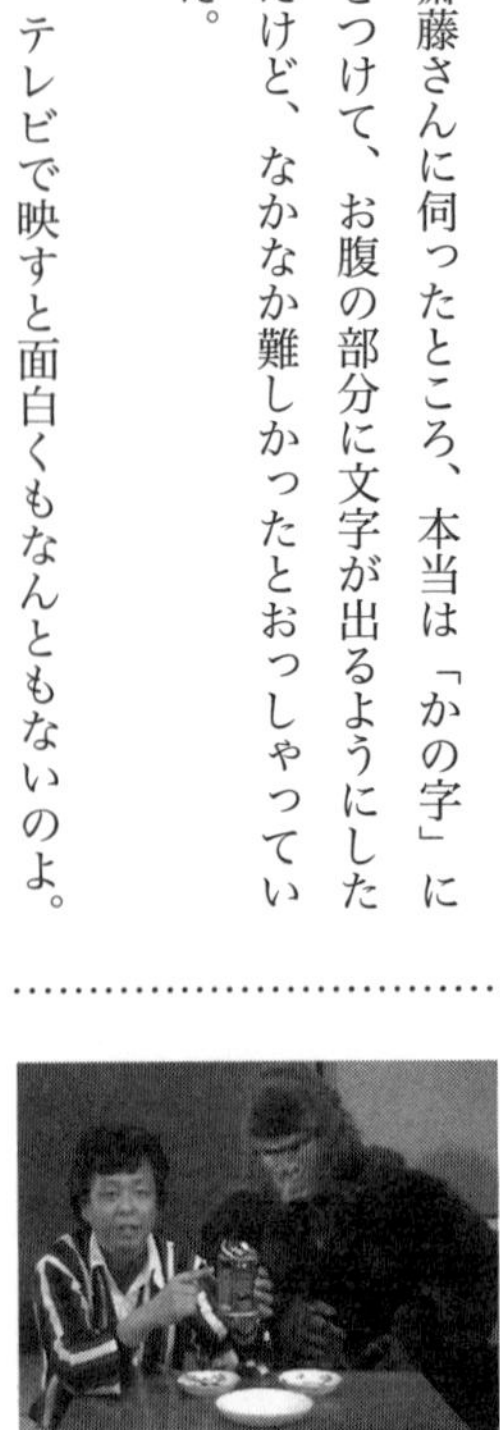

ゴリラの一郎とギニョさん
(齋藤ディレクター)

かの字

最初は歩くはずだったの。ところが重くて動けない。だから、立ったままになっちゃった。そしたら、もう身振り手振りしかないねということになっちゃった。最初はちゃんとコードひっぱって電飾でやってたけど、最初の２カ月くらいでなくなっちゃったと思うよ（笑）。

——オーディション版のＶＴＲは現在残っているんですか？

仁科　ありません。あの頃はまだオープンリールのテープしかなかった。カセットじゃなかったと思うね。ずいぶん重い思いして抱えて行ったわけ。
　オーディション版は放送に使わないっていうことで、役者さんたちにもすごく安いお金でやってもらっている。「放送しないから安くやってくれる？」って頼んでやってもらっているから。

——そのオーディション版に出られていたキャストは、本放送と同じ方ではないのですか？

仁科　ほとんどは本放送に出てもらった人たちです。

——堺正章さんとか、王貞治さんとかのお名前が入っていて、齋藤さんに伺ったら、「たまたま廊下で『ちょっとなんかやって』とか言って撮ったんじゃないの？」っておっしゃっていたんですが。

仁科　そうそう。「ちょっとやってくれる？」って頼んでやってもらった程度のものだと思う。スタジオに入って来た時に「すいません、『あ』って言ってください」って頼んで撮っちゃうのは10秒で出来ちゃうから。ドラマの人なんかにも、「ちょっと悪いけど」ってやってもらったような気がするな。だから、放送するわけにはいかなかったということもありますね。

——そういうことも含めて破棄されたということですね？

仁科　そうだったと思います。取っておいては具合が悪い。

プロデューサーの仕事って何ですか？

——プロデューサーというのは具体的にどういうお仕事なのか、ちょっと教えていただけますか？

仁科　非常に難しいのですが、映画の場合は演出や監督と一緒に企画を考えたりなんかする。でも、お金がなかったら何にもできませんから、まずお金を集めることがプロデューサーの最大の仕事なわけですよ。

テレビの場合は社員だから、お金集めてくる必要はない。ただ、会社からいかにお金を引き出すかっていうのがまずある。「お金を引き出す」ということは「企画を通す」っていうことです。「これはこのくらいのお金がかかりますよ」ということを含めて企画を通すことが、プロデューサーの重要な仕事なんです。

井原さんと齋藤さんと私と3人で作る時には、予算なんかは私が全部責任を持ってやっている。『カリキュラマシーン』の場合は『セサミストリート』から発生した井原さんの考え方、「今やっている子ども番組つまらないな」っていう共通の土俵があって、「子ども番組やってみようか」っていう話になった。その企画を企画として立ち上げるというのもプロデューサーの仕事。つまり、まずは企画を通したり、会社からお金をもらったりという仕事がある。

次に「誰に作ってもらう？」というのがあるわけですよ。これは齋藤さんがいたからぜんぜん心配ない。でも、私と齋藤さんではとてもじゃないけど学校の先生はできないから、「宮島を引きずり込もう。あいつはなかなかアカデミックなやつだから」とか、「重松っていうのが上智大学でけっこう真面目にやっていたらしいから、あいつも引きずり込んじゃおう」というように、スタッフを集めるというのも私の仕事。

当然のことながら、技術やカメラマンやスイッチャーを捕まえたり、いろいろ大変なんですよ。他の番組やっているのを引っこ抜いたりしなきゃならないから。それから美術でしょ。美術だって大道具・小道具・衣装・床山（ヘアメイクアーティスト）さん、いっぱいあるわけですよ。そういう連中のチーフになる美術のデザイナー、『カリキュラマシーン』

の場合は奥津さんという人だったけど、まずその人を捕まえる。それから走り回ってくれるアシスタントも集めなくてはならない。それこそ渥美光三さんは、あのころは社員でもなんでもなくて契約スタッフだったの。僕らが推薦して社員にしちゃったんだけどね。

――仁科さんが香盤表も作られたんですよね？

仁科 うん、制作スケジュールはプロデューサーの仕事だから。

――プロデューサーはみなさん香盤表を自分で作られるんですか？

仁科 いや、みんな丸投げする(笑)。

私は自分の仕事に責任を持ちたいから、自分でやっていた。朝の9時から夜の11時12時ぐらいまで10分刻みのスケジュール。いろんなタレントさん役者さん、みんな忙しい連中だから、2週に1回、2日間丸抱えなんてできっこないですよ。だから「9時に来て12時でいなくなる」とか、「11時に来て3時にいなくなる」とかね、そういう人たちをどうやってうまく捌いていくか、これもプロデューサーの仕事なのね。

それともうひとつは、演出のほうから「このシーンはこの人にやらせたい」というのが当然くるわけですよ。そういうのを見ながら「何時から何時にどの役者さんがいて」というのをずーっと作っていって、「じゃあ、このギャグはここでやろう」というふうに収録の順番を作っていく。

で、ひとつのシーンを撮るのにだいたい7分、長くても10分。それで消化していかないと制作費が赤字になっちゃうから、何がなんでもそれでやっていくためには、自分で作らざるを得ないでしょう？だから全部自分で作った。

役者さんの入りが遅れたりすると大変なのよ。台本に違う人の名前が書いてあるにもかかわらず、や

香盤表（こうばんひょう）

撮影を行なう際のスケジュール表。各シーンごとの出演者、出演時間、衣装、小道具など、撮影に必要なものが書いてある。「香盤」はもともとは「香道」で使われた言葉。

渥美 光三（あつみ こうぞう）

日本テレビディレクター。

らなきゃならなくなったその人の心理っていうのは、こっちが「ごめんなさい」って言って口説かないとやってくれませんよね、役者さんには役者さんの矜持があるから。やっぱり制作の責任者が口説くしかないでしょう?

というようなこととかね、いっぱいありますよ。だから自分でやる。自分でやるからそこまで責任が持てる。で、そうやって作り上げていくわけだから、編集も自分でやる。

――1日の収録分の香盤表は、どのくらいの時間で作られていたのですか?

仁科　1日の香盤表作るのに5時間くらいかな。『カリキュラマシーン』の台本はB4がそのまま綴じてあるだけの台本。その台本が出来上がる。で、カット割と「どうしてもこの役はこの人にやって欲しい」って名前を入れたものが僕のところに来る。そしたら綴じてるホチキスを全部取っちゃって、バラすわけですよ。それで「このギャグはこの役者さんにやって欲しい」というのを入れていって、それが入れ終わったところで、主演の役者を分けていって、「何時から何時までいる」という時間を入れる。今度はサブの役者さんをそこにまた入れていって……というような作業っていうのは、ひとりでないとできない。

最初に台本を読んでいるわけだから、どのシーンとどのシーンがくっつくっていうのがわかっているわけですよ。同じ役者さんにやってもらうわけにはいかないから、当然、別の人にやってもらう。それをどの人にやってもらうかを全部決めていくわけだから、その段階でもう編集のことを考えながらやっているわけです。だから、編集もやらざるをえない(笑)。

――齋藤さんから「仁科さんはいったいいつ寝ていたの?」みたいな話を伺っていますけど。

仁科　ちゃんと寝ているの(笑)。つまりね、「ものすごく重要なこと」、「まあまあ気を配らなければいけないこと」、それから「これは明日でも出来ること」ということをぱっと分ける。それで「明日でも出来ること」は明日に持って行っちゃう。つまり割りきり。ある種の整理術ですよ。そうでないと本当に寝る時間がなくなる。「余計なことをどうやって捨てるか？」ということを、プロデューサーって自然に覚えちゃうんだと思う。

——仁科さんはプロデューサーを目指してテレビ局に入られたのですか？

仁科　そうじゃないですよ、ディレクターですよ、やはり。ものを作りたかったから。最初に入った「クラシック班」というと聞こえはいいけれども「歌謡曲班」ですよね、歌番組をやっていたから。僕が入った時には全部で５人か６人いて、それで17、８の番組作っていたわけ。そうすると、一人でやらないとどうしようもないのね。今みたいにタイムキーパーなんていないわけですから、自分でストップウォッチ押して、自分でキュー出しもやる。しかも自分で台本作ることまでやっちゃっていたから、プロデューサーのノウハウもディレクターのノウハウも両方持っていた。だから「プロデューサー兼ディレクター」。

でも、井原さんに誘われて行った時に、自分は井原さんに対してディレクターとしてはまったく足元にも及ばないことがわかった。「この人俺にないものを全部持っているわ。俺はプロデューサーに徹しよう」と思ったわけ。

そこから初めて僕はプロデューサーをきちんとやりだした。ノウハウは全部持っていた、ということですよね。専門化していっただけの話。昔のテレビ局の人ってみんなプロデューサーもできるし、ディレクターもできる。

——井原さんも両方やられていましたね。

仁科　そうですね。それを演出へ特化してもらった。ただ、全体を見る役目っていうのは当然やっていただいていたんだけれども、いわゆる雑事的なことや交渉ごと、収録のことなんかは全部私が引き受ける。「それを一切こっちでやるから、ものを作ることに専念してください」みたいな。

井原 髙忠（いはら たかただ）

1929年～ 2014年
伝説の日本テレビプロデューサー。学生時代からウェスタンバンド「チャックワゴン・ボーイズ」のベース奏者として活躍。1953年、開局準備中の日本テレビでのアルバイトを経て、翌年、入社。アメリカのバラエティー番組制作のノウハウを日本の番組制作に取り入れた。
手がけた番組は、『光子の窓』『スタジオNo.1』『あなたとよしえ』『九ちゃん！』『イチ・ニのキュー！』『11PM』『巨泉×前武ゲバゲバ90分！』『カリキュラマシーン』など。

――『ゲバゲバ』の編集を仁科さんに任せて、出来上がったのを見ると、ディレクターはもうちょっと続けて欲しかったものが、ばっさり途中で切られちゃったりして、「あー、ここで切っちゃったよ!」みたいなことがあったと伺いましたが。

仁科　完成版を見せるでしょ? するとね、「あっ!」なんて言うんだよ、面白いよ(笑)。井原さんもよく言ってた。「わー、切っちゃった」って。何て言うのかな、井原さんも齋藤さんも僕も、何を面白がるかっていう意味では非常に共通していたと思うんです。ただ演出家にとっては作ったものはかわいいんだよね。かわいいものをそのままやると、かわいくなくなるケースっていっぱいあるんですよ。それをこっちはテレビを見る側の立場から編集していく。

　要するにテレビ局の人間としてじゃなくて、テレビを見ている人はどう思うだろうなっていうところを主体に編集していくから、「ここから先はいらねえや。切っちまおう」「これはここで切ってくれっていう合図が入っているけれど、もうちょっと長いほうが余韻があって面白いな」というようなことは、私の判断で全部やらせてもらっている。

――ちょうど電子編集が入るか入らないかっていう時代でしたね。

仁科　そう。それで、五反田にある東洋現像所に電子編集の機械が入っているらしいっていうんで見に行って「これで『ゲバゲバ』やったら楽だなあ」って思ったの。それで、その場でスケジュール全部押さえちゃった(笑)。電子編集の番組として初めて世の中に出たのは『ゲバゲバ90分!』。最初は3台でやっていたのね、出し2台の受け1台で。でも、それじゃ何日かかっても出来ないから「5台よこせ」って言ったの

（笑）。「5台を制御する装置をどうしても作ってくれ」って作ってもらった。東洋現像所だって試行錯誤だったんだから。

——じゃあ、出し側で5台準備されていたのですか？

仁科　2台と1台でやったら、予定の時間に1／3も出来上がらなかった。予定の時間内に入らないでお金かかっちゃうのはプロデューサーとして困るわけですよ、決められたお金の中でやらなきゃいけないんだから。だから何とか時間内に収めてもらう、そのためには台数増やすしかない。

台数増やしてその分のお金を払っても、時間中に入ればペイする。だったらそれを制御するスイッチングボードを開発してくれって言ったら、「そんなことできない」って話になったんで、「だってリレーを切り替えるだけだろう？　1から2へ切り替える、2から3へ切り替えるだけだろう？　そうやってできないの？」って言ったら、「ああ、それならばできるかもしれない」って作ってくれた。だからね、素人って怖いんですよ。技術の人が考えてなかったことを平気で言っちゃうから。

僕が今でも「よくも言ったもんだ」と思うのは、「電波って曲げられないの？」って言ったの（笑）。技術の人は「絶対にできない」と。でもね、羽田から中継やると、東京タワーへまっすぐ電波飛ばしても入らないんですよ。海の上を通るから、フェージング現象で入らない。ちょっと斜めにしてやると入る。何で入るかというと、ビルにぶつかって入ってくる。「曲がっているじゃないか。直接送るんじゃなくて、反射させて送れないの？」って言ったの。それで考え出したのがパラボラアンテナをあちこちに建てるっていう方法。つまり、サテライト。まさか電波を空に打ち上げて戻って来るっていうのは、その頃考えもしなかったけど。

——あれも仁科さんのお陰じゃないですか！（笑）

仁科　違う違う。でもね、そういうことって技術の人が発想してるんじゃないかもしれないね。

フェージング現象

気温や湿度などの気象条件により、テレビ電波の伝わり方に異常を生じ、受信される電波が弱くなったり不安定になる現象。

――井原さんは仁科さんから見てどういう方でしたか?

仁科　さっきも言ったけれども、私に持っていないものを全部持っている人。カリスマ性があって「大将」になれる人。あの人が会社経営したら面白いだろうなと思うのだけれども、本人はやりたがらないんだけどさ。

――井原さんはやっぱり現場にいたかったんですね?

仁科　そうそう。局長にさせられちゃって、「つまらない」と言って辞めちゃった。「局長」っていうのは経営の一番下っ端なんですよ。「お山の大将」でいたい人が「その他大勢」になったら、そりゃつまらないよ。で、結局辞めちゃった。もったいないと思うけれどね。

もし今だったらば、たとえばプロダクションの社長になっちゃうとかね。ないしはテレビマンユニオンみたいなのとかね。そういう下地っていうのが、あの頃はあまりなかったような気もするし、もったいないないと思う。プロデューサーもディレクターも、一流というか、番組をヒットさせた人たちっていうのは会社の経営できますよ。そのノウハウを全部使っているんだもの。

――「お金と才能と時間をかけないと、いいものは絶対に作れない」っていうことですよね。

仁科　そういうことです。齋藤さんだって僕にないものを全部持っている。あのしつこさって絶対ないもの、絶対ない(笑)。だって作家が死にそうになるまで突っ込んでいっちゃうからね。出来上がるまで絶対に帰さないんだから。あんなしつこいやつはいないっていうくらい。ただ、それは自分がいいと思うものを作る、絶対に作るんだということの裏返しなのね。それがわかっているから、こっちも文句も言えない。作家だってしょうがないから一所懸命にやる。一所懸命やらないと離してくれないから。

すごいよ、そういう意味ではね。井原さんもそうだし齋藤さんもそうだけれども、僕に絶対ないものを持っている人たち。だから一緒になって仕事ができる。世の中の人って自分に似た人を集めたがるの、楽だから。だから自分以上のものが作れない。
　そうじゃないんだよね。自分にないものを持っている人をいっぱい集めれば、すごいものが出来る。井原さんもそうだし、僕もそうだし、齋藤さんもそう。たまたまそれが面白さの質というのかな、それが似たようなレベルにいたっていうのが非常に幸せだった。だから集まれたということなのね。

――音楽の宮川泰さんやアニメーターの木下蓮三さんもそうですね。

仁科　その通り。だから、「この人は自分にないものを持っている」っていう人たちを一緒に連れて来てくれるわけね。宮川さんなんかもそうですよ、あれは齋藤さんが連れて来た。前田憲男さんは井原さんが連れて来た。みんな誰かを連れて来るわけ。だから他ではない特異な集団が出来上がったということがあるのかもしれない。でなきゃあんなものはできないよ。もう死にそうになりながらやる連中ばっかりが集まっていたわけだから。今はそんな苦労しないでしょう？　楽してやろうとする。楽してやろうとするから、タレントに頼っちゃう。タレントに頼っちゃうから、あっちこっちにそのタレントが出ると、ぼこぼこぼこぼこ似たようなものが出てくる。没個性。

――『カリキュラマシーン』の本放送を始める前に、フジテレビで『ひらけ！ポンキッキ』が始まりましたが、あれはどう思いましたか？

仁科　『ポンキッキ』が始まった時には、もうオーディション版が出来ていたんじゃないかな。「先越されたな」っていう気持ちはあまりなかった。あれはあれで、ひとつの番組の作り方だよねっていうことですよ。こっちにはカリキュラムあるでしょ？　あれは「子ども番組」、こっちは「教育番組」という違いがあると思っていたから。

――「やっぱりテレビでは教育ってのは出来ないよね」って齋藤さんはおっしゃっていたんですよね。

前田 憲男（まえだ のりお）

ジャズピアニスト、作曲家、編曲家、指揮者。テレビ番組のテーマ音楽を数多く手がける。『巨泉×前武ゲバゲバ90分！』では宮川泰と二人で音楽を担当。

ひらけ！ポンキッキ

制作：フジテレビ
放送期間：1973年～ 1993年
出演：可愛和美、はせさん治、ペギー葉山　ほか

質問に答えることができないし、見てる子どもたちがどれくらい覚えたのかっていうことを知ることができない。

仁科　つまり「放送」なんですよ、「送りっぱなし」なの。今は「双方向」になってきたけど、あの頃はまさに「送りっぱなし」だった。だから、実は何回もリサーチをやっているんですよ、スタッフには黙って。彼らに言うとつむじ曲げたりするから(笑)。「面白かったか」「つまらなかったか」も含めて「どこがわからなかった」「どこがわかった」っていうことは調査していますよ、途中段階で。

――それはどういう方法でリサーチされていたんですか?

仁科　オーディション版を持って回ったのと同じところへ行った。顔なじみになっているから。「どうですか?　見ています?」って訊いたら、「校長とか園長先生は『こんなもの!』って言って怒ります。でも、子どもは喜んでいますよ」みたいな話で。

「算数の『5のかたまり』とか『10のたば』とか、あんなわかりやすい方法はない」っていうような反応が返ってくると、スタッフに「あれはこのままやっちゃおう」と。

「こくご」より「さんすう」のほうがわかりやすかったと思う。「こくご」は例外がすごくあるわけですよ。長音のお段の活用なんて例外だらけじゃないですか。それから、カタカナとひらがなで違うっていうのが問題なんですよね。つまり棒(音引)で延ばしちゃうってやつね。

「さんすう」でものすごく苦労したのは「0」の概念。『0』がある」っていう言い方がね。『ない』っていうことと『0』は違う」ということなんかは、テレビではやっぱり難しい。あれ

は双方向でないとダメだと思いました。これはどうしようもないな。

――ところで、仁科さんは伝票のズルを絶対見逃さないと伺いましたが、何かコツがあるんですか？（笑）

仁科　あれは不思議なんだよね。手が止まっちゃうのよ、ハンコ押してて（笑）。こんな仕事だから膨大な伝票が来るでしょう？　やっているとぽっと手が止まる。自分でもわからないけれども、ちゃんと止まるの。経験からくるカンなんでしょうね。ニオイというかね。本当に手が止まるんだよね。自分でも不思議。

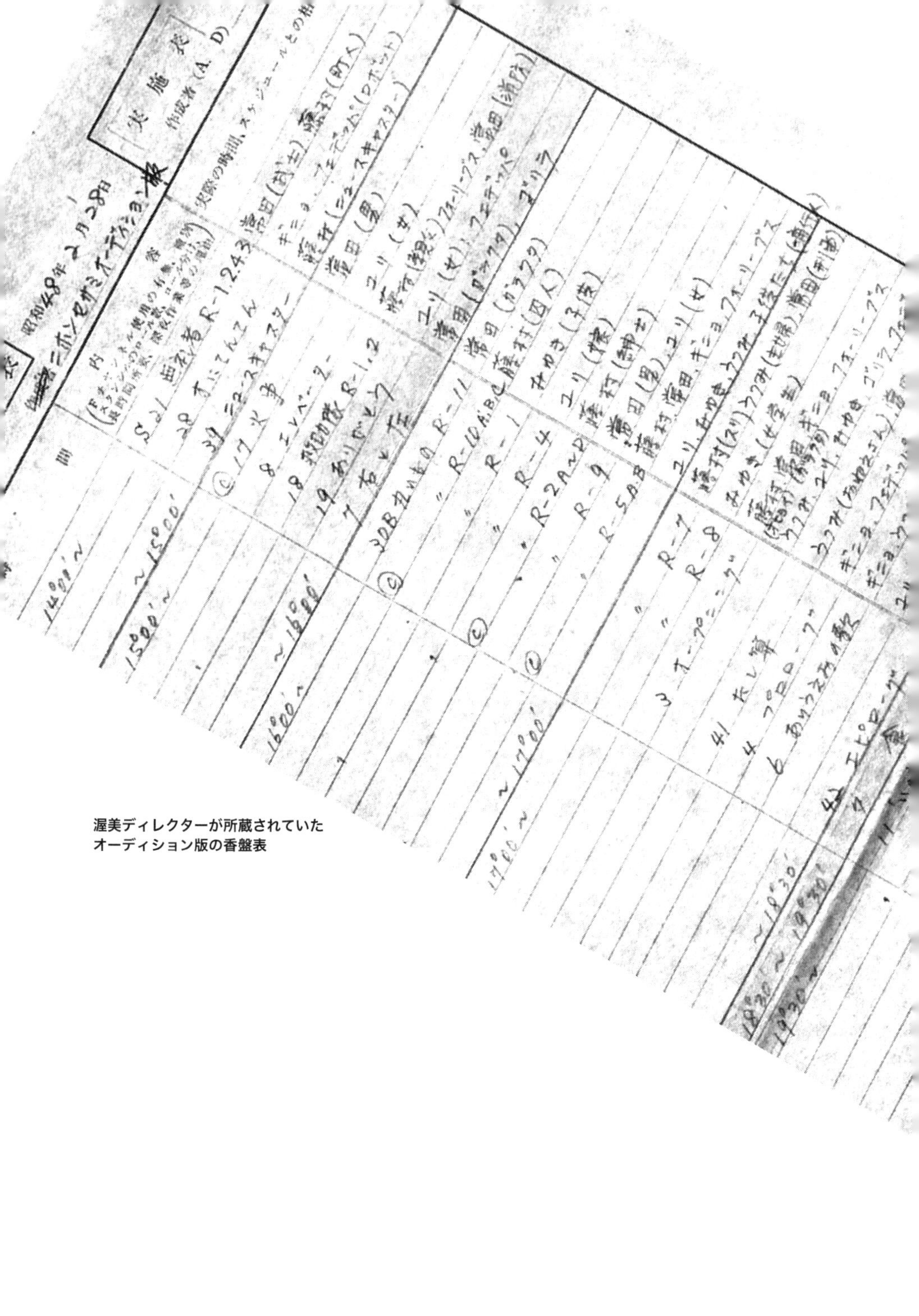

渥美ディレクターが所蔵されていた
オーディション版の香盤表

5

喰さん、浦沢さん、齋藤さん、仁科さんのインタビューを終えて、下北沢スローコメディファクトリーで開催されていたカリキュラナイトを引き継いでイベントをやりたいと、経堂さばのゆの須田泰成さんに無理を言ってお願いして、平成カリキュラマシーン研究会主催で初めてカリキュラナイトを開催することに。

須田さんの計らいで、なんとMCを現・桂りょうばさん（当時は前田一知さん）が引き受けてくださった！

カリキュラマシーン

5 とりあえず無題の回

おおよそ第4回ぐらい？ カリキュラナイト

●2012年9月 経堂さばのゆにて

本日のゲスト

齋藤太朗さん
さいとう・たかお

元日本テレビディレクター。『カリキュラマシーン』では、メインディレクターでありながら番組のカリキュラムの説明などを行う「ギニョさん」として出演。『シャボン玉ホリデー』『九ちゃん！』『巨泉×前武ゲバゲバ90分!』『コント55号のなんでそうなるの？』『欽ちゃんの仮装大賞』『ズームイン!!朝！』『午後は○○おもいッきりテレビ』などの演出を手掛ける。 演出においてはそのこだわりの「しつこさ」から「こいしつのギニョ」と呼ばれる。

MC:前田一知さん
まえだ・かずとも

2代目桂枝雀の長男でミュージシャン（ドラマー）。弟もミュージシャンとして活動中。経堂さばのゆでは昭和のテレビ番組などを語る独自のイベントや落語会を開催。2015年に父の弟弟子に当たる2代目桂ざこばに入門し、2022年現在は上方落語家の桂りょうばとして活動。

子どもはいい仲間

前田　では、ぼちぼちゆるゆると始めたいと思います。カリキュラナイトでございます。前回までは下北沢のスローコメディファクトリーというところでやっていましたが、今回は経堂さばのゆで開催ということになりまして、なぜか司会を仰せつかりました前田一知と申します。よろしくお願いします。ゲストはご紹介するまでもないですが、『カリキュラマシーン』のディレクター、齋藤太朗さん、ギニョさんです。

齋藤　よろしくどうぞ。

前田　そして、アシスタントのいなだ(平成カリキュラマシーン研究会代表)さんです。

いなだ　え？　あ、いなだと申します。よろしくお願いします。

前田　前回の下北沢でお話された動画が、今ネットで流れておりまして（欄外ＱＲコード参照）、それをちょっと見せていただいたんですけども、そのお話の中で印象に残っているのは、『カリキュラマシーン』を作るにあたって、子どもの言葉というか、「〇〇でしゅよ」とか、子どもはそんなこと思ってないと。だから対等に作るんだというようなことを言われていて、その通りだなと思っておりまして。

実はうちの弟が、「ちっちゃい頃に親からあやされる時に『はい～〇〇でしゅよ』って言われるとムカついた。俺はもっとしっかりしたもんや」って言ってたんです（笑）。

いなだ　ムカついたって覚えてるんですか？

前田　覚えてるんですよ。弟は当時「そんな子どもみたいに扱うな」と思ってたらしいんですけど、その通りだなと思いました。『カリキュラマシーン』を見ますと、なんと言いますか、子どもの発想ってどこ行くかわからないじゃないですか、それが具現化されてるような感じがしまして、すごく感銘を受けました。

YouTube
ギニョさんカリキュラマシーンを語る
@下北沢スローコメディファクトリー

では、DVDを見てみますか? 初めて『カリキュラマシーン』を見られる方もいらっしゃるんで、まずどういう番組やったかというのを。

齋藤　俺もこれ見るの初めてだ(笑)。

(DVD「無線学校の卒業式」「5のパイナップル」「5のアリア」)

前田　僕がもうひとつ面白かったのが、物にはまず名前が付いて、それから文字が出来上がったという か、これがコップなら「こっぷ」と言うもんだけども、それを何かに記す場合は、「こ」、小さい「つ」、「ぷ」というふうに文字がいると。それで「こっぷ」と。これを「こ」とよんで「つ」とよんで「ぷ」とよぶ。「こっぷ」と言ったらこれのことだよというのが人間の文化の成熟の仕方というか、そういうふうに成り立っていったのに、今の教育は「あいうえお」から教える。それはあかんだろうということをおっしゃられていて、まことにその通りだなと思うんですけども。

もうひとつ、さっきのDVDでも「5」をすごく押してたじゃないですか。で、「5のかたまり」という言い方があったと思うんですけど、「かたまり」にされた理由は何かあったんですか?

齋藤　1から5までの数字をまずよく認識してもらうわけですが、次の6に入る時に6をどう表現するか、つまり、「5のかたまり」と1のタイルで6を表現する形に持っていくためには、「5のかたまり」っていうのを覚えてもらわなくちゃいけない。それを覚えることで6、7、8、9といけるように。10も「5のかたまり」2つで10なんだよっていう説明のためなんですよね。

前田　なるほどなるほど。5のタイルがいろんな形になるじゃないですか、僕はあれがすごく面白くって。子どもはよくあんなこと考えると思うんですよね。5枚のタイルがあったら、「1、2、3、4、5、5枚か」じゃなく、こうやったらこんなふうになる、こうやったら斜めになるとか、子どもの好奇心をくすぐるような作り方をされてたと思うんです。それはもちろん意図してやられてたと思うんで

5のアリア

無線学校の卒業式

すけど、それはやっぱりギニョさんの頭の中もそういう感じだったというか……。

齋藤　算数に関しては、「水道方式」っていう教え方を推奨している方がいて、その方式の踏襲なんですよ。ただし、僕は少し変えました。テレビって積んでくことができないんですよね。1から始めて順番にやると、最初見なかった人は後が全部わかんなくなっちゃう。だから、何回も繰り返し繰り返しやるしかない。そうなると、1が必ずしも最初ではないっていうことになっちゃうんです。「水道方式」はちゃんと1から順番にできてるんだけど、それをぐちゃぐちゃにしちゃって、途中を抜き出した形でもわかりやすいようにしなきゃいけない。

それで、毎回算数から1テーマ、国語から1テーマを決めて、その2つを混合させながらやってくということにしてたんですよね。

あとは頻度の問題。算数は頻度はあまり関係なくやらなきゃいけないんですけど、国語の場合はやっぱり頻度が少ない文字があるんです。『ろ』とかは言葉が少ないので、そういうのはちょっと回数を少なくしましょう。そのかわり『あ』とか『か』とかの回数を多くしましょう」みたいなバランスで、二百何十本を組んだ覚えがありますけど。

前田　『ゲバゲバ90分！』も子どもにはウケてたような気がするんですよね。

齋藤　子どもは大丈夫なんです。オトナのほうが理屈を考えるから面倒臭い。「つまりこれはなんなんだ？」とかね。子どもはそのまんま受け入れますから。ただし、ホントの意味はわかってないかもしれない。

たとえば僕は『シャボン玉ホリデー』って番組もやってたんですけど、結局あの中で子どもが笑って

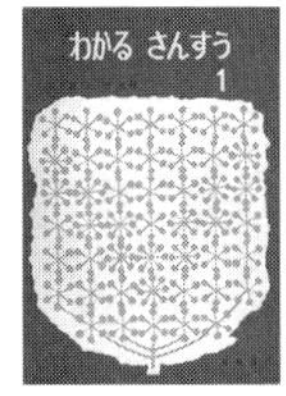

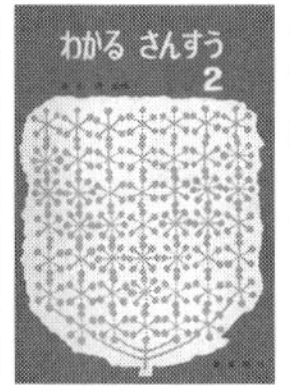

わかる　さんすう１
わかる　さんすう２

遠山 啓　監修
出版：むぎ書房
発売：1965年初版

水道方式

数学者の遠山啓（とおやま ひらく）を中心とする研究グループが提唱した算数教育における指導方法。ドリルを教えていく流れを「水道管の分岐や流れ」に模して「水道方式」と呼んだ。「1」を正方形の四角で表し、これを「タイル」と呼び、「1」のタイルを10個並べた長方形を「十が１本」と数えた。

るのは「ハラホレヒレハレ」って言ってるのを喜んでるだけで、それがどういう理由でこうなってたとかいう理屈はあんまり関係なくて、突然寄り目になったりするのが子どもは面白いわけね。ホントの面白さはあんまりわかってないかもしれない。だけど、ストレートに自分が面白いと思ったものは面白いと言ってくれるから、そういう意味では子どもはいい仲間ですよ（笑）。

前田　そうですよね。もちろんその流れで『カリキュラマシーン』というのがあると思うんですけども、子どもを逆手にとったというか、演出を逆手にとった教育番組のような気がするんですよね。

齋藤　いや、ストレートに子ども向けにできてるんですよ。「子どもに押し付けるようなオトナの知恵っていうのは入れないようにしょう」と。さっきちょっとおっしゃってたけども、とにかく子どもはね、子ども扱いされるのが一番きらいなんですよ。一人前に扱ってくれると気に入るのね。

事前にオーディション版を作って幼稚園に持って行ったんですけど、黒板を背にして人が立ったら、子どもが全部庭に出ちゃうんです。それが終わって音楽が鳴ってると、またみんな戻ってくる。だから、「黒板の前に立っちゃいけないよ」と。それから、子どもに向かって「なんとかちゃん」とか「こうしなさい」とか言ったら、ぷいとどっかに行っちゃうから。

基本的に子どもってみんなそうなんですよね。その「基本的な子どもの性質を、そのまんま取り入れていきましょう」ということであって、子どもに媚びたつもりもないけども、子どもで何かいろいろ悩んだという話でもないです。

前田　もうひとつすばらしいなと思ったのは、僕も一応バンドもやっててドラムをやらせてもらってるんですけど、『カリキュラマシーン』の音楽が素晴らし過ぎて。

齋藤　音楽はものすごく大事。子どもは音が変わるとパッと見るんですよね、それまでそっぽ向いてても ね。なので、音楽はものすごく大事にしました。

宮川泰さんですけど、ほとんどね。さっきＤＶＤに出てきた「ごごごご」っていうの、あれだけ僕が自分で作って自分で歌ったけど（笑）。

前田　宮川さんとギニョさんはそういう音楽的な話がスムーズにできると、前にもおっしゃってましたね。

齋藤　そうです。長い付き合いというか。

前田　ですので、さっきの「5」の歌も、今そのお話を伺うまではわからなかったというか……。

齋藤　うん、宮ちゃんも聴いて「よかった」って言ってたよ（笑）。「ああいうの、オレ書けないんだよな」とかなんとか。

前田　ホントにこう、生演奏というか、アナログ的な生々しい感じがしたんですよね。

齋藤　月に一回ぐらい録音してたのかなぁ？ 台本が何本分ぐらいになるんだろ？ 十何本分ぐらいの音楽を一挙に録るんですよ。そうすると、テイク1、テイク2なんて言ってる場合じゃなくて、もう頭っからどんどこどんどこOKにしないと、とてもやってられない。一晩でM70とか80とかいう日も出てくるんですけど、宮川さんの才能で音楽では大成功したと思いますね。

前田　今の世の中って、たとえばレコーディングするときでも機械がすごく発達してるので、失敗しても大丈夫で。ある人から聞いたんですけど、スタジオ入って音痴でもなんでもいいから一回歌ったらあとは機械が上手にしてくれるんだそうです。当時はそういうのがないですし、ミュージシャンのスキルもすごく高かったと思うんです。

齋藤　そうです。メンバーは一流のスタジオミュージシャン。それこそ羽田健太郎がピアノ弾いてるわけですよ。そうしないとね、あのスピードじゃ録れないんです。初見でもってばんばん弾かなきゃいけないんだから。

羽田 健太郎（はねだ けんたろう）

作曲家、編曲家、ピアニスト。桐朋音楽大学卒業後、スタジオミュージシャンとしての活躍を開始。高度なテクニックが高く評価された。アニメ音楽の作曲、編曲も多数。

宮川 泰（みやがわ ひろし）

1931年～2006年
大阪学芸大学（現：大阪教育大学）音楽科中退。数々のヒット曲を生んだ作曲家・編曲家。『巨泉×前武ゲバゲバ90分!』、『カリキュラマシーン』、『宇宙戦艦ヤマト』、『ズームイン!!朝!』、『午後は○○おもいッきりテレビ』など、TV番組のテーマ曲も多数手がける。『NHK紅白歌合戦』では「蛍の光」の指揮者として出演し、派手なパフォーマンスを見せた。

前田　なんかこう、贅沢な子ども番組というか。

齋藤　贅沢なっていう言い方でいいかどうかわかんないですけど、僕の師匠というか、勝手に師匠なんて言ってるんですけど、井原高忠さんという人がぼくの大先輩で、彼は番組の制作費の5割を文芸費に使っちゃう人なんですよ。

たとえば『ゲバゲバ90分！』では、1年目に作家が40人ぐらいいたのかな？　つまり、文芸費をいっぱいかける。音楽も前田憲男さんと宮川泰さんと二人いて、そういうところにはたっぷりお金をかけていくっていうやり方を井原さんに教えられたし、僕自身もホントにそれは大事なことだと思うから。

番組でもなんでもそうですけど、土台にどのぐらいのお金をかけてあるか。今の番組みたいになんだかくだらないことしゃべってるんじゃなくて、ちゃんと考えて、練りに練った形のものを作るのであれば、そっちにお金をかけざるを得ないし、かけることで結果的にいいものができたんですよね。

前田　たぶんギニョさんの根底にあるのは「見てくれる人にとっての何か」であったんだと思うんですよね。見てくれる人が第一というか。

齋藤　そうです。そのためにやってるんですもん。見てくれる人がいるから俺たち作ってるんでね。見てもらわなかったら独りごと言ってるだけでしょ(笑)。テレビ屋で時々いるんだよ、独りごと言ってるやつがね。

前田　そうですね。そのためにはやっぱりお金の使い方が今はちょっと違ってると。

齋藤　まあ、今は違ってるってこともあるだろうし、……その話はちょっと別にしたほうがいいと思うな（笑）。

前田　そうですか（笑）。僕も昭和の時代が好きで、あの時代のテレビが好きだったからこそ、今のテレビがもうひとつだなとすごく思ってまして。たとえば今だったらネットやケーブルテレビとか、いろんなメディアが昔よりは増えてきてます。もし齋藤さんが今、何かやられるのであれば、どういうアプローチでやられるかというのを訊いて欲しいって、須田さん（経堂さばのゆのオーナー）に言われたんですけど（笑）。

齋藤　あのね、もうできないと思ってる。テレビって作る人間だけが作ってるんじゃなくて、半分はお客さんが作ってるんですよね。劇場でいうと、客席のお客さんの拍手で役者さんも張り切ったり、お客さんが笑ってくれたり泣いてくれたりして、それに対してまた一所懸命なんとかするっていう、そういうことじゃないですか。つまり、お客さんとの対話の中で作っていくもの。

今、テレビ見てる人たちっていうか、若い人たちっていうのはね、ちゃんと作ったものを見たことないんですよ。これも25年か30年ぐらい前でしょうか、『シャボン玉ホリデー』の特番っていうのを何十年かぶりにやったんですよね。その放送日に僕は家にいて、台所のテーブルで酒飲みながら見てた。うちの子どもが……あの時、いくつぐらいだったんだろうな……、小学校の高学年だとは思います。子どもがテレビの前にいて、僕は後ろからどういう反応するかなと思って見てた。

そしたらね、笑わないんだよ。「ダメだったかなぁ、失敗したかなぁ」と思ってたら、20分ぐらいしてからけっけけっけ笑い出してね、ソファーの上で「ぎゃははは〜」って笑ってるわけ。終わってから「なんで最初のうち笑わないでいたの？」って訊いたら、「笑い方がわかんなかった」って。谷啓さんがドジなギャングをやってるんだけど、「ドジなギャングをやってる谷さん」を見るんじゃなくて、「ドジなギャング」を見なきゃいけない。ところが娘は「谷さんだ」と思って見てるもんだから、「面白くない」と言ってました。

シャボン玉ホリデー

制作：日本テレビ
放送期間：1961年〜1972年
　　　　　1976年〜1977年
出演：ザ・ピーナッツ、ハナ肇とクレージーキャッツ

というようなことでね、今はちゃんと作ったものを見たことないんですよ。笑い方も知らないしね。そうすると、お客さんが笑ってくれないからできないってことになる。で、作らないから作れる人がいなくなっちゃうんですよ。作るってものすごく大変ですから、作らないで楽にお金になるんだったら作らないほうがいい、だから作る人がいない、教育する人間もいない。もう、ちょっと無理でしょ。

前田 たとえば他のメディアだったりネットで番組配信もできますけども、そっち側に移るとか、それもない？

齋藤 そういう伝達の仕方が問題なんじゃなくて、根本的に素材ができないってことです。ネットで配信するかどうかは別問題で、それを作る手間とお金とがかけられないし、かけてもそれをよろこんでくれる人がいない。ほんと、寂しいですよ。

あるプロダクションのマネージャーが『ゲバゲバ90分！』をもう一回特番でやりたいって一所懸命にやってて、ぼくらも口説かれてね、昔のスタッフに声をかけて準備なんかしてたんだけども。『ゲバゲバ90分！』ってほとんど映像が残ってないんですけどね、わずかに残っている映像をプロデューサーたちに見せたんです。そしたらね、「どこが面白いんだかわかんねぇ」って言ったんです。プロデューサーがよ？ もうね、「だったらやめようよ」って。それで結局おしゃかになりました。

前田 そりゃ視聴者に伝わるわけがないですよね。

客1 質問、いいですか？

前田 はい。

客1 ありがとうございます。最後のほうの話はわれわれ世代にはグッとくる話ですけど、逆に、今のテレビのいいところはどこですか？『ゲバゲバ』とか作って育てはったわけです。われわれはそれで栄養素を得て、幼稚な大人になったんですね。われわれが大人になって、今、面白いと思うものをハンコ押したように「今のやつはつまんない」と。われわれは幼稚だから戦う気力もない。その中で、我々のいいところっていうのはどこでしょうか？

齋藤　見当たらないですね。

客1　なんかあるでしょ？（笑）。なんかあると思うんですよ。

齋藤　う〜ん……。技術が発達しちゃったじゃないですか。アメリカの映画がだんだん売れなくなってきてるっていうのは、実際にやってるんだか作り物なんだかぜんぜんわかんなくてさ、どうせ作り物なんだろうと思われてるから、いくらスペクタクルやってもだれも面白がらなくなっちゃったでしょ？ つまりそういう逆効果があっちこっちで起きてると思うのね。だから、ある意味気の毒なんだけど、そこへみんなが落ち込んじゃってるんだよね。

つまり、これでもかこれでもかってやってったら、どんどんどんどんそれだけがエスカレートしちゃったっていうか、それだけが一人歩きしちゃって、基本的にやんなきゃいけないことよりも、「できること」をどんどんエスカレートさせていっちゃってる気がするんですよね。

客1　でも、その中で、今でもいいものがあったりとかね。でも、わかりました。技術力でもないってことですね（笑）。

『カリキュラマシーン』を今見ると違う意味で新鮮なんですね。当時最先端だったと思うんです。今のテレビ局は最先端の人を雇ってないんです。局員が見に行ったりもしないですしね。そういう最先端ないろんなことを、お金あるのにしないんです。こういうとこにも来ないですし。

この当時、「プライド力」っていうのはどのくらいあったんですか？ われわれが日本を動かしてるんだっていう、ちょっとした革命的な気持ちを持ってやってたのか、それとも……。

齋藤　そういう気持ちは確かにありましたけど、それほど思い上がってるもんでもなかったですよ。競争の中で、僕らはこの道を行ってるけど、違う道でがんばってる人たちもいますから。だから、それほど思い上がってはいなかったとは思います。ただ、先端でいたいなぁという気持ちはありました。

客1　あと、モテましたか？（笑）80年代はテレビ局員がモテた時代なんですよ。

齋藤　テレビ局員はぜんぜんモテないです。うちに帰って寝るのが精一杯。うちに帰ってミルクにウイスキーをだぁ〜っと入れてね、で、飲んで寝ちゃうんです（笑）。そんなんだから、モテるもモテないも時間がなかったですね。

客1　じゃあ、80年代よりもっと前の、100％仕事に集中するテレビ局員の方なんですね？

齋藤　モテるっていやあモテるんだよね。売り込みのためのモテっていうのがあって、これが危ない。新入社員がおだてられてさ、「ちょっと参考にお話きかせてくださいよ」とかなんとか連れてかれてさ、「遅くなっちゃったから今晩泊まってかない？」なんて話になって、あっという間にしっぽを掴まれちゃうみたいな（笑）。

客1　親はテレビ局員になるって言ったら「やめとけ」って言いましたか？

齋藤　僕は音楽家になりたかったんだけど、親から「サラリーマンになれ」って言われて、まいったなあと思ってテレビ見てた時に「まてよ、これやってるやつはサラリーマンだぞ」と思って、「サラリーマンだからテレビ局に行く」って言ったら、親父が「それならいいだろう」と（笑）。

前田　ミュージシャンよりはいいだろうと（笑）。

齋藤　テレビ局に入れば音楽もできるんですよ。その頃のテレビ番組って半分ぐらい音楽ですからね。「音楽やってサラリーマン、ざまあみやがれ」みたいな（笑）。

結局、テレビとお客さんとの信頼関係

前田　『カリキュラマシーン』を見てて思ったんですけど、子どもがやっちゃいけないこともやってるじゃないですか、たとえばタバコを押し付けたりとか。僕はこれこそ教育だなって思うんです。親が「あれはテレビの中のことだけで、本当はしちゃダメなんだよ」と教えることで教育が成り立つというか、親が完結させる役割じゃないとダメだと思うんです。当時はそうなってた気がするんですけどね。今ではタバコが出てくる時点でダメのような気がしますけれど。

齋藤　やっちゃいけないことがすごく増えたじゃないですか。それはとってもいいことだと思いつつもね、結果的に隠すことになっちゃって、何にもなってないんじゃないかという気がしなくもない。ただし、やっぱりやんないのが正解なのかなとも思うしね。

だから、コントで「張り倒す」っていうのができなくなっちゃったのね。今のほうが正解だと思いますよ。思いますけど、結局つまんなくしていったなぁと。

前田　今ってもう黒か白かの世界になってきてるんだと思うんですね。昭和時代というのはグレーゾーンがすごく広くって、それが許容されてた時代というか、『カリキュラマシーン』でタバコ吸ってる大人が出てきてもいいけど、だからと言ってみんながタバコ吸っていいわけではなくて、それはやっちゃダメだよというのは社会全体の常識としてあって、マナーがまだしっかりしてた時代だったと思うんですね。

齋藤　そうかもしれませんね。それはひとつあるかもしれません。あえて「ダメ」と言ってることをわ

ざとやる。その面白さですよね。

前田　今、それが逆転しちゃったというか、ちょっと前までダメなことばっかりしてたんで、「やり過ぎだろう」みたいな感じで規制されて、だんだん萎縮しちゃってるんですかね。

齋藤　う〜ん、ここはどっちとも言えない。なんとも言えません。どっちも正しいんだけどね。でも、結果的にはつまんなくしちゃってるというところはあるんですよね。

前田　テレビの黎明期からいらっしゃったので、テレビがこんなに巨大メディアになるって、当時はぜんぜんわからなかったわけですよね？

齋藤　そう。大きくしたかったけどね。したかったけど、そんなになるとは思ってなかった。学校の就職希望に会社の名前を10個ぐらい書かなきゃいけない。それに「日本テレビ」「日本テレビ」としか書いてないもんだから、「お前、人生なんだと思ってるんだ？　こんなもんでメシ食えると思ってるのか？　ふざけんじゃねぇ！」って怒られましたよ（笑）。そのぐらいテレビってなんだかよくわからないところから始まりましたから。

テレビ自体も何ができるんだかよくわからなくて、みんなでこんなこともできるあんなこともできるって言って手探りでやってきた。その年代にちょうど僕もいたってことは幸せだったということですね。それがだんだん巨大化して今に至ってるわけだけど、確かに巨大にはなったのかもしれないけど、どれほど「テレビとはこうあるべきだ」とか「こういうことだ」ってことになってきたかというと、ぜんぜんなってない、相変わらずね。

極端なこと言うと、報道ばっかりになっちゃうのかなという気がしないこともないのね。もう作るものはみんなダメですからね。お金もかけないとか、かけられないとか、そんなことばっかり言ってるでしょ。報道だけは残ると思いますよね。それ以外はなんとなく怪しげですけどね。

前田　『カリキュラマシーン』の再放送はできない

んですかね？

齋藤　さっきのタバコのみたいなのがある限りできないですね。

前田　そうか〜。そうですよね〜。

齋藤　こういうＤＶＤではできると思うんだけど、放送ではできないでしょうね。

前田　ホントにテレビ局全体が悪循環というかダウンスパイラルっていうんですかね、悪い方向なのかいい方向なのかわかりませんけども、当時とは違う次元のところに行っちゃったんですよね。

客２　当時、抗議とかあった場合は、テレビ局はどういう対応してたんですか？ たとえば、「自主規制」と「言われてやめる」のとは違うと思うんですよね。僕は今のテレビは自主規制をし過ぎな感じがするんですけど。

齋藤　そうでしょう。言われたくないもんだから自主規制しちゃうんですよ。

客２　昔はちゃんとそうやって、たとえば右翼団体が来たら、法治国家なんで、ちゃんとそれなりに戦ってたのか、それとも……。

齋藤　いろいろだな。それはなんとも言えないんだなぁ。

客２　僕はこの国の将来のために、法治国家として戦っていかなければならないことは戦ったほうがいいと思うんですよ。おばさん団体が言ってきたら「見るな」と言うべきやと思うんですよ。

いなだ　『カリキュラマシーン』の場合は、仁科さんというプロデューサーがいて、「おれが全部対応した」っておっしゃってましたよ。

客２　そういう人がテレビ局内にいたっていうことですね？

齋藤　いたっていうか、そういう係がひとりぐらいいないとどうしようもないからね。その他に局内にそういうことに対応してる部署があるわけですよ。まずはそことの戦いなのね。そこと戦って、そこと協力しながら視聴者との戦いっていうことになるわけね。でもね、いろいろですよ。苦情っていうか、さっき右翼っておっしゃったけども、右翼も含めてね、いろんなのが来ますから、一口じゃちょっと説明できないのね。

客2　どんなんが来るんですか？

齋藤　その頃、「ツイストは亡国の踊りだ」って右翼がすごい勢いで騒いでたの。ちょうどアメリカからツイストで有名なボビー・ライデルが来日して、上野の文化会館で『光子の窓』っていう番組の生放送の収録があって、そしたら右翼が攻めてきてね。

　公開ですから、お客さんになんかあったら大変だから、右翼の中でもお金で動くすごい人が浅草にいるんで、その一派に頼んで前列に座ってもらってね。中ではなんかあってもボビー・ライデルやお客さんに怪我なんかさせないようにって右翼が並んでて、オモテでは右翼が「わぁ〜」なんて騒いでるっていう（笑）。

客2　法治国家じゃないですよね。裏社会です（笑）。

齋藤　とりあえず本番やらなきゃいけない。生放送だし、時間が迫ってきたらそのぐらいのことでもやらないと、とてもじゃないけど間に合わない。

客2　戦後のどさくさですよね、それ（笑）。

齋藤　そうそう。そんなことすらありましたから、対応はそれぞれいろいろ。ただ、僕は『午後は○○おもいッきりテレビ』っていうのもやってたんですけど、本番中に電話がかかってくると、即、みのもんたに言って番組の中で謝らせちゃうの、こっちが悪いと思えばだけど。「あれはまずい」っていうことは、すぐそこで謝っちゃう。そこで直接謝っちゃえば問題は起きない。

午後は○○おもいッきりテレビ
制作：日本テレビ
放送期間：1987年〜2007年
出演：山本厚太郎、泰葉、高橋佳代子、みのもんた　ほか

ボビー・ライデル（Bobby Rydell）
1942年〜2022年
1960年代にヒットを連発したアメリカ合衆国の歌手。1962年と1964年に来日。

客2　悪くないと思った場合はどうしたんですか？

齋藤　その場合は電話の段階で撃退しちゃいます。確かに向こうの言う通りだなと思うときは「のちほど番組の中で」って言っておいて、本当にちゃんと謝っちゃう。それでまったく問題ありませんでした。

前田　その場でちゃんとみのさんが謝られたりするのがすごい誠実というか、見てる人もわかりやすいんですよね。

齋藤　かえって信用していただけましたね。あの番組はうそつかないっていうかね。結局、信頼関係なんですよ、お客さんとテレビ局との。信頼関係ができてない番組って視聴率悪いんです。インチキくさいとか、なんかごまかされてるとか思うと、お客さんはついてこないですから。

客3　放送作家をしております。最近のテレビが面白くないのは僕らにも責任の一端があると思います。今のテレビはBSやCSもあるんですが、まったく見られないんですか？

齋藤　見ません。バカバカしいから見ないです。

客3　楽しみはないんですか？

齋藤　テレビ以外は楽しいです（笑）。テレビを見ると今は腹立つことばっかりなんだもの。「馬鹿やろう、こんなことやりやがって！」とかさ、「ここでこうすればいいのに」とかさ、怒ってるだけでくたびれちゃうから（笑）。

客3　ＮＨＫのこの番組だったら見るとか、そういうのもぜんぜんないですか？

齋藤　ええ、もう全部見るのやめました。

客3　いつ頃から見なくなったんですか？

齋藤　もう3、4年になりますか。テレビ局をやめて、1年ぐらいはこれ見てくれとかあれ見てくれとかいうのがけっこうあったりしたから、それに付き合って見てるのもあって。でも、それもつまんなかったんで、もうやめた〜と思ってやめちゃった。

客3　3、4年なんですよね？　僕もそれぐらいなんです、見なくなって。なんかあったんじゃないですかね。

齋藤　もうその段階でつまんないの極みになっちゃった。

前田　本当にテレビっていうのが、中身というか伝えるものの存在意義というのがすっかり変わっちゃったかもしれないですね。

客4　僕は『カリキュラマシーン』のDVDボックスしか知らないんですけど、全部スタジオの収録なんですか？

齋藤　少しはオープンで撮ったと思います。特に歌ものなんかは撮りに出たんじゃないかな。「ブランコがゆれる〜、雨の遊園地〜♩」なんていうのはスタジオではできないですから、そういうのは撮りに出たと思いますけど、原則としてはあまり出てないんです。というのは、お金がないんです。ロケに出るとお金がかかりますから、できる限りスタジオでなんとかしようと。

客4　後続の子ども番組だと、けっこう外での撮影とか、たとえば工場見学なんかでわりと外に出て行く感じがあったんですけど、『カリキュラマシーン』は『ゲバゲバ』的なスタジオコントっていうのがど真ん中にあるのかなぁと。

齋藤　そうです。と同時にね、あの当時は外に出るとフィルム撮影以外ないんですよ、ビデオカメラがでっかいから。そのためにでっかい中継車を持っていくことになっちゃうと、とてもじゃないけどやってらんないですから、結局フィルムでしか撮れない。だから、画質も悪いしあんまり効率良くないんですよ。そういう機材的な問題もあります。
　お金がないから外に行かないって決めちゃって、そういう台本がきた時には「これボツ」っていう、そういう形で。そんなところにお金使われちゃうと困っちゃう。

客４　もし予算が潤沢にあったらそういう可能性もあった？

齋藤　う〜ん、潤沢になるはずのない時間帯ですからね。ネットワークの協力金というのがあるんですよ。各局が日本テレビにいくらかずつ出してくれて、それをネットワークの役に立つところに使いましょうというプール金があるんです。そのお金を使わせていただいてるんで、無駄なこともできませんし、……というような。

客４　それでスタジオの中にガードレール敷いたりとか、すごいなあと思って見てました。

齋藤　あとは工夫してやるしかないから。

客４　ありがとうございます。そういう台所事情だったんですね（笑）。

前田　「工夫」って言葉っていいなって思うんですけど、お金があればもちろんできますけど、ないから何もできないというわけじゃないと思うんですよね。

齋藤　結局、テレビの創世記にテレビの世界に入ったから、できないことだらけだったんですよね。ワイプって今はなんともないけども、そのワイプがないんですよね。２台のカメラを使って、かたっぽで黒いパターン用紙をぴゅ〜〜って閉じてって、かたっぽでぴゅ〜〜と開けていって、それをオーバーラップしていくようなワイプをやりましたよ。全部手作業なんですよね。そんなことでもしないとできなかったわけで、「やってみなきゃしょうがねーだろ！」って、何でもやってみようっていうのから始まりましたよね。だから、さっきの「５」のアニメだって、夜中に録音やってて、「ああ、これ宮ちゃんに頼むの忘れちゃったよ、しょうがねぇ」って大急ぎで自分で作って、「ごーごー」なんつって自分で歌っちゃって（笑）。

前田　それに加えて、「ズームイン!!朝！」では全国各地に行くじゃないですか。あれも当時としてはけっこう斬新というか。

齋藤　もう大変ですよ。僕らは半分冗談、半分本気で言ってたんだけど、「ゆく年くる年を毎朝やるぞ」と（笑）。

前田　全国各地の景色が映ると面白いよなっていうところから始まるわけですよね？

齋藤　あれは朝のワイドな時間があるから、その時間帯をなんとかしろっていうんで、日テレで社員がみんなで企画を出すっていう社内公募をしたんですよ。それが、たしか7月が締め切りだったと思うんだけど、普通は制作の人間だけのところを一般社員まで含めて公募をやったのに、7月に締め切ったらなんにもいいのがないんで、8月末だか9月の頭だかを締め切りにして第2次募集っていうのをやったんですね。それでもいいのがなくて、局長から僕と仁科っていう『カリキュラマシーン』のプロデューサーに「お前ら考えろ」って降りてきちゃったんですよ。

その頃日テレには「朝放送班」っていうのがあって、朝放送やると帰っちゃうスタッフで、別組織みたいになってたんですね。それじゃ番組はできないし、どっちにしても外部のプロダクション入れなきゃしょうがないから、東阪企画でやろうと。

で、東阪企画の澤田隆治さんっていうプロデューサーに入ってもらって3人でいろんな話してて。いっつも朝なんて起きたことなかったですからね。いっつも起きるのはだいたい10時か11時、へたすりゃ12

ズームイン!!朝！

制作：日本テレビ
放送期間：1979年～2001年
出演：徳光和夫　福留功男　福澤朗　ほか
麹町の日本テレビ本社（当時）オープンスタジオ（通称「マイスタ」）から最新のニュースと気象情報、スポーツ情報、日本列島各所の中継、特集を放送。

株式会社東阪企画

日本のテレビの番組制作プロダクション。『てなもんや三度笠』などを手がけた朝日放送のプロデューサー澤田隆治氏によって1975年に設立された。

時で、そのかわり夜中3時4時5時ですよね。そんな生活してる人間が「朝」ったってさ、「朝って、どうなってんだ?」なんていうような話しかできないの（笑）。

でもね、よく考えてみたら、「日本中朝ってことは、日本中朝だよな」って。当たり前と言えば当たり前の話なんだけど、「日本中朝」っていうのは大発見だったんですよ。「日本中朝なんだからさ、日本中の朝をみんなで共有できないかなぁ？」と。北海道の朝も九州の朝も東京で一緒に経験するっていうか、そういう番組ってできないかなぁという発想なんです。早い話が「ゆく年くる年を毎朝やる」なんだけど（笑）。

客5　齋藤さんがもし今二十歳なら、何の職業を選んでますか？ テレビ屋さんをもう一度やってますか？

齋藤　僕は音楽好きですから、音楽家になったと思います。なりたがると思います。そっから先はちょっとわかりませんけど、演奏家というよりは、どっちかというと書くほうをやりたい。

客5　テレビはもういやですか？ 同じ大学を出て、今のこの環境で……。

齋藤　考えるかもしれませんが、やらないでしょうね。音楽とサラリーマンがくっついてテレビ局に行ったように、音楽を活かせる職業っていうのを何か考えるっていうか、発明するっていうか、なんかすると思います。

客5　じゃあ、本当にもうテレビいやなんだ（笑）。

6

カリキュラマシーン

平成カリキュラマシーン研究会を結成して2年とちょっと。メンバーに二階堂晃（革パン刑事）氏と吉澤秀樹氏が加わり、いよいよMCも自分たちでやるカリキュラナイトを開催。ゲストの齋藤ディレクターと研究会代表のいなだは家が吉祥寺で近所でもあり、いなだが齋藤さんを会場の「さばのゆ」までお連れするはずだった。しかし……。

小田急線は怖い。下北沢で電車を乗り間違えて、経堂で降りるつもりが新百合ヶ丘までノンストップ。トークが脱線して本筋から遠くへ行ってしまうことは想定内だけど、まさかリアルで遠くへ行ってしまうとは。申し訳ありませんでした。

6

あいつのあたまはあいうえお

おおよそ第5回ぐらい？カリキュラナイト ●2013年5月 経堂さばのゆ にて

本日のゲスト

齋藤太朗さん
さいとう・たかお

元日本テレビディレクター。『カリキュラマシーン』では、メインディレクターでありながら番組のカリキュラムの説明などを行う「ギニョさん」として出演。『シャボン玉ホリデー』『九ちゃん！』『巨泉×前武ゲバゲバ90分！』『コント55号のなんでそうなるの？』『欽ちゃんの仮装大賞』『ズームイン!! 朝！』『午後は○○おもいッきりテレビ』などの演出を手掛ける。演出においてはそのこだわりの「しつこさ」から「こいしつのギニョ」と呼ばれる。

喰始さん
たべ・はじめ

日本大学芸術学部在学中に永六輔氏主宰の作家集団に所属し、『巨泉×前武ゲバゲバ90分！』で放送作家デビュー。以降、バラエティー番組の制作に携わる。1984年に劇団・芸能事務所『ワハハ本舗』を創立し、ワハハ本舗全作品の作・演出を手掛ける。 主なテレビ作品は『巨泉×前武ゲバゲバ90分！』『カリキュラマシーン』『コント55号のなんでそうなるの？』『ひるのプレゼント』『天才・たけしの元気が出るテレビ!!』『モグモグ GOMBO』など。

浦沢義雄さん
うらさわ・よしお

ゴーゴー喫茶のダンサーから『巨泉×前武ゲバゲバ90分！』の台本運びを経て、放送作家として『カリキュラマシーン』などの番組制作に参加。1979年日本テレビで放送された『ルパン三世（TV第2シリーズ）』第68話『カジノ島・逆転また逆転』で脚本家としてデビュー。1981年から1993年に放送された東映不思議コメディーシリーズでは全シリーズに携わり400本以上の作品を提供。アニメや特撮作品のシナリオも多数手掛ける。

聞き手：平成カリキュラマシーン研究会

まずは自己紹介から

――今回のゲストは齋藤太朗ディレクター、そして喰始さん、浦沢義雄さんのお三方です。よろしくお願いします。まずはゲストの方の自己紹介をお願いしたいと思います。喰さんからお願いいたします。

喰　『ゲバゲバ90分！』から『カリキュラマシーン』、『たけしの元気が出るテレビ』とかにも関わってます。なぜか僕の場合は日テレが多かったね。

で、ワハハ本舗を作りまして、今はもう劇団の作・演出がほとんどで、テレビの仕事は『欽ちゃんの仮装大賞』ぐらいで。まあレギュラーといっても年に2回しかないので、テレビのほうはあんまり参加しておりませんけれども、舞台の仕事をやって、今年は30周年。ワハハ本舗だけの舞台の仕事でいえば、たぶん２００本から３００本くらい演出をやっているんじゃないかな。年齢は65歳です。

浦沢　浦沢です。喰さんの弟子で、そのあと脚本家になって……。で、いろんなの書いています（笑）。

喰　本当は弟子ではないのですけれども。この人が放送作家というか脚本をやるようになる前に、『ゲバゲバ90分！』で原稿運びをやっていたの、バイトで。バイトでしょう？

浦沢　一応社員。

喰　社員なんだ？ で、その時に「あんなギャグだったら俺も書ける」って勝手に書いたんだよな。で、その時のリーダーの河野洋さんに「僕もこういうものを書きました」と言って出した台本の1ページ目に「喰始にささげる」って書いてあったの（笑）。本人は「そんなことを書いた覚えがない」って言っているけど。

浦沢　書いた記憶はないけど、気持ちはそういう感じだと思うよ。

喰　ちゃんと書いてあったよ。

浦沢　喰さんの台本を見て、こういうものを書こう

ワハハ本舗株式会社（WAHAHA 本舗株式会社）

1984年、劇団東京ヴォードヴィルショーの若手公演の演出を手掛けていた喰始と、団員であった佐藤正宏、すずまさ、村松利史、柴田理恵、久本雅美、渡辺信子らで結成。

巨泉×前武ゲバゲバ90分！

制作：日本テレビ
放送期間：1969年10月7日〜1970年3月31日
　　　　　1970年10月6日〜1971年3月30日
出演：大橋巨泉、前田武彦　ほか

という気持ちで。

喰　弟子ではないのですけど、僕の世界がわりと好きだった人で、僕とは全く違う感じのへんてこなことを考えている人でしたね。バス停が家出したりとか、そういう話ばっかり書いてる（笑）。

――ありがとうございました。『カリキュラマシーン』は、当時見ていた視聴者からすると、「ちょっと過激な番組だなあ」という印象があったのですが、お二人としては、何か過激なものをやっているという印象は当時持っていらっしゃいましたか？

浦沢　他のテレビは全部嫌いだったから（笑）、そういうことをやるしかないという。

喰　過激というよりもね、ギャグ番組というのがなかったのですよ。『シャボン玉ホリデー』とＮＨＫの『夢であいましょう』というバラエティーショーの中に「コント」があっただけで、いわゆるナンセンスなギャグとか少なくて。

『シャボン玉ホリデー』のほうには短いギャグもあって、河野洋さんという放送作家がちょっと斬新なギャグをやっていたの。その人が『ゲバゲバ90分！』の作家のリーダーになるわけですよ。で、その人に僕とか浦沢君は「面白いね」と認められて、そこの事務所に行くようになるんですけど。

それともうひとつ、齋藤太朗さんが『シャボン玉ホリデー』で、作家と演出家として河野洋さんとコンビを組んでやっていた。で、僕と浦沢君も齋藤さんに興味を持って仕事をするようになるんだけど。

僕はどちらかというと外国映画とか、中原弓彦さんが書かれたギャグのことや外国の喜劇人とかの批評というか紹介というか、そういう本（『喜劇の王

中原弓彦（なかはら ゆみひこ）

小説家、評論家、コラムニスト。
小林 信彦が本名。

喜劇の王様たち

中原弓彦　著
出版社：校倉書房
発売：1963年

河野 洋（こうの よう）

放送作家。『シャボン玉ホリデー』『巨泉×前武ゲバゲバ90分！』などの脚本を手がける。

様たち』『笑殺の美学』『世界の喜劇人』など）があって、そういうものがものすごく好きになって、地方にいながら外国のひとコマ漫画とか、そういうものを集め始めたんですよ。だから、テレビのお笑いから刺激を受けるものはなかったよね。

浦沢　というか、大嫌いだったよ、本当に。あんまり見たこともなかった。

喰　僕がこの業界に入るきっかけは、クレージーキャッツの谷啓さんが好きになって、谷啓さんは『シャボン玉ホリデー』で「作・構成：谷啓」の回が2回あるんですよ。

あんなに忙しい人が、そういうギャグが好きだというのを知って、毎週のようにファンレターを書いていたの。当然読んでくれるわけがないと思っていたので、日記みたいなものだよね。「今日のシャボン玉ホリデーはこんなにつまらなかった」とか、「今回の東宝の無責任シリーズはこんなにつまらない」とか、要するに批評ばっかり書いていた。

谷啓さんのことは批評しないのだけれども、「谷啓さんのギャグセンスを使いこなせる監督や演出家は出てこないのか」みたいな感じで。それくらい日本の番組から影響を受けるものはなかったな。

——日本にはそういうものがなかったから、結構刺激的に見えたということですね？

喰　そうでしょうね。『ゲバゲバ90分！』がものすごく刺激的な番組だったのだと思う。僕は参加していて「この演出家はわかっていない」とか、まだ二十歳くらいですけれども偉そうに言ってて。で、その『ゲバゲバ90分！』が終わって『カリキュラ』になるわけ。

ところが『カリキュラマシーン』と『ゲバゲバ90分！』を比べてみると、『カリキュラマシーン』のほうが斬新なんですよ。これは『モンティ・パイソン』にもつながるんだけれども、落ちがないのがいっぱいあるの。『ゲバゲバ90分！』にはまだギャグに落ちがあるの。「ジャンジャンッ！」と音がつかないまでも、「ここが笑いどころですよ！」というのがあるのだけれど、『カリキュラマシーン』って、「どこを笑っ

シャボン玉ホリデー
制作：日本テレビ
放送期間：1961年～1972年
　　　　　1976年～1977年
出演：ザ・ピーナッツ、ハナ肇とクレージーキャッツ

笑殺の美学
—映像における笑いとは何か
中原弓彦　著
出版社：大光社
発売日：1971年

世界の喜劇人
小林信彦　著
出版社：晶文社
発売日：1973年

たらいいの?」みたいな変なのがいっぱいあるんですよ。
『カリキュラマシーン』が今でも何か影響力があるのは、そういうことじゃないのかなあ? 本番で使ったかどうかは知らないけれども、浦沢君が書いてきたギャグで好きだったのは、電車に乗っている男がぼそり「いつになったら月に着けるんだろう。これでは月にたどり着けないなあ」って言うの。

浦沢　それは違うの。電車に乗っていて、宇宙服をなくして迷子になったって言うの。

喰　そこまで説明的ではなかったよ。ぼくが読んだ時は、宇宙服ではなくてごく普通の男が電車に乗っていて、

それが「月にはまだ着かないなあ」とかね。なんだかわからないのよ。映像化したのを見たのではなくて、台本を見たのよ。宇宙服だと説明っぽいからつまらないのだけれども。説明しにくい面白さ、浦沢君のは。
僕のはわりとわかりやすいギャグが多くて、刺激的なギャグで問題になることが多かったんですよ。人形に短剣を突き刺して「短剣が3、短剣が2、あわせていくつ?」とか、雛人形の首をスポンスポンと抜きながら「好き、きらい、好き、きらい……」というような、残酷ギャグっていうやつ。

浦沢　そういうのやっているの喰さんだけだよ(笑)。

喰　子どもが真似して問題になったことがある。今のテレビとあの時代のテレビと違うのは、あの時代は問題になって初めて検証するんですよ。今は問題になりそうなものは全部排除。だから刺激的なものは放送されない。文句が来る前に、自主規制する。それが一番大きいよね。

浦沢　あっ、俺、今思い出した。喰さんの台本だけれども、ゴミ捨て場に車いすの老婆を捨てに行くという話（笑）。老婆が重なっていてさ……。

喰　あった、あった！

浦沢　あれけっこう面白いよね。

喰　信じられないよね、そんなことがやれていた時代というのが。

（齋藤太朗ディレクター登場）

齋藤　俺も自己紹介するの？

喰　『シャボン玉ホリデー』の前は何を手がけていました？

齋藤　『シャボン玉ホリデー』の前はダークダックスの番組を３年半だか４年だかやりました。だけど、大きな番組でチーム組んでやるのは、『シャボン玉ホリデー』が最初だと思います。

喰　ディレクターとかプロデューサーとか？

齋藤　プロデューサーはやったことないです。

喰　『ズームイン!! 朝！』もプロデュースではない？

齋藤　あれもディレクターです。僕はプロデューサーはできない。お金のこと全然わからないから。

喰　ははは、確かにね（笑）。

齋藤　『イチ・ニのキュー！』だったかな？ アニメ合成でタイトル作ったんですよ、予算３００万で。虫プロでちゃんと「３００万」という金額を見せてもらって、「よーし、３００万で終わったぞ！」って言ったらさ、人件費とかスタジオ費とか何も入っていなくて、結局５００万かかってて、えらい怒られたことがある（笑）。プロデューサーなんか絶対できない。

イチ・ニのキュー！
制作：日本テレビ
放送期間：1968年〜1969年
出演：坂本九、伊東四朗、小川知子、ヴィレッジ・シンガーズ、ピンキーとキラーズほか

――仁科プロデューサーにむちゃくちゃ怒られた話ですよね。

齋藤 そうそうそう。

喰 ダークダックスの番組のタイトルは何ていうの？

齋藤 最初は『ヒノ デザートミュージック』というのがあってね、その後『ダークダックス・ショー』で流れていたのかな。

喰 その番組にも〝笑い〟はあったのですか？

齋藤 笑いというよりも、曲。15分番組ですから、曲の間の繋ぎに女の子がしゃべったり、タイトルをそこにスーパーしたりとかする……。ファッションモデルをやっていた芳村真理が、初めて〝しゃべる役〟でテレビに出たのがその番組ですよね。

喰 要するにテレビって何でもやらなくちゃいけないじゃないですか。ディレクターも「こういう番組をやれ」と言われたらやらざるを得ないというか。『シャボン玉ホリデー』もそういう形で始まったのですか？「俺、やりたい」って手をあげるのではなくて。

齋藤 僕が日本テレビに入って何年目になるのかなぁ？ 担当を少し整理しようという時に「『シャボン玉ホリデー』やりたい」って言ったら『シャボン玉ホリデー』になった。

喰 その『シャボン玉ホリデー』があって、『ゲバゲバ90分！』があって……。

齋藤 『シャボン玉ホリデー』があって『ゲバゲバ90分！』だっけ？『九ちゃん！』じゃない？

喰 『九ちゃん！』と『シャボン玉ホリデー』と並行していません？

齋藤 いや全然並行していません。番組は走ってい

ディレクターにズームイン!!
～おもいッきりカリキュラ仮装でゲバゲバ…なんでそうなるシャボン玉

齋藤 太朗　著
発行：日本テレビ放送網
発売：2000年

齋藤太朗ディレクターが手がけた番組の出演者やスタッフの証言と、
番組作りの舞台裏や㊙エピソード。

るけど、ぼくはもう担当をはずれちゃってるから。

浦沢　井原チームに来たから。

喰　『ゲバゲバ90分！』をやるころにも『シャボン玉ホリデー』はまだ続いていたんだよ。

齋藤　そうです。『シャボン玉ホリデー』からはずれて『九ちゃん！』をやって、『九ちゃん！』は『イチ・ニのキュー！』という番組になったんですけれども、その後『ゲバゲバ90分！』やって……。『カリキュラマシーン』の前って何だろうな？

――コント55号の……。

喰　『なんでそうなるの？』

浦沢　あ、それが俺のデビューですよ。

齋藤　ああ、そうだそうだ。欽ちゃんがね、俺が他の番組を並行してやるのを嫌がったのよ。それが『カリキュラマシーン』だから。

喰　『カリキュラマシーン』は、そもそも誰がこういう教育番組というか、子どもの教育を借りた形でのバラエティーをやろうと言い出したんですか？ プロデューサー？

齋藤　『九ちゃん！』を終わらなきゃいけなくなっちゃったのよね。じゃあ、次に何をやろうかという時に、『セサミストリート』というアメリカの子ども教育番組というのかな、「あんな番組をやりたいねえ」という話になったわけ。

それで井原さんがアメリカに行って、チルドレンズ・テレビジョン・ワークショップという『セサミストリート』を作っている会社で色々と話を聞いて帰ってきたのだけれども、『セサミストリート』をやる時に何を参考にしたかというと、『ラフ・イン』という番組なんだと。

その『ラフ・イン』のVTRを送ってもらって見たら面白い。それをやってからじゃないと『カリキュラマシーン』は出来ないからというので、実は『ゲ

ラフ・イン（Rowan & Martin's Laugh-In）
放送局：NBC
放送期間：1968年～1973年
ダン・ローワンとディック・マーティンがホストで出演したスケッチコメディーのテレビ番組。

チルドレンズ・テレビジョン・ワークショップ（Children's Television Workshop）
アメリカの非営利団体。1968年設立。1969年に放送開始された『セサミストリート』は150カ国以上の国で視聴された。2000年に「セサミワークショップ（Sesame Workshop）」に改名。

バゲバ90分！』は『カリキュラマシーン』のための稽古だったの。

喰　僕が覚えているのは、タバコは害があるかどうか、子どもたちだけで実証させる番組があると。

齋藤　それはカナダの番組じゃなかったかな？

喰　本当に子どもたちがタバコを吸ってむせたりして、子どもたちにすべて体験させるという教育番組もあれば、『セサミストリート』よりもっと過激なギャグと物をぶっ壊したりするような子ども番組があるとか、色んな例を話されて、最終的に『カリキュラマシーン』に到達したという記憶はある。

齋藤　『ゲバゲバ90分！』を始める前に、それをやろうという話はもうあったの。で、あなたは『ゲバゲバ』からわれわれと一緒に付き合いだしたでしょう？　実は『カリキュラマシーン』の前哨戦だったのですよ、あれが。

喰　『ゲバゲバ90分！』が3年で終わっちゃったから、「ああいうものを作りたいねえ」みたいな話から産まれたものだと僕は思い込んでいたから。

齋藤　ノウハウは『ゲバゲバ90分！』で作って、いよいよ『カリキュラマシーン』をやらなきゃということで、例のオーディション版なんか作ったりしながら、1年だか2年だか間があって始まったと、こういうことですね。

はい、これで『カリキュラマシーン』に到達したよ。

肝心要がカリキュラム

――『カリキュラマシーン』の一番大事な要として、「カリキュラム」があったということなんですけれど、そのカリキュラムについてちょっとお話いただけますか。

喰　はい。大変でしたよ、あれは。

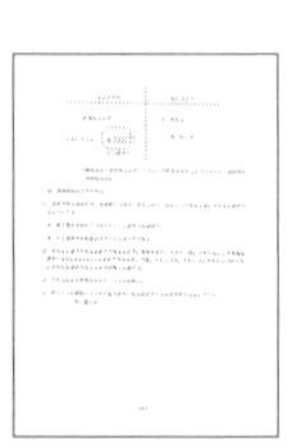

『カリキュラマシーン』のカリキュラム
1年目から3年目まで、毎年改訂されている。どこでどういうスーパーを出すかや効果音まで細かく指示が書かれている。

齋藤　その辺はまだかんでいないだろう？

喰　先生のところに教わりには行きましたよ。僕が一番覚えているのは、障がいのある子どもたちを受け持っている先生の話。子どもたちの机に画用紙が置いてあって、例えば花瓶でも何でもいいです、「これを描いてください」と言うと、子どもたちは「描けない」と言うの。どうして描けないのかというと、要するに花瓶はこう立っていますよね、立っているものを横になっている画用紙に描くことができないの。けれど、画用紙を立てると描けると。

あるいは、スケッチをしに外に出て、大きな木があるので「あの木を描いてください」と言うと、やっぱり子どもたちは「描けない」と。「あんな大きなものは画用紙の中に入らない」と言うわけですよ。そこで、どんどん遠ざかって行って、「さっきの木があそこにあるね。目をつぶってごらんなさい」と言うと「木が見える」と。「きみの小さな目の中にも木が入ったよね。だからここにも描けますよ」と。「それが教育です」と。ものすごく感動したの、俺。

――無着成恭先生ですか？

喰　違います。

齋藤　『カリキュラマシーン』のカリキュラムを作ったのは無着さんなの。そもそも『カリキュラマシーン』で「こくご」と「さんすう」をやるという話は最初からあったのね。その他に何をやるべきなのか、理科でもない、社会でもない、俺たちとしてはどこを触ったらいいのかわからなかった。無着さんに訊いたらば、「基本的に子どもたちに教えなければいけないことは、『こくご』と『さんすう』だよ」と。

まず日本語がわからないと思考ができない。ものを考えるということは言葉で考えるから、言葉がちゃんと把握できていないと、ものを考えることが出来ない。したがって、言葉をちゃんと覚えるということはとても大事なことなので、まず「こくご」を絶対やったほうがいいと。

今度は思考を論理的に組み立てなくてはいけない。「論理的な思考」を教えるのが「さんすう」なんだ。論理的な思考が出来れば、人は自分で考え、自分で

無着 成恭（むちゃく せいきょう）

禅宗の僧侶で教育者。1956年、明星学園教諭に就任。TBSラジオ「全国こども電話相談室」のレギュラー回答者を28年間務める。

育ってくことができる。だから「こくご」と「さんすう」は大事ですよと言われて、僕らは「こくご」と「さんすう」に絞った。

喰　僕は多分「こくご」と「さんすう」に絞る前の、いろんな先生に会って話を聞いた中に、その人がいたのね。「こくご」でも「さんすう」でもないので、その人と話したことは番組には投影されないのだけれども、僕はその先生の話が一番心に響いた。

齋藤　それで、無着さんとその話をした中で、えんぴつの使い方が一番大事だよと。えんぴつをちゃんと使えないと、考えるだけで字にすることができないから。そういうことの基は全部無着さんに教えてもらったんですよ。

喰　さんすうは集合でしたね。

齋藤　さんすうの先生(遠山啓さん)には一回も会っていないの。

――水道方式ですよね。

齋藤　仙台にいらっしゃるものだから会えなくて。結局本を買って、お話だけはちょっと電話かなんかで伺ったけど、無着さんが「それがいいですよ」とおっしゃるから。「全部文部省（現・文部科学省）と違いますから、必ず文部省から何か言ってきますからね、覚悟してくださいよ」と言われて、ますますそれでやろうと（笑）。

喰　実際そうでしたね。だからわかりやすくて。とにかく集合ね。「りんごが1、りんごが2、あわせていくつ？」という時に、そこ(はなれた所を指して)にあるのと、ここ（手前を指して）にあるのは別だと。お皿なら同じお皿に乗っていないとダメ。さんすうの足し算は、とにかく何かに乗っていなければダメだと（笑）。

齋藤　ただ「りんごがいくつありますか？」と言われて、あそこにもここにもあって、それを足しちゃって良いのか悪いのか？　そこがまた論理であり思考

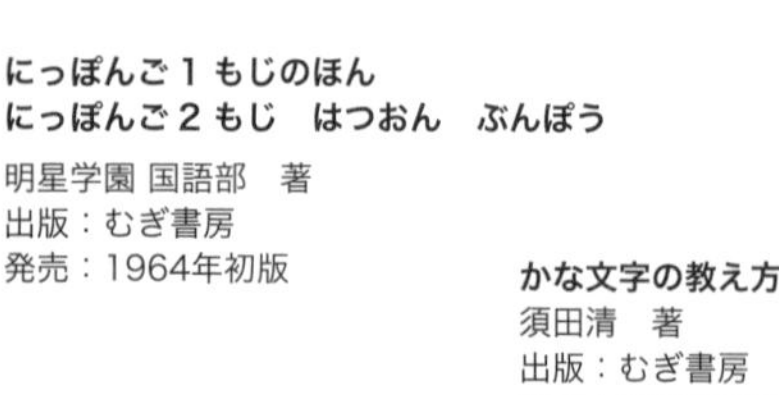

にっぽんご 1 もじのほん
にっぽんご 2 もじ　はつおん　ぶんぽう
明星学園 国語部　著
出版：むぎ書房
発売：1964年初版

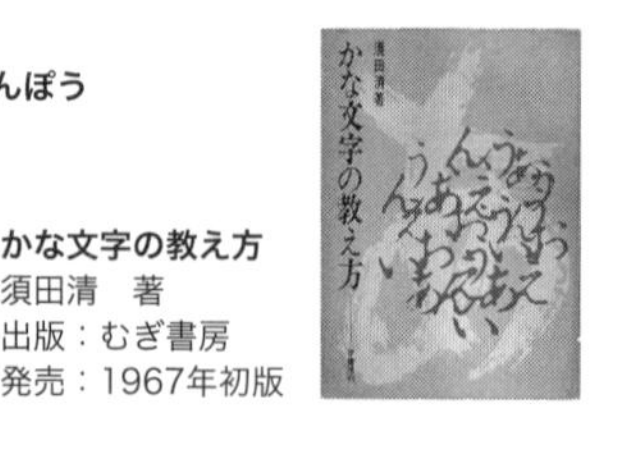

かな文字の教え方
須田清　著
出版：むぎ書房
発売：1967年初版

の途中の大事なところだからね、そこをやりましょうというのがあれね。

喰　僕らが集合を習ったのは中学校から。小学校では習っていない。でも、習っているから理解は出来た。

齋藤　俺なんか集合は習ったことないもんな。

喰　でしょう？ だから、どういうふうに理解していたのか（笑）。

齋藤　まあ、大人だから、さすがにわかるけれどもね（笑）。

喰　『カリキュラマシーン』は「カリキュラム」というルールはあったけれども、作家は1本につき一人なんですよ、分業制じゃなくて。それが作家にとってはすごく魅力的だった。最初の放送のものは、その作家の個性が出ているんですよ。みんな違う。

浦沢君はどうだったんですか？ その1本丸々書くというのは？

浦沢　デビューだよ。

齋藤　『カリキュラマシーン』が最初？

浦沢　さっき言った『なんでそうなるの？』。

喰　『なんでそうなるの？』はギャグを書いて、それを萩本（欽一）さんが気に入ったものをやるみたいな形で……。

齋藤　『なんでそうなるの？』は『カリキュラマシーン』よりも前でしょう？

浦沢　おれは後だと思ってたけれども、前なんだ？

コント55号のなんでそうなるの？
制作：日本テレビ
放送期間：1973年〜1976年
出演：コント55号

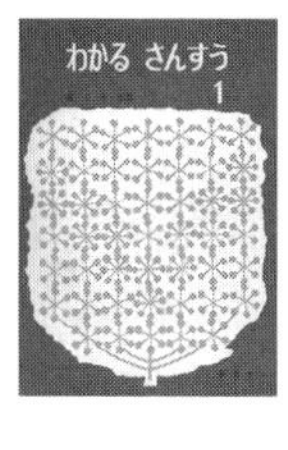

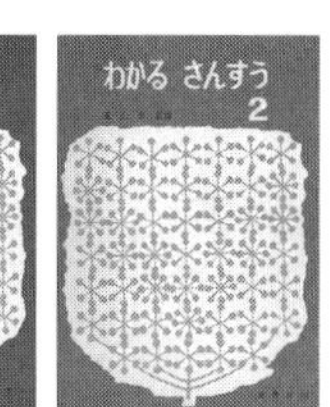

わかる　さんすう 1
わかる　さんすう 2
遠山 啓　監修
出版：むぎ書房
発売：1965 年初版

齋藤　前、前、前。

浦沢　それで、『カリキュラマシーン』で俺は松原さんのお豆でついていたの。

喰　松原敏春という、もう亡くなったんですけど、『ゲバゲバ』の時から僕と同期というか、最初はコンビを組んでいたような作家がいるんだけれども、『カリキュラマシーン』を統括するのに齋藤さんが指名したんだよね。

齋藤　河野洋がカナダに行く時に、「俺の後は松原に全部やらせるから」ということで、僕は松原君と会って、「これから先はあなたと僕で組んでやるからね」という話をして、河野洋をカナダに送り出した。だから、後は全部松原君とやっています。

喰　松原君も齋藤さんが大好きだったんですよ。憧れの人だったの、ディレクターとして。だから蜜月期があったんだけれども、3年目くらいになると、何本書いても齋藤さんがオッケーしてくれないという非情な時期があったんですけれどもね（笑）。

浦沢　俺に書かせるんだもの、「書いてよ」って。俺の字だったら通るから（笑）。

喰　本当にそうだった。

齋藤　そんなのあり？

喰　あったんですよ。

浦沢　松原さん、もうダメだったよね。

喰　もう何を書いても。

浦沢　自殺するしかない（笑）。

喰　それくらい追い込まれていて……。

浦沢　あんなに好きだった人なのに。

松原 敏春（まつばら としはる）

脚本家、作詞家、演出家。『ゲバゲバ90分！』に脚本家として参加した時は、まだ慶應義塾大学法学部の学生だった。2001年、肺炎のため53歳で亡くなった。

喰　ある時、「このギャグは喰始が考えたんですよ」と言うと、「じゃあオッケー」みたいな。そんな裏話が実はあったんですよ。

齋藤　いやね、松原君は完璧じゃないと僕はオッケーしないの。

喰　確かに、こんなのよく通ったなと思うのがあってね。食卓があって、家族が飯食っていると忍者が梁にいるわけですよ。「忍者が2、忍者が3、あわせていくつ？」とかいうのがあって、お母さんが「本当にいやねえ、この季節になると出てくるのよね、忍者」と言って殺虫剤でシューっとやると、忍者がいなくなるというか、死ぬというか（笑）。「これはまさか通らないだろう」と思っていたら通ったりするんですよ。

齋藤　でも、それを松原君が書いたら通さない（笑）。

――浦沢さんは言葉よりもビジュアル、見て面白いようなギャグが多かったのですか？

浦沢　本当はそれを目指していたの。でも言葉でしたよね。

喰　言葉だったね。僕がどちらかというとビジュアルで、浦沢君のはフレーズ、最後の一言。たとえばアメリカの一コマ漫画の、絵自体は何でもないのだけれども、そこにある一言がすごく面白いというような人でしたね。

浦沢　ビジュアルに憧れていたんですよ、本当はね。

――かなり奇想天外なアイディアが作家のほうから出てくるのに対して、演出家として難しかったというのはありますか？

齋藤　全部難しいよ（笑）。ラクなものなんてないでしょう。

――さっき言ったみたいなビジュアルがメインだったりとか、奇想天外というか、普通じゃない話ですよね、全部。そのへんを表現していく難しさというのは？

齋藤　『カリキュラマシーン』をやる時に、事前にオーディション版を作って子どもたちに見せて歩いた結果、黒板の前に誰かが立つと、子どもたちがみんな庭に出て行っちゃう。

それと、「なんとかちゃーん！」とか言うと「あいつバカだ」と子どもたちが言ってますよという話もあって、僕らは絶対に子どもを子どもとして扱うのを止めようと。大人として扱われると子どもってすごく喜ぶのね。「見ちゃいけない」とか「やっちゃいけない」とかいうことをやると喜ぶのね。だから、そういうことを全部やろうと言って始めたわけですよ。

　基本的な「カリキュラム」はちゃんとやっているけれども、子ども向けだからこれをやっちゃいけないとか、こうしなければいけないとかいうようなことは、ビジュアルとかそういう面では全く考えていないというか。だから子どもは喜んで見てくれたんだと思いますよ。

喰　それと、当時聞いていたのは、朝に放送があって、夕方5時から再放送がある。その再放送は学校から帰ってきた小学生にも見せたいという話は聞いていました。

齋藤　そうそう。あの頃、拗長音、要するにきゃあ、きゅう、きょう、しゃあ、しゅう、しょう、ってやつね、中学生であれが書けない子が多かったんですよ。日本語がちゃんと書けないってこと、中学生になっても。それもあるから、基本的なところは書けるようにしておかないとダメなんだよねっていう話で。

喰　確かに僕らも知らなかったもの、促音とか拗音とか、まったくわかっていないの。やりながら「あぁ、そうなんだぁ」と思って（笑）。

齋藤　そう。やったらね、いっぺんに書けないやつがいなくなったんですよ。ということは、夕方の再放送を、けっこう中学生なんかが見てたんだね。一番うけていたのは大学生だから、あの番組。

――そうですよね。だって芸者さんが出てきて「ねじれて ねじれて♪」って（笑）。あれはかなりインパクト強いですよね。

喰　そういう大人っぽい路線を書いていたのは高階有吉さんという人で、この人の本ですごかったのは、メロドラマ、よろめきドラマをやるわけですよ。宍戸錠さんがタンスの中に隠れていて、不倫をしている話なのよ。オチないのよ。ただ不倫話の中に「さんすう」と「こくご」が入っているという。

自分も関わっている番組なんだけれども、作家がみんな違うから、「今回ヘンだよねえ！」という回があったなあ（笑）。

――作家同士でライバル意識はなかったですか？

浦沢　あるでしょう？ だって台本が採用されやすいとかね、あるんだから。

喰　僕は『ゲバゲバ』の頃から齋藤さんに気に入られたというか面白がられているので、変なライバル意識は全くなくて、嫉妬も何もないのだけれども、逆にぼくに嫉妬している人はけっこういたなあ。

齋藤　本当にそうだと思う。一所懸命に書いたのに、俺にボツにされちゃうっていうのは辛いから。そうすると、「どうしてあいつが通って俺が通らない？」って。つまらないからなんだけれどもね、俺に言わせれば。

喰　齋藤さんはとにかくこの業界の中で一番シツコイ人ですから、ものすごく厳しい人なんですよ、はっきり言って。胃に穴が空いた人とか、頭がおかしくなった人とか、いっぱいいるんです、この人の被害者は（笑）。

齋藤　うそだよ、うそだよ。俺のせいにしているだけだよ！

――喰さんは齋藤さんと2時間ぐらい議論したことがあるとおっしゃっていましたよね。

喰　そうです。実は『スーパースター・8☆逃げろ！』で幻になったイタリアの回の萩本欽一さんのセリフで、「なんとかさん〝が〟」なのか「なんとかさん〝は〟」なのか、「が」と「は」の違いだけで延々やりあって。「もういいですよ。演出家なんだから好きに変えてください」と言うと、「俺は台本を変えるのは嫌なんだ。お前が納得しない限り」と言う、そんなことで延々やりあうんですよ！（笑）

齋藤　でも、僕はちゃんと正論を言ってるんだよ。というのは、僕が受け取るまではそれを書いている作家さんの責任だけれども、僕が「オッケー」と言って受け取ってからは僕の責任。

これを絶対面白いものにしなくてはいけないというのがあるじゃない。だから、絶対にこれだったらいけるという本を「オッケー」と言って受け取るわけ。それが厳しいというのだけれども、そうしなくてはダメだよね。と同時に、僕にちゃんとオッケーをもらっているものは、結果的にけっこう面白いものができるんですよ。だからみんな我慢しながらやっていた。

喰　齋藤さんはタレントがアドリブで台本を変えることを絶対に許さない人なんですよ。作家にとってはすごく嬉しいんだけれども厳しい（笑）。

齋藤　みんな厳しいほうのことばかり言うんだよ。だけど本当はそれで正解なんだよ、絶対に。と、僕は思っていますけれどもね。

――なぜディレクターが出演することになってしまったのですか？

齋藤　どうしてもどこかでカリキュラムを説明しなければいけないシチュエーションが出てくるのね。だから、説明する人が誰か一人必要だと。

ところが、それを誰にしようといろいろ検討した

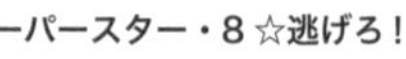
スーパースター・8☆逃げろ！

放送期間：1972年10月3日～11月14日
制作：日本テレビ
出演：藤村俊二　ほか

ときに、そのタレントさんが、他の番組で女と抱き合っていたり、ピストル撃ったり、人を殺したりしてもらっちゃ困るっていう話になったわけ。子どもが「どうして人を殺している人がここでしゃべっているの？」ってなっちゃうから。

　そうすると、一人の役者さんを専属にした上で、再放送が終わるまで全部生活を見て、「一切、他のことをやっちゃいけない」と言わなくちゃいけないということは、生活全部見ると同時に、その人の進歩も全部を奪っちゃうことになるから、どうやったってそんな人いないんだよ。

　「どうしよう？」という時に、「カリキュラムのこと全部わかっている人がやらないと大変だから、自分でやれば？」と誰かがちょろっと言ったの。そうしたらみんなが「それはそうだ」と。「じゃあ、それに賛成の人」と言ったら、全員「ハーイ！」って手をあげてさ、「反対の人」って言ったら俺しかいないんだもの（笑）。それで決まっちゃったのよ。

　しょうがないから自分でやった。これが一番つらかったですよ。衣装代も何もくれないんだよ、あれ。あの頃のクロマキーってわかる？

――はい、ブルーバックのやつですよね？

齋藤　青い塗料がすぐ剥がれてね、青い粉がいっぱい出ちゃうのよ。俺の着ている服も青くなっちゃう。でも、その洗濯代もくれないの。セリフは覚えなくちゃいけないし。

喰　周りからは「出たがりだ」と言われるし（笑）。

齋藤　いい迷惑だよ、全く。

――齋藤さんが出演されていることで、脚本を書かれるときに「これは齋藤さんにやらせちゃおう」みたいな感じで書かれることはありませんでしたか？

齋藤　あったあった。

浦沢　俺は一番最初と最後は齋藤さんって決めていたから。

喰　俺はなかった。

出演中の齋藤ディレクター

齋藤　僕に意地悪してわざと「上から水かぶる」とか書いてくるやつがいるの。そんなもの「俺は水かぶるほど金をもらってねえ！」って返しちゃう。

——踊りも踊らなければいけないですよね？

齋藤　そうだよ、えらい目にあいましたよ。

——その踊りって、夕食を食べながら覚えられたと伺ったのですが。

齋藤　小井戸秀宅さんって振付師がいて、その人が「こうやるんだ」と教えてくれるんだけど、もう大変なの。だって、夕食の時間くらいしか自分の体が空いていないじゃないですか、一日中ディレクター卓に座っているから。だから、夕食の時間に一所懸命に覚えなきゃしょうがない。僕の出番は必ず一番最後にあるのね。その日の収録の一番最後、夜の9時半くらいから最後にまとめて撮るんですよ。それまでに覚えなきゃいけないんだからさ。

——ちょっと話は変わるのですが、例えば喰さんが『カリキュラマシーン』とか『ゲバゲバ90分！』の台本を書かれて、それによって今でも影響を受けていると思われるようなことはありますか？

喰　テレビの最後のいい時代で、「作家の時代」の最後のあたりなんですよ。だから、自分が影響を受けたものとか、自分の「趣味」を出せたんです。『カリキュラマシーン』もそうだし『ゲバゲバ90分！』もそうだけれども、ディレクターとかプロデューサーに合わせなければいけないというのがなくて、要は「好きにやっていいよ」と。カリキュラムに合ってないとダメとか、面白くなければダメというのはあるけれども。

だから、僕なら僕が興味あるものを、自分なりに再構築して持っていくと、「面白いね」と言われたりするんですよ。そういう作り方がテレビでまだやれた時代で、けっこう面白い企画がテレビ局のほうからも来ていたの。「こういうの面白いと思わない？」「ああ、面白いですね」「じゃあ一緒にやろうよ」みたいのが他の局からもあったのだけれども、そういうことがなくなってくるんですよ。

ならば、面白いことは自分で作ればいいんだと思ってワハハ本舗を始めたの。テレビとか映画とかと違って、舞台はお金がかからないから。それは『ゲバゲバ90分！』とか『カリキュラマシーン』とかで齋藤さんと出会って、そういう経験がなければ、仕事ってこういうものだと、逆に合わせる仕事しかしていないかもしれない。もしくは、それが嫌になってすぐに辞めていたかもしれない。

齋藤　テレビが始まって一番初期は、「ディレクターの時代」って言われているんですよ。その後、「作家の時代」「タレントの時代」になっていくんだけれども、一番最初って「ディレクターの時代」なの。テレビができる前は映画しかなかったからね。映像があってセリフがあって、歌を歌うにしても何にしても、それをやっているのは「映画」という世界しかなかったじゃないですか。映画という世界は監督が圧倒的に偉いわけだよね。そういう伝統があるものだから、テレビもそれを踏襲するところがあって、ディレクターが偉かったの。

そのうちに台本を書く人たちに優秀な人がいっぱい出てきて、「作家の時代」になるんですよ。ディレクターよりも作家が偉いと言うとおかしいですけれども、台本が大事な時代というのがあって。

ところが、その後に「タレントの時代」が来ちゃって、流行歌を歌っている人なんかがすごく有名になると、持ち歌しか歌わないんですよ。「持ち歌を歌わないのだったら出ません」とか言ってくる。俺たちは番組の中で「この歌を歌って欲しい」と言うことが出来なくなちゃった。

そういう流れの中でね、僕らが『カリキュラマシーン』をやっていた時代というのは、いわゆる「作家の時代」の最後の頃という感じだと思うな。

喰　そうですね。その時代は、例えばラジオで「今日は高速道路を走っていたら、こういう事故に遭遇してえらい目にあった」みたいなことをタレントさんがしゃべる。でも、それは作家が書いたセリフなんですよ。今はタレントさんがアドリブでやったりしていて、作家があまり必要とされなくなったんですよ。

齋藤　というよりね、素人っぽくなったんですよ。学校の人気者みたいな状態ね。自分の失敗談や、人をクサしたり人の弱みを暴いて見せるとか、そんなことをしゃべっていくらっていうタレントばかりじゃないですか。そういう時代になっちゃったんだよね。

——浦沢さんはどうですか？『カリキュラマシーン』は今も影響ありますか？

浦沢　『カリキュラマシーン』でやったことは、今やっていることとそんなに変わらない（笑）。

喰　ほとんどあれを延ばしているものね。10秒で終わるものを30分ものにしているから。バス停が家出したのは『カリキュラマシーン』にあるんだけれども、それを『バッテンロボ丸』のシリーズの中で1本それをやっていますからね。

——5が家出したりとか、家出が多いですよね。

浦沢　家出が流行っていたの（笑）。

——あと、チャーハンとシューマイが結婚したりとか、そういう話ですよね、だいたいが。

浦沢　そういうのが好きでね。

齋藤　ああいう発想はこの人しかいないよね。普通の人は考えないよ。どう考えたっておかしいもの。おかしいことを考える人なんだよ。

やっぱりスターはすごい！

——では、何か質問のある方がいらっしゃれば。

（観客席から手が上がる。）

客　『カリキュラマシーン』の出演者の選び方というのはどういう感じだったのですか？当時のトップアイドルやスターを起用していますよね。まあ

5の家出

ちゃあはんとしゅうまいの結婚式

『ゲバゲバ90分！』もそうだったのですけれども。

齋藤　『カリキュラマシーン』は、さっき申し上げたように『ゲバゲバ90分！』が練習台だったわけですよ、ある意味でね。だから、せっかくそこでタレントさんも僕らと一緒になって練習してくださったのだから、出来るだけ『ゲバゲバ90分！』の人をそのまま『カリキュラマシーン』に持ってくるような形にしましょうというところがまずあって、だいたい中心の人たちは『ゲバゲバ90分！』でやっていらした方ですよね。

あとは、見たことがないおじさんやおばさんばっかりだと子どもたちも面白くないから、「この人知ってる！」というのが欲しいということで、フォーリブスとか桜田淳子とか、そういう人たちを入れています。

客　いずみたくシンガーズは？

齋藤　いずみたくシンガーズはね、大勢のシーンがどうしても必要になってくるのと、コーラスなんかをやるとなると、タレントだけでは大変なのね。それで「歌が歌えて団体で動ける人たち」を探していたら、ある時、いずみたくさんと僕が何かで話していたのかなあ？「実はこういうのがいるんだよ」と言う話になってまとまった。

だから、確かすごく安かったような気がするけど（笑）。というのはね、お金ないんですよ、あの番組。スポンサーからのお金だけではとてもできない番組なんですよ。それで、日本テレビというのはキー局でしょう？ キー局というのは全国のネット局から協賛金みたいのを集めているのね。そのお金をネット局が得するようにうまく利用するというのがキー局の仕事なんです。

この『カリキュラマシーン』というのは、全国のネット局にお返しするという形になるだろうということで、協賛金を使わせていただいていたの。その協賛金がけっこうあったからあそこまで出来たけれども、それでもぎりぎりですから。タレントもあまり高い人は使えないとかね。そういう意味では非常につらかったですね。

だから、『カリキュラマシーン』には記録の写真

いずみたくシンガーズ

作曲家のいずみ たく氏がプロデュースしたグループ。1974年に日本テレビ系で放映されたドラマ『われら青春！』の主題歌「帰らざる日のために」がヒット。ステージでは歌手兼ダンサーのチームとバンドの二部体制だったが、『カリキュラマシーン』では、演奏者もダンスやコントに参加した。

がないんですよ。番組ってちょこちょこ写真屋さんが撮っていて、記録写真があるんですけれども、あの番組はその写真屋さん代までケチっちゃったものだから、何にも撮ったものがないの。

喰　ゴリラの「一郎」とロボットの「かの字」に入っていた人は誰なんですか？

齋藤　あれは剣友会の人で……、誰ですかと言われても困っちゃうけれどもさ。

客席の渥美ディレクターから　ゴリラの「一郎」は西山健二さん、ロボットの「かの字」は新木実さん。

喰　ゴリラとロボットはもっと動けると思ったのに、「何だこれは⁉」みたいな話を聞きましたが。

齋藤　ゴリラはね、思ったよりもはるかに出来が良かったね。目だけが役者さんの目で、あとは全部着ぐるみなんだけれども、目が本物だからさ、怖いんだよね。和田アキ子がひっくり返ったものね、あれで（笑）。

――「一郎」の制作は円谷プロでしたっけ？

齋藤　円谷プロだったでしょうか？　俺はよくわかりません。

喰　「かの字」はちょっとあれでしたね。

齋藤　「かの字」はどこで作ったんだろう？

――「かの字」は日テレだったと思うのですが。

齋藤　でも、日テレだけじゃあんなのもは作れないから、どこかへは出したんだよな。ところが、これが動けないし、どうにもならなくてさ。

――本当はお腹のところに字を出すはずだったんですよね？

齋藤　そうなの。今だったらいくらでもできるんだ

ゴリラの一郎とギニョさん
（齋藤ディレクター）

かの字

けれど、あのころは電飾みたいに豆ランプいっぱい入れて、それで字を出すしかないからさ、正確な字にならないんですよ。ちゃんとした字で教育をやりたいわれわれとしては、その趣旨から言っても使えない。

——タレントさんといえば、台本を書かれる時に、例えば「このギャグはこの人向け」みたいな感じで書かれることはなかったですか？

浦沢　全然。一回もない。

喰　宍戸錠さん（第10章参照）くらいですね。錠さんのキャラって、殺し屋だとか、何かミステリアスな男とか、さっきのよろめきドラマの人とか、二枚目とか、「たぶんこれは宍戸さんになるんだろうな」と思っているくらいで、この人にやって欲しいというのはなかったね。

齋藤　さっきのタレントの話で、宍戸錠さんだけ例外なんです。一年目いないんですよ。お金がないから入れられなかったの。なんてったって日活の大スターですからね、やっぱり安くないですから。

ところがね、中心になる人がいないとタレントってうまくいかないものなんですよ。技術のある脇役みたいな人がいっぱいいて、何かばらばらしちゃうの。それで、2年目に「宍戸さん、もう一回やらないかい？」と言ったら、「いいよ」と言ってギャラをかなり安くしてくれて出てくれた。で、宍戸錠が入った途端にピシッとまとまっちゃうんですよ。

だからね、スターっていうのが必要なんですよね。映画でも何でも真ん中にスターがいるじゃないですか。あのスターがいるからまとまっているんでね。スターってすごいものだなと思った。芝居なんかさせたら、他の人のほうがよっぽどうまかったりするんだけどね（笑）。

喰　錠さんは面倒見がよかったですよね。パーティーの二次会なんかで必ず幹事やっていましたから。人徳があったんですよね。

齋藤　彼自身のその人徳というか、キャラクターも大事だったから、われわれは2年目に無理矢理にでもお願いしたのですけれど。

で、さっきの話の続き。錠さんはやっぱり錠さんでなくては出来ないものがあってね、それをあの人がやるとビシッと決まっちゃうんだよね。さっきのよろめきドラマの話でも、そういう話だったら錠さんが出てこないとどうしようもないもの。やっぱりおヒョイ（藤村俊二さん）が色男やってもどうにもならないんだよね。宍戸さんがやると一発でビシッと決まるでしょう、そういうのはね。やっぱり二枚目のスターというのが大事なんですね。

喰　『カリキュラマシーン』は全部残っているのですか？

――渥美さん、アーカイブは全部残ってますよね？

客席の渥美ディレクターから　残っているはずです。

喰　最初のシーズンのも？

齋藤　1年目のはないんですよ。1年目のやつは『カリキュラマシーン』とは言いながら、カリキュラムにいろいろ不都合があって、ほとんど使えなくなっちゃったやつで。それを全部ばらして編集して4年目を作ったんだよね。

喰　本当は1年目のが見たいのね。その回ごとに違うから。演出家と作家との個性がすごく出ている。カリキュラムは別としてね。

齋藤　カリキュラムにいろいろ問題があるものだから、それを解体して使えるところだけ使って、撮り足しとか入れながら4年目を作っちゃったの。

苦情が来ないわけないでしょ？

――今放送されている番組で、「これって『カリキュラマシーン』っぽいよね？」というような番組はありますか？

喰　Eテレでやっている『ピタゴラスイッチ』にはありますね。「えーっ！」っていうぐらいヘンテコな面白いことをやっているから。あの過激さは『カリキュラマシーン』あたりから始まっているんじゃないかなぁ？

――今はEテレくらいしか子ども番組というのはないですよね。

齋藤　大変なんだよ。『カリキュラマシーン』も随分無茶苦茶なことをやっていて、子どもを大人と同じ扱いでやっているけれども、カリキュラムだけは絶対守ってもらったのね。「ちょっとぐらいズレてもいいか？」というのを「それだけは絶対やめてくれ」と。そういうことまでやると、実は作るのもすごく大変なのね。

同時に、文部省（現・文部科学省）じゃないものをやっているわけだからね、われわれは。文部省でやっていたら面白くもなんともないから（笑）。

客　当時、文部省なりPTAなりから苦情というかクレームはあったのですか？

齋藤　ありませんでした。逆に「うちの子どもが『カリキュラマシーン』のおかげで成績よくなった」というのはありました。

――その話を仁科プロデューサーに伺った時に「俺のところには山のように来ている。来ないわけがないだろう？」というお話でした（笑）。

齋藤　じゃあ、彼が全部押さえちゃっているんだ。

喰　クレームのほとんどは、僕がやったギャグで

ピタゴラスイッチ

放送期間：2002年～
制作：日本放送協会（NHK）

日常の不思議な構造や面白い考え方を紹介する幼児向けのテレビ番組。

しょう（笑）。「子どもが真似した」とかね。

子ども番組なのにジョッキに入っているビールが何個か出てきてガラガラっと壊したり。子ども番組でビールが出てきて飲むっていうこと自体がもう問題なんだよ、本来ならば。

齋藤　だって、「位牌の数はいくつ？」とかやるんだよ（笑）。

喰　そうそうそう。位牌を粗末にしている（笑）。

――仁科さんは、「苦情が来たということを制作側に言っちゃったら面白いものが作れなくなっちゃうから、ここで止めておくべきだと思ったからそうした」というふうにおっしゃっていました。

齋藤　そうですか。俺、初めて聞くんだ、それ。

――結局、そういうことを言うと、現場で「こういうことはやめておこう」とか、要するに自主規制ですよね、それを始めるとつまらなくなるので、そのことは制作側には言わなかったということです。

喰　新聞に「あんな番組を放っておいていいのか？」みたいな苦情が載っているのを見たことがあるけど（笑）。

齋藤　まあそうでしょうね。それはそうだと思う。でも、だから子どもが見たんだよね。

――『ゲバゲバ90分！』もすごかったんでしょう？　苦情が。

齋藤　『ゲバゲバ90分！』はね、ああいう番組は初めてだから、そっちの文句が出ましたよ。「1時間半コマーシャルやってて何しているんだ！」と。30秒とか20秒のギャグでもって、ぱっぱかぱっぱかシーンが変わるんで、そういうものはコマーシャルだと思っている人がいるわけね。

喰　それと「風刺がない笑いって何？」とか書かれるわけ。「風刺がない」って今では信じられないでしょう？ 風刺がないと「あんなナンセンスなもの」と。「ナンセンス」というのは僕らにとっては誉め言葉なんだけれども。

齋藤　「あんなナンセンスなものは何だよ！」（笑）

喰　そうそうそう。そういう時代だったからね。

齋藤　それとね、「あんなバカなことがあるわけない」という文句がけっこうありました。バカなことを一所懸命やっているのに、「あんなバカなことがあるわけないだろう！」と文句を言われる（笑）。『カリキュラマシーン』の時はそういうのはさすがに来なかったと思うな、もうみんな慣れてて。

喰　その当時叩かれていたのはザ・ドリフターズですよ。食べ物を粗末にするとかということで、ドリフのほうに批判が集中していた。

齋藤　そうね。うちはそんな粗末になんかしなかったもんな。

喰　いや、しましたけど（笑）。

――浦沢さんは『カリキュラマシーン』から何十年も子ども番組をやり続ける中で、子ども番組を取り巻く環境も『カリキュラマシーン』の時と今とで変わったと思われますか？

浦沢　俺、一切そういうことを考えないタイプなの。

齋藤　子ども番組って、今はＮＨＫ以外はないんじゃないですか？ 商売にならないんですよ。対象は子どもでしょう？ コマーシャルやって子どもに売らなければいけないでしょう？ 少子化で子どもが少ないでしょう？ 商売にならないから子ども番組を作らない。

喰　スポンサーでしょう。キャラクター商品になるようなものを出してくれとか。

浦沢　『カリキュラマシーン』もキャラクター売り出せばいいということだよね。昔はそういう商売なかったもの。

齋藤　なかったのかあったのかよくわからないけれども、俺らは別にそういう……。

浦沢　『ゲバゲバ90分！』の時だってさ、ゲバゲバおじさんで本当ならもうちょっと……。

――今だったら、あれで大儲けですよね。

喰　『カリキュラマシーン』だって「かの字」の人形とかあるんだよ。

――「かの字」はいろんな種類が出ていて、ヤフオクで時々見ているんですけれども、けっこうありますね。

浦沢　変だったけれども、ロボットらしいといえばロボットらしいんだよ。

齋藤　まあね。

――例えば、ディレクターにボツにされて、後で別のところで使った台本はありますか？

浦沢　あるんじゃないの？　たくさん。

齋藤　それはいっぱいあるんじゃないですか？

浦沢　齋藤さんのところのボツは多いから。

齋藤　そうそう。それはずいぶん聞きました。

喰　それよりも、僕が一番最初に書いたのが「た」という台本で、「たからものをさがせ」みたいな話で、「たわし」とか、「た」の付くものがいっぱい出てくるんですよ。
　台本はオッケーになったものの、撮影したらすごく尺数が延びて30分くらいになったらしくて、半分使われていない。でも、撮ったものを後々どこかで使ったのかどうかをちょっと訊きたくて。

齋藤　それは1年目？

「た」を探す

喰　1年目。台本上でカットされるのはいいんですよ。そうじゃなくて、台本の時に「よし、これでいく」と言ったのに、オンエアにはその半分しか使ってない。

齋藤　撮ったのだったらば使っているね、どこかで。なにしろお金がないのだから。

――編集されたのが仁科さんで、仁科さんは「ディレクターだったら絶対に切れないところもバサッと切った」とおっしゃっていました。

齋藤　でもね、そういうシーンまでは出し入れしていないと思うの。撮っちゃった作品の、例えばお尻を切っちゃうとか、中を抜いちゃうとかということはあったとしても、そのシーンで台本を構成しているものを、シーンを抜くっていうのは……。

喰　齋藤さんの頭の中では「時間内に納まる」という計算だったけれど、いざ撮ってみたら、えらい延びちゃったみたいな。

齋藤　それは有り得るからね。そこの所はどうなっていたんだろうな？ 俺もそう言われたらわからなくなってきたけれど。仁科さんと相談した覚えもないしな。どうしたんだろう？

しかしね、カリキュラムがあるから下手に抜けないんですよ。順番にアレをやってコレをやってってあるじゃないですか。例えば「あ」という音があるよねという話から始まって、「あ」という音を文字にするとこの字だよ、この字が書いてあったら、これは「あ」と読むっていうふうに、三段階のステップを必ず踏んでいるでしょう？ これはどこも抜けないんですよ。とすると、オーバーしたからといっても、そう簡単には抜けないから、どうしたんでしょうね？

喰　それともうひとつ、CDに『カリキュラマシーン』の歌がいっぱいあるじゃないですか？ その完全版が出ていないのね。あれば欲しいよね。

齋藤　完全版ってどういうの？

喰　番組の中で使われている短い歌があるじゃないですか？　僕だったら「さみしいハトよ」とか。オンエアでは見ているのに、その音源を聞いたことがない。ＶＨＳのほうは、どちらかというとカリキュラムっぽいのが入っている。そうじゃなくて、本当に「なんだろうな？」というような不思議なものをいっぱい書いたのよ。

――「さみしいハトよ」は喰さんだったんですね？　ものすごく救いのない歌詞なんですけれど（笑）。

喰　歌に関してはカリキュラムとは関係なく自分の心情で書いてるから。

――そういう心情だったということですか？

喰　そうそう。そういうのもあれば、「当たり前で、当たり前じゃない」というか、要するに「何が楽しくて何が楽しくないのかわからない」とかいうへんてこなシュールなものを書いて、それも歌になったんですよ。オンエアでは見ているの。でもそれはそれっきり見ていないし聞いていない。だから、そういうのもどこかにあるはずなんだけどね。

齋藤　どこかにはあるんだろうね、きっと。

喰　その編集の中に入っていないとかね。必要のないシーンだから。

齋藤　必要のないシーンというかね、例えば、「さんすう」から「こくご」に移る時に、全然関係ない歌なんかを入れてブリッジしているのよね。

喰　そういえば、例の文字のギャグ、「き」という文字がギャグになったりするじゃないですか。あれはアニメーターの木下蓮三さんと、全部ではないけれども、ある程度やったのを覚えています。

浦沢　俺もそれ手伝ったのを覚えている。文字の１個ずつを。

喰　文字の１本の棒が抜けて、トライアングルに

木下 蓮三（きのした れんぞう）

アニメーション作家、アニメ監督、国際アニメーションフィルム協会副会長。
1967年に（株）スタジオロータスを設立。『巨泉×前武ゲバゲバ90分!』『カリキュラマシーン』のアニメーションを担当し、テレビCMでも多数のアニメーションを制作。1997年に永眠。

なったり、ビヨ～ンってなったりとかね。ほとんどは木下さんなんだけれども、それの……。

浦沢　木下さんに渡すアイディア。

喰　そうそう。アイディアとしてやっていたね。

齋藤　それはもう木下さんにお任せしちゃっていたもの。

――重松ディレクターもやっていらしたのですか？

齋藤　いや、重松はあんまりそういうところにはからんでいないと思いますよ。そんな余裕はないと思うよ、あいつ。

――ＤＶＤのインタビューでは、そのアニメのために６カ月家に帰れなかったとおっしゃていました。

齋藤　50音表のアニメの音付けの方じゃない？　それはけっこう手伝わせたから。

これから『カリキュラマシーン』を作るとしたら？

喰　最初にもらった質問用紙があったじゃないですか。

――これですか？　途中から全然無視して話をしてしまいましたが。

喰　これの最後の「これから『カリキュラマシーン』を作るとしたら……。」

――最後にはどうしてもその話をしなくてはならないのですけれど、これから『カリキュラマシーン』を作るとしたら……。

喰　実は作ろうとしたことがあるんです。

――喰さんが？

喰　そうです、ワハハ本舗で。

50音のアニメーション

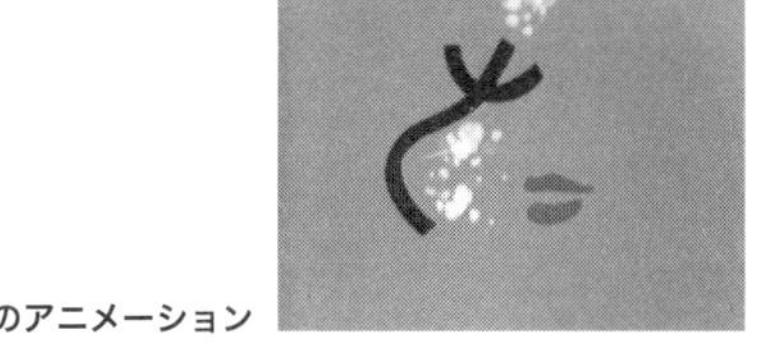

「た」のアニメーション

——それはいつ頃の話ですか？

喰　7、8年前。もちろんテレビでは無理なので、そういう地上波じゃないので作って、何本かボックスにして売ろうみたいな。何をやるのかというとセックスなの。セックス用語の『カリキュラマシーン』。僕らのやっているホモ漫才とか、レズビアンのSM落語とか、そういうネタはあるんですよ。

30分番組で、ギャグがいっぱいある中でちょっと真面目な部分もあったり、面白く見ているうちに、そういう「性」というものに対して偏見がなくなるとか、そういうことをやりたいねというので動いたの。

実際にワハハ本舗のファンクラブのイベントがあった時に、これの試作を作ろうと言って、200人くらいの人間に「お！」「ま！」「ん！」「こ！」と叫ばせたりしたのがあるの（笑）。そういうことをやろうとしたことはあるんです、実は。

残念ながら制作会社がダメで流れちゃったんですけどね。それは未だにやりたいですね、「面白いなあ」と思っているから。

齋藤　作ろうと思う人がいるという大前提の上でものを言わないといけないのだけれど、大変だからね（笑）。とにかく、もう死にものぐるいでやらないとダメですから。そう簡単にはできないと思う。今のテレビではできないでしょう。

喰　『カリキュラマシーン』は1日で何本撮っていたんですか？

齋藤　1日4本じゃなかったかな？

喰　4本!? それはすごいよね！　いくら15分番組、正味10分とはいえ。

浦沢　週に4本っていうこと？

喰　まとめ撮りだよね。

齋藤　大変よ。朝から叫び続けだもの。1シーンを7分で撮るんだよな。とにかくそれくらいのスピードで撮っていかないとダメなの。なんでもかんでも

「オッケー！次！」とか言って、どんどこどんどんどこどんどこどんどこ。もう酸欠になっちゃうんだよね、しゃべり続けだから。

喰 それは『ゲバゲバ90分！』も同じ？

――『ゲバゲバ90分！』では井原さんが酸素ボンベ担ぎながらやってたそうで。

齋藤 そうそうそう。本当、本当よ。

浦沢 俺は一回も見に行ったことがない。

齋藤 現場に？

喰 俺もない。『ゲバゲバ90分！』の時は1、2度あるけれども。

齋藤 遠いからね。

浦沢 生田スタジオでしょう？

喰 だって齋藤さんがディレクターだから作家は現場に必要ないじゃない？ その後のテレビ番組では、何かあると「ここをこう直して」みたいなこととか割とあるけど。

浦沢 俺はどんな現場でも行かないから、けっこう泥棒みたく言われる（笑）。生放送とかさ。「見たくないや」と思って。

齋藤 さっき言ったように、台本を受け取っちゃった途端から全責任は俺だと思っているから、別に来てくれなくたって意思の疎通はできているつもりだからね。

――今『カリキュラマシーン』を作ろうとしたら、最も難しくなる点とはどのあたりでしょうね？

齋藤 『カリキュラマシーン』そのものを作るんですか？

喰 カリキュラムとギャグと作り手の姿勢。『ウゴ

生田スタジオ（いくたスタジオ）

所在地：神奈川県川崎市多摩区菅仙谷 3丁目20番1号
日本テレビが所有・管理するテレビスタジオ。近くにはよみうりランドがある。

ウゴルーガ』はカリキュラムがなくて、感性だけを見せる。そのどっちを時代が要望しているのかというのが大きいと思うけれどもね。あれをそのまま踏襲してもしょうがないと思うし。

――確かに今『ゲバゲバ90分!』と『カリキュラマシーン』と両方見ると、やっぱり圧倒的に『カリキュラマシーン』のほうが番組としては面白いし、完成度が高い感じがするんですよね。それというのは、芯になる「カリキュラム」があるからなのかなと思うんですけれど。

喰 きちんとしたことを教えるのに、まったく正反対のめちゃくちゃなこと、それこそパイ投げみたいなことが起きるような世界をやっているから面白いので、片方できちんとしたものを作ろうとしているのに「きちんとしてたらつまらないよね」というのが一緒になっている番組だから、あれは面白いと思うのよ。

だから、もしかすると面白いものを作るためには、そのカリキュラムが「さんすう」とか「こくご」ではなくてもいいのかもしれないと思うわけ。もっと教えたいことがあるじゃないですか。子どもじゃなくて、中学生・高校生でも。政治でも何でも面白いから見ているうちに「ああ、そうなんだ」というふうに興味がわくような。

僕はどちらかというと、これからもし作るとするならば、それの遺伝子を守ってやる、そっちだと思うけれどもね。あれをあの形のままでやることには、ぼくはあんまり意義を感じないし、それだったら、むしろあれをアーカイブスでいいから垂れ流しで見せて、親がそれを勝手に録画して子どもに見せるみたいなことのほうが正しいのではないかと思うけれどね。

――『カリキュラマシーン』のお話を、齋藤さんや喰さんや浦沢さんからいろいろと伺って、「ものを作っていくというのはこういうことなんだよね」ということを考えさせられることがたくさんあるんですけど、皆さんから、ここに来てくださっている方、もしくは、これからそういったクリエイティブな現場に行こうとしてる方に対して伝えたいということ

ウゴウゴ・ルーガ

放送期間：1992年～1994年
制作：フジテレビ
出演者：田嶋秀任、小出由華　ほか

当時としては珍しい3DCGで構成された子供向けバラエティー番組。

があれば、ちょっとお話していただけますか？

喰　僕らの時代には、映画であったり、マンガであったり、小説であったりが、テレビとは違うものとしてあった。ところが、今はテレビに全部あるわけね。だから、テレビで育ってテレビを作りたい人はダメだと思っているのよ。それだったら外国のＹｏｕＴｕｂｅでも何でもいいから、もっと日本にないものを山程見ればいいのだけれど。

今流れているものから影響を受けて作ろうとしている人というのは、何かを作ろうとしているのではなくて、人気者になりたい、視聴率のいい番組を作って「どうだ！」って言いたいだけの人。ワハハ本舗にもお笑いタレントを目指している人がいっぱい来るけれども、「作りたいものは何？」と言うと、ほとんどないんですよ。「売れたい」「人気者になりたい」「テレビに出たい」という人ばっかりで面白くないね。

齋藤さんはテレビ番組を作ろうとしたのではなくて、面白いものを作ろうとしていたような気がするんですよ。だからこそ僕らみたいな何だかわからない人間を面白がって使ってくれたのね。井上ひさしさんとか、すごい作家の先生がいっぱいいる時代に、よくこんな箸にも棒にもかからないものを率先して使ったなとは思っていますけど。それは何かを感じたのだろうし、そこでは何かを作り出していたのだと思う。

『ゲバゲバ』の時だけれども、齋藤さんと一緒に作ったのは、60階建てのビルがあって、上から人が突き落とされて下に落ちていくんですよ。そのビルの窓ごとにギャグがあるのね。

齋藤　ただ花が咲いているだけとか。

喰　で、下にグチャっと落ちて死んでお終いというだけなんですよ。

齋藤　やったやった。

喰　そんなものを、よくぞね！（笑）

齋藤　大変だったんだよな、あれ。

喰　最初は1個の窓に1秒だったんだけれど、1秒ではちょっとわからないというので、3分ぐらいの作品になったんですよね。

齋藤　そうそう。

喰　つまり、「こういうものを作りたい」ということ。それですごい話題になるとか、みんなが大喜びするとか思っていないから（笑）。個人的に作りたいものを持っているか持っていないかが大きいと思う。

齋藤　まず、今のテレビは「何をしたいのか」「何を伝えたいのか」という基本的なところがほとんどないでしょう？「『カリキュラマシーン』とはいったい何がやりたかったのか？」というのが僕らの中にはちゃんとあるわけですよ。言葉だけじゃ説明できないようなものが、何かあるわけですよ。

　結局、誰かが必死になって何かしないと出来ないの、「こういうことをやりたいんだ」と。そこにみんなが寄ってきてくれる。僕がレールを引いて、「そこから逸脱するものは全部なし」と言って走っているわけね。そういうことをやる人がいなきゃいけないし、彼が言っているように、テレビで育ってきた人じゃ、とてもできないでしょう。

――浦沢さんはどうですか？

浦沢　俺はあんまりない。

喰　そういうことを考えないものな。自分が好きな台本を書いて、浦沢ワールドの中にあるからね、自分の考えは。

齋藤　彼も自分のやりたいことをやっているし、はっきりしているの。「俺はこれをやりたい」と思うことをやって、それをわからせるようにしているじゃないですか。みんなが寄ってたかって集まれば何かできるかといったら、そうじゃないの。

喰　浦沢君は合わせていないものね。

浦沢　合わせられないの（笑）。

喰　プロデューサーとかディレクターに「今度はこういうのを書いて」とか言われないの？

浦沢　言われた瞬間からきらいになっちゃう（笑）。「それは俺が考えることだ」って。

――つまり、浦沢さんのようにやらないとダメだということですね？

浦沢　でもそれね、間違いですよ、やり方として。

齋藤　間違いというより、非常に危ないよね。

喰　テレビ作家らしくないよ。作家としては正しいけれども。僕も放送作家をやっていて、合わせられないのに、お金のためだけにやっていた仕事が結構あって、それはものすごく反省してる。面白がっていないんですよ。料理番組やっているのに料理に興味を持っていないの。それは大失敗だなと思って。興味を持てないものはやるべきではないのに。

生活のために受けたのだったら、もうちょっと料理というものを自分で作ってみたりして、自分なりの面白がり方があるじゃないですか。それを出せばいいのに、「これはおれがやるような仕事ではないんだよなあ」みたいな気持ちでやっていた。それはすごく反省している。だから、依頼が来たもの、例えば天気予報の番組なら、まず天気予報に興味を持たないと。そういうことが大事だろうなと思いますね。浦沢君はそっちのほうじゃないので（笑）。

――浦沢さんはもう……。

喰　浦沢ワールドなのよ。

アオシマのブロックモデルシリーズ
ブロックロボット
カリキュラマシーン
カリキュラ
マシーン
ベストセレクション

かの字のキャラグッズ

7

『カリキュラマシーン』の音楽は、テレビ番組で今では信じられない宮川泰さんの全曲書き下ろし。キャスト全員が歌ったり踊ったりしてるけれども、グループでハーモニーのあるコーラスを担ってくれていたのがいずみたくシンガーズのみなさん。

そのいずみたくシンガーズのリーダーの石岡さんと牧さんのお二人と、音楽にめっちゃ強い『カリキュラマシーン』のディレクターのお二人がゲスト。

カリキュラマシーン

7

おおよそ第6回ぐらい? カリキュラナイト

歌うディレクターVS歌うキャスト
聴いて 聞いて キャ! キュ? キョ!?

● 2013年8月 経堂さばのゆ にて

本日のゲスト

齋藤太朗さん
さいとう・たかお

元日本テレビディレクター。『カリキュラマシーン』では、メインディレクターでありながら番組のカリキュラムの説明などを行う「ギニョさん」として出演。『シャボン玉ホリデー』『九ちゃん!』『巨泉×前武ゲバゲバ90分!』『コント55号のなんでそうなるの?』『欽ちゃんの仮装大賞』『ズームイン!! 朝!』『午後は○○おもいッきりテレビ』などの演出を手掛ける。演出においてはそのこだわりの「しつこさ」から「こいしつのギニョ」と呼ばれる。

宮島将郎さん
みやじま・まさろう

元日本テレビディレクター。『美空ひばりショー』『高橋圭三ビッグプレゼント』『コンサート・ホール』『百万ドルの響宴』『だんいくまポップスコンサート』『私の音楽会』『カリキュラマシーン』などの番組を担当。『カリキュラマシーン』ではカリキュラム作成の中心的存在であった。音楽への造詣が深く、現在でも複数の男性コーラスグループを率いてサントリーホールのブルーローズを満席にしている。

石岡ひろしさん いしおか　**牧ミユキさん** まき

作曲家のいずみたくさんがプロデュースしたグループ「いずみたくシンガーズ」のリーダー。1974年に日本テレビのドラマ『われら青春!』の主題歌として発表された「帰らざる日のために」が大ヒットした。『カリキュラマシーン』では歌やダンスだけではなく、ギャグも熱演。

聞き手:平成カリキュラマシーン研究会

いいや、もうこれでいっちゃおう！

――きょうは『カリキュラマシーン』の音楽をテーマにお話を伺いたいと思いますが、『カリキュラマシーン』の音楽と言えば宮川泰さんです。

（曲：『ゲバゲバ90分！』のオープニング）

これは『ゲバゲバ90分！』のテーマです。宮川泰さんは、ザ・ピーナッツの『恋のバカンス』などの数々のヒット曲を作曲されております。NHKの紅白歌合戦の指揮では、大変派手なパフォーマンスをされることで有名です。『宇宙戦艦ヤマト』『ゲバゲバ90分！』はもちろん、『ズームイン!! 朝！』『午後は○○おもいッきりテレビ』などのテレビ番組の音楽も多数あります。『カリキュラマシーン』では1000曲以上の曲を書かれております。

齋藤　1000曲以上って、BGMも入れてだよ。

――はい。BGMも入れてです。では、『カリキュラマシーン』を見ながら。

（『カリキュラマシーン』のオープニング）

と、まぁ、このように、子ども番組のオープニングとは思えないような曲です。あのアニメーションは「スキャニメイト」という、当時最先端の技術で作られております。「スキャニメイト」の話をするとまた1時間ぐらいかかってしまうので省略しますけれど(笑)。歌っているのは西六郷少年少女合唱団。

牧　西六郷？

――はい。

齋藤　すごかったなぁ。実は当日まで歌詞がなかったの。スタジオに来た時にはメロディーだけ覚えてきて、その場でお宮（宮川泰さん）が「シャバデュビデュッパ」っていう歌詞つけて、いきなり歌ったんだよ。うまい子どもたちだよ。びっくりしちゃった。

宮川 泰（みやがわ ひろし）
1931年〜2006年
大阪学芸大学（現：大阪教育大学）音楽科中退。数々のヒット曲を生んだ作曲家・編曲家。『巨泉×前武ゲバゲバ90分！』、『カリキュラマシーン』、『宇宙戦艦ヤマト』、『ズームイン!! 朝！』、『午後は○○おもいッきりテレビ』など、TV番組のテーマ曲も多数手がける。
『NHK 紅白歌合戦』では「蛍の光」の指揮者として出演し、派手なパフォーマンスを見せた。

——西六郷少年少女合唱団は、1955年に設立された大田区立西六郷小学校の合唱団です。NHKの『みんなの歌』とか『鉄人28号』のテーマとか、子どもが歌ってるアニメソングの常連ですね。

牧　私も小学生のころ学校の合唱団に入ってたので憧れですよね。都内のコンクールでは「目指せ西六郷！打倒西六郷！」みたいな（笑）。

——一回、解散になってるんですよね。最初に合唱団を始められた先生が亡くなった時に解散になったんだけれども、西六郷にどうしても合唱団が欲しいという皆さんのご要望があって、また再開されたということです。

石岡　今でも？

——はい。今でもやってるそうです。ミキサーの鳥飼（弘昌）さんに伺ったら、『カリキュラマシーン』のテーマの収録時には、少しだけ速度を落とした状態で収録されたらしいんですね。で、放送の時に元の速度に戻す。

齋藤　そんなことやったっけ？ぜんぜん覚えてない。さすがにあの「シャバデュビデュッバ」って速いから。

——宮川さんにオファーを出される時は、ほとんど齋藤さんが宮川さんと打ち合わせをされて、「こんな感じにしよう」っていうのを決められてるんですよね？どんな手順で打ち合わせをされるんですか？たとえば齋藤さんのほうから、なんとなくこういう感じにしたいとか、そういうふうに宮川さんにオファーを出される感じですか？

齋藤　毎回の打ち合わせとテーマ音楽の打ち合わせとは別だよね。テーマのほうは「どんな番組？」っ

『カリキュラマシーン』オープニングのいずみたくシンガーズ

西六郷少年少女合唱団（にしろくごうしょうねんしょうじょがっしょうだん）
1955年、東京都大田区立西六郷小学校の教諭であった鎌田典三郎（かまた のりさぶろう）が設立した児童合唱団。テレビアニメソングも多数歌唱している。

て訊かれても、俺も説明しようがないから、「『ゲバゲバ90分！』を子どもの教育番組にしたみたいな」ってことぐらいは言ったと思うけど、後は任せっぱなしなんだよ。それを任せっぱなしにできるのは、もう「ツーカー」で仕事してたから。だから、打ち合わせっていうか、早い話が早いとこ酒飲もうっていう（笑）。

――このテーマの時は西六郷の児童合唱団に歌わせようと？

齋藤　いや、俺も知らなかった。

――ぜんぜん？

齋藤　ぜんぜん知らない。お宮が自分で編成から何から音のほうの仕込みまで全部やって、西六郷も自分で仕込んで、そんで「西六郷がきょう来るよ」って。「え？ 何だか子どもがいっぱいいると思ったら、それかい？」って話になったぐらい、知らなかったの。

――で、挙げ句の果てにそこで歌詞を書く。

齋藤　そうそうそう。歌詞がまだできてなくて。今もそれ残ってるんだけど、スコアだって半分しか書いてない、もうホントに「未完成」みたいな。

――え、スコア残ってるんですか？

齋藤　残ってるよ。

――（小声で）それ見たいなぁ。

齋藤　太鼓なんか何にも書いてないんだもん（笑）。その場でもって口立てでやってるの。

――じゃぁ、演奏される方もその場で？

齋藤　そういうことになるとお宮は自分で予測してるから、技量のあるメンバーを揃えて仕込んであるんです。口立てでもいけるような「一流」のスタジオミュージシャンたちが来てるわけですよ。

ピアノピース PP1613
カリキュラマシーンのテーマ
宮川泰（ピアノソロ・ピアノ＆ヴォーカル）

発行：フェアリー
発売：2019年

『カリキュラマシーン』のテーマ曲がNHKの人気番組『チコちゃんに叱られる！』のオープニングテーマとして使用され、ピアノスコアが発売された。

リハーサルを1、2回やったら、ぱっぱかぱっぱか合っちゃうような人たちだから、お宮が「こうして、ああして、あ、そこカット」とか言いながらできちゃうっていう、そういう録音。

――じゃ、次いきましょう。

（「行の歌」）

齋藤　これはお宮の声だ。

石岡　俺、ギニョさんだとばっかり思ってた。これ宮川先生か。

齋藤　これはね、玉音盤として入れたの。つまり、これを誰かに歌わせようとして、とりあえずお宮が歌を入れたんだけど、そのまま使っちゃったの。

石岡　なるほど（笑）。

齋藤　作詞は松原敏春。

――宮川さんは自分では歌が苦手だと思われていたので、宮川さんが歌われている音源っていうのはあまりないらしいんですね。だからこれはすごく貴重なんです。

齋藤　だってこれ、歌ってるけどヤケクソでしょ？（笑）。そのヤケクソな感じが気に入って使っちゃったんだけどね（笑）。

――もともと誰かが歌うはずだったんですよね？

齋藤　たぶん石（石岡さん）か誰かに歌わせようと思って歌ったと思うよ。さっき玉音盤って言ったけど、玉音盤っていうのは、まずはバックを作って、歌詞のついた歌は誰かに歌わせなきゃいけないじゃない？　それのテスト版を作るわけですよ。僕とか宮島さんとか宮川さんが歌って。で、「覚えて来い」って言ってみんなに渡す。それを「玉音盤」と称してるわけですね、玉音でも何でもないんだけど（笑）。テスト版として作ったものを、そのまま使っちゃったのが……。

行の歌

石岡　今のやつ（笑）。

齋藤　とか、「3はキライ！」も、玉音盤として作ったやつをそのまんま使っちゃった。

――では次いきます。

（「お段の長い音なのに特別な書き方をする言葉の歌」）

齋藤　これ、覚えとくといいですよ、間違える人多いんだから。お段の長音には特別な書き方をするのが16あるんです。これには16入ってないんだけど、これでほとんど書けるんですよ。そうじゃないとね、「とおり」を「とうり」なんて書く人がいるわけでしょ？

――そうなんです。

齋藤　だけど、これを覚えとくと絶対間違えないからね。

――こういう歌は作家さんがまず歌詞を書いて来られて、それに曲を付けるんですか？

齋藤　そうそうそう。ただ、「歌詞を書く」って言うけど、カリキュラムがからんでるから、ある程度直し入れてますけどね。でも、まずは作家が書いてこなきゃどうしようもないもんね。

（「3はキライ！」）

石岡　これ宮島さんですよね。

宮島　そう。一番上。

石岡　あとギニョさんでしょ？

齋藤　うん。これも玉音盤なんです。ホントは石にちゃんと歌ってもらおうと思ってたんだけど。

――宮川さんと齋藤さんと宮島さんの声ですね。宮島さんの声って、今聞いてもすぐわかりますよね。

3はキライ！

お段の長い音なのに特別な書き方をする言葉の歌

齋藤　俺は自分の声だけはわかるけどね（笑）。

宮島　俺、ギニョさんの声しかわかんない（笑）。

齋藤　玉音盤のつもりだったんだけど、「いいや、もうこれでいっちゃおう！」って。

――ハーモニーになると役者さんにはかなり難しい……。

齋藤　まぁ、できないよね。

石岡　っていうかね、レコーディングの一週間前に2、30曲の譜面をもらうんです、火曜日か月曜日に。で、メンバーでレッスンして完成して行くわけです。で、スタジオに行ってレッスン通りにみんな自分のパートを歌うんだけど、それをやってる間に、ギニョさんと宮島さんが「ここはこっちの音にしたほうがいいよね」なんてコーラスの音の直しをその場でやるわけ（笑）。「ちょっとやってみようか」ってお二人でバッチリハモっちゃう。こっちは一週間練習して固めて来たのにね（笑）。スタッフの人がこれだけ歌っちゃうっていうのは、歌手にとっては脅威ですよ（笑）。

齋藤　ああ、俺、喉かわいちゃった。お代わりもらえますか？

――どんどんやってください。次はこれです。

（「タイルナンバー8」）

（映像が途切れる）

――あ、ごめんなさい、バッテリーが……。今の間に飲み食いしてくださいね。

石岡　『カリキュラマシーン』っていうとね、とにかくオーディションの時は恐怖だったですよ。

齋藤　そう？

石岡　どっかの稽古場でやったんですよね。さっきの西六郷の小学生じゃないけど、そこでいきなり譜面渡されて、それが11PMのテーマみたいなスキャットの、めっちゃ音の重ねの難しい譜面なの。オーディションですからね、落ちたらボスになんて言われるか(笑)。で、7人で壁のほうに寄って、呼ばれるまで必死になって音作りしたの、ものすごく覚えてる。

齋藤　そうだったかねぇ。

石岡　いやぁ、もうね、えらいオーディションに来たと思って。呼ばれるまでに上げなきゃいけないでしょ？ それで歌えなかったら大変なことになる。あれは未だに覚えてます。

齋藤　それはね、たぶん、大丈夫なんだよ。たく（いずみたく）さんと俺で話してあるからね。たぶん大丈夫なんだけど、「ちょっとテストはさせてよね」っていう話でやったと思う。

（電源復活）

――はい、休憩終わります（笑）。

石岡　復活（笑）。

（改めて「タイルナンバー8」）

――『タイルナンバー8』です。常田さんて、案外、歌うまいですね。案外ですが（笑）。

石岡　そうだね（笑）。

齋藤　……というのをやるのに玉音盤を渡しといて、みんな覚えてきて歌うわけですよ。譜面ぜんぜん読めないからね。他の局の人はそんなの知らないからさ、歌えるんだと思って常田さんなんか歌番組

タイルナンバー８

からオーダーが来ちゃって、「ごめんなさい、ごめんなさい！」って大変だった（笑）。

――宍戸さんもミュージカルのオファーが来ちゃったっておっしゃってましたね。

齋藤　ああ、そう言ってたね。知らない人が見たらさ、みんな達者だなと思っちゃうもんな。

――次の曲は石岡さんのソロです。

（「えんぴつの歌」）

石岡　いい歌ですよね、シンプルでね。

――この歌詞はどなたのですか？

齋藤　これは誰だろうな……。これも松原じゃないかなぁ。

――歌詞は松原さんが多かったんですか？

齋藤　俺と松原で他の作家が作ってきたものを全部チェックしてるから。こういう歌がどうしても欲しいなっていうと、彼が作るか、誰かが作ってきたものを直すか、みたいなことだよね。

でもさ、石の声がいいよね、これね。とってもノリがいいしね。これも名曲ですよ。こんないい曲を毎回何十曲って録音がある時にお宮は書いて来ちゃうんだよ。それがすごい。おまけにちゃんとオーケストラつきでだからね。それをやっちゃうんだから、お宮ってすごい人だよね。普通できないよ、こんなこと。

――これも鳥飼さんに伺った話なんですけど、宮川さんは収録をしながら次の収録のためのスコアを書いてるっていう（笑）。

齋藤　「本番！」って言ったら「ワン、トゥー、」で次の曲書いてる（笑）。

石岡　器用なんだね。

えんぴつの歌

松原 敏春（まつばら としはる）

脚本家、作詞家、演出家。『巨泉×前武ゲバゲバ90分！』に脚本家として参加した時は、まだ慶應義塾大学法学部の学生だった。2001年、肺炎のため53歳で亡くなった。

牧　すごいね。

――次の曲もすごい。これはトラウマになる曲。

（「さみしいハトよ」）

齋藤　こういうのも書いちゃう。

――これは喰さんが歌詞を書かれた。

齋藤　そうです。これ、歌はだれ？

――クレジットには「いずみたくシンガーズ」って書いてあるんですよ。

石岡　書いてあるの？ シンガーズにいないもんな、この声。

齋藤　とすると、（岡崎）友紀ってことある？

石岡　友紀の声じゃないよね。

齋藤　違うもんなぁ。

石岡　あと、誰だろな……。

齋藤　これもいい歌だから、けっこう使いましたけどね。

――こういう歌も全部カリキュラムなんですか？

齋藤　これはね、1年目に作ったときはカリキュラムとまったく関係なくBGMとして作ったの。だけど、後で「は・と」なんて入れて使ったけども。

――後からカリキュラムに当てはめたんですね？

齋藤　そうそう。1年目って、カリキュラムが少し甘かったっていうか、間違っちゃってるとか少しご

さみしいハトよ

ちゃごちゃしてるんだけど、そのごちゃごちゃしてる中でできたいい歌というか。これも作曲はお宮ですよ、もちろん。

——歌詞の内容は「空にも自由はないんだよ」って、救いがない（笑）。喰始さんに「歌詞を書かれる時にはどんな感じで書くんですか？」って訊いたら、「その時の自分の心情に則って書いています」って言われたんで、喰さんが「さみしいハトよ」を書いた時には……。

牧　何かヤな事があった（笑）。

——台本ボツにされたとか、よっぽどいやなことがあったのかなと（笑）。

絶叫！「あ〜できた！」

（「ねじれた音〜ねじれソング」）

——いよいよ佳境に入ってまいりました。

石岡　これは難しいよ（笑）。

——でました！　石岡さんです！（笑）。

齋藤　自分でディレクターやりながらあれやってんだもん、バカだよ（笑）。

石岡　いやいや、すごいよあれは。

（玉音盤：「ねじれソング」齋藤さんの「ねじれてぇ〜ん」）

齋藤　こういうのを玉音盤っていうんです（笑）。

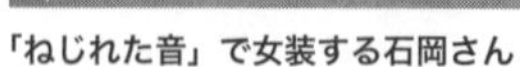

「ねじれた音」で女装する石岡さん

きゅしゅちゅにゅひゅみゅりゅぎゅじゅぢゅびゅぴゅ

——ほんっとにいいですよね、これね（笑）。「ねじれてぇ～」にちゃんとエコーもかかっちゃって。

齋藤　それ鳥飼さんが入れてるのね。

——齋藤さんがソロで歌っている「あ段のねじれた音は……」って歌、あれを一緒に歌ってみようとするんですけど、ぜんぜん言えないんですよ。きゃ、しゃ、ちゃ、にゃ、……やっぱり言えない（笑）。きゃ、しゃ、ちゃ、にゃ、ひゃ、みゃ、りゃ、……ぎゃ、じゃ、ぢゃ、びゃ、ぴゃ（笑）。

石岡　何語しゃべってるんだ（笑）。

——あれ、すごいですよね。練習しなくても言えるもんですか？

齋藤　練習しなきゃできないよ！（笑）。

——あは～、そうか（笑）。

齋藤　いや、でもね、僕が出演する部分っていうのは、自分で演出をやって、出演者のみなさんはできるだけ帰して、残んなきゃいけない人だけ残ってもらうけども、そうするとだいたい夜9時ごろになっちゃうんですよ。それまでは自分がディレクターやってて、それからスタジオに降りてすぐやんなきゃいけないから、よっぽど事前にやっとかないと、そこで「う……なんだっけ？」って言っちゃマズいからさ。タレントさんに対してもかっこつかないと思うから、もう必死だよね、こっちも。バカみたいだな（笑）。だいたい、俺が出るっていうのが間違いなんだよな（笑）。

石岡　なんかあったんじゃないですか？　ギニョさんが出るという……。

齋藤　その話はまた別の時（第3章参照）にやってるんですよね（笑）。ひとつは完全にお金がないからなんですよ。

——その玉音盤を聴いてみたいと思います。

ねじれた音～
ねじれソング

（玉音盤：「お段の長い音なのに特別な書き方をする言葉の歌」齋藤さんと宮島さんの声）

齋藤　俺の声？

石岡　そう。覚えてる。

――宮島さんの声、ぜんぜん変わんないですよね。

石岡　これ、音取るの難しいんだよ。これはすごいです。

齋藤　それこそ初見でやんなきゃいけないわけだから。

石岡　すごいんですよ、だから。大変なことなの。

（玉音盤：「お段の長い音なのに特別な書き方をする言葉の歌のB型」）

齋藤　えらいね！（笑）。

石岡　えらい！　すごい！（笑）。

（玉音盤：「タイルナンバー8 ～ソウル～」）

石岡　ダイナマイト！（笑）。

宮島　バカだね～（笑）。

齋藤　あれはお宮だよな？

全員　違いますよ！

宮島　ギニョさんと私。

齋藤　そうかぁ……。バカだね、俺たち（笑）。

（玉音盤：「タイルナンバー8 ～ツイスト～」）

齋藤　これ、ピアノはたぶんハネケン（羽田健太郎）さんだよ。そうじゃなかったら「チャンチャンチャ

羽田 健太郎（はねだ けんたろう）

作曲家、編曲家、ピアニスト。桐朋音楽大学卒業後、スタジオミュージシャンとしての活躍を開始。高度なテクニックが高く評価された。アニメ音楽の作曲、編曲も多数。

ンチャンチャンチャンチャン」ってあんなに正確に弾けないもの。

――贅沢な玉音盤。

齋藤　録音のメンバーもすごいですよ。ものすごいスピードで録るからね。ＮＧ出せないからどんどんどこどんどこいっちゃうでしょ。

（玉音盤：「タイルナンバー８～ロック～」）

齋藤　俺、こんなにがんばったかなぁ？

――いやいや、こんなもんじゃないですよ。あとで十分にお聴かせしますが。

齋藤　いや、いいです（笑）。

（玉音盤：「きゃの書き方」）

――これは相当難しい。これがテイク１です。

齋藤　こんな難しいことやってるんだね。

（玉音盤：「きゃの書き方」）

――これがテイク２です。

石岡　これは難しいわ。

齋藤　まぁ、見本だからね。どうせ誰か別の人が歌うんだからね（笑）。

（玉音盤：「きゃの書き方」）

齋藤　自分ながらよくやってるなと思うわ（笑）。

石岡　簡単に聞こえるけどね、譜面にしたらいやんなるよ。

齋藤　そうそうそうそう。で、初見だからね。

――まだやります。

齋藤　もういいよ！（笑）。

――まだやります（笑）。

（玉音盤：「きゅの書き方」）
（玉音盤：「きょの書き方」）
最後に齋藤ディレクターの「あ～できた！」という絶叫が録音されている

（爆笑）

石岡　すっげー感情入ってる。

齋藤　いやぁ、こっちも必死だよ。これを聴いて、誰かがやってくれるわけでしょ。みんながちゃんとやってくれなきゃいけないわけだからさ。

――なんか、あの一声にすべてが（笑）。

牧　大変だったんでしょうね。

齋藤　そうだよ。だって「俺がやったんだから、お前らできなかったらこんちくしょうだ！」ってなことだから。

石岡　そういう感じですもん（笑）。

――で、がんばって練習して行って、やろうと思ったら「ここ変える」って言われる（笑）。

石岡　そうそうそうそう（笑）。「ここ、もうひとり重ねようか」とか（笑）。

齋藤　でも、みんなやってくれたもんね。たいしたもん。ホントいいメンバーでしたね。

石岡　あれはすごかった。ほんとにいい勉強になった。

（玉音盤：「きゃの書き方　別バージョン」）

——これ、アレンジ違いますよね？ 毎年バージョン違いを作ってたりしますか？

齋藤　そうね。前のを使うこともありますけど、たいがい新しく作ってました。

（玉音盤：「しょうゆの歌」）

——「お〜ダイナマイト！」が必ず最後に入るんですね（笑）。本番は常田富士男さんが。

齋藤　ああ、そうかそうか。

——はぁ〜、疲れました（笑）。

齋藤　聴いてるだけだろ（笑）。悪酔いしちゃうよ。

——それではここいらで石岡さんと牧さんの生歌を。

石岡　何せ急に言われてね、40年前の歌だし、譜面もないし何もなくて、え〜〜って感じなんだけど。じゃあ先ほどの歌「えんぴつの歌」を。

（生歌：「えんぴつの歌」）

石岡　きれいな曲だなぁ。

——みなさんご一緒に。

石岡　みんな一緒にやりましょう。「行の歌」。いいですかね。じゃいきますよ。

（生歌：「行の歌」）

石岡　歌えた？　なんか聞こえなかったな。もう一回いきましょ。

齋藤　これ、一番最後の「わーけー」はブルー・ノート。

石岡　そうですか！「わーけーもわからずわいうえお」はブルー・ノートになってんだ。じゃ、もう一回いきましょう！

（生歌：「行の歌」）

『カリキュラマシーン』の音楽の作り方

――ありがとうございました！　何か質問とか、言いたいこととかあればどうぞ。

客　「玉音盤」は音楽業界の「デモテープ」と同じ意味と考えていいんですか？

齋藤　音楽業界のことはぜんぜんわかりませんが、われわれの通称であって、本来的に「玉音盤」っていうのは天皇の言葉を録音するのが玉音盤だから、玉音盤なんて普通は言っちゃいけない言葉のような気がするね。

――宮川さんと曲の打ち合わせをする時って、もう阿吽の呼吸で作られてたってことなんですか？　これはロック調だサンバ調だとか。

齋藤　そういう指定してるのも指定してないものもあります。宮川さんと話しながら、そういうとこまで踏み込むこともあるし、「これは全部任せた」って言うこともあるし。

だいたい、1回70曲ぐらいあると思うんだよね。それを3時間で録るのかな？　とにかくものすごいスピードで録ってかなきゃいけないから、書いてる人は大変ですよね。だから、宮川さんも最低限度のことを書いておいて、スタジオに来てからミュージシャンに口でああしろこうしろ言って、どんどこいっちゃうみたいなことやらないと、とても間に合わないっていうような状態だったですよね。

ブルー・ノート・スケール
ジャズやブルースなどで使用される音階。

音楽家ってギャラが安いんですよ。トータルで考えると数が多いからけっこうなお金になるけど、大変だと思うんだよね。だから、いいミュージシャンを使ってスタジオに来てから、スタジオで処理するっていう形でやらないと間に合わないっていう状況だったと思う、たぶん。

――しかも録音しながら次の曲を書く。

齋藤　そうそうそう（笑）。そうやってなきゃ間に合わない。

――曲を聴きながら、よく別の曲を書けますよね。

齋藤　いや、それでいてね、「ちょちょちょちょちょ、そこちょっと直す直す」とか言って、ちゃんと聴いてるんだよ。

牧　すごいな。

宮島　台本はそれぞれの作家が1本分書くわけですけど、作家は音楽のことはあまりわからずに、カリキュラムはセリフにすると面白くないからぜんぶ歌にしちゃえっていうんで、歌詞にして書いてくるわけです。その歌になる部分だけを集めて、齋藤さんと私が宮川さんに「ここね、何とかっていう曲みたいな」って昔の有名な曲の名前を言うと「ああ、わかった」って言って帰っちゃうんですよ。

宮川さんのすごいところは、引き出しがものすごくいっぱいあって、昔のクラシックから最近のポピュラーや外国のものまで含めて、ぜんぶ頭の中にそういうパターンが入っていて、著作権侵害にならないように、ちょっと変えたメロディーを書く天才なんですよ。パクリじゃなくて（笑）。宮川さんのあの才能がなければ、あのすごい曲数はこなせなかった。

齋藤　そう、ほんとにそう。

宮島　宮川さんがまったく書かないできて、ギニョさんが「宮ちゃん、あれどうした？」って言ったら、「あっ！」って言ってその場で書いて、その場で写譜屋がパートに分けて録音したのを私も見てる。仰天しました。とにかく宮川さんのすごい才能があって、『カリキュラマシーン』の音楽が成り立ってたということです。

齋藤　そう、あの人いなかったら絶対成り立たなかったね。『カリキュラマシーン』は音楽がすごく大事ですからね。音楽の要素っていうのかな。ギャグも大事だけど、音楽も大事。結局、裏方がね、すごかったっていうことですよ。作曲家と音楽家とライターとね。もちろんタレントもすごいんだけど。

――話は『カリキュラマシーン』から逸れるんですが、『ゲバゲバ90分!』のオープニングとエンディングは逆だったんですよね？

齋藤　もともとのオープニングっていうのはエンディングの曲なんですけどね。エンディングに使った曲をオープニングだってお宮はちゃんと真面目に書いてきた。あのマーチのほうが少しいい加減だった。それはエンディング用だったから。でも俺がひっくりかえしちゃった。

たぶんお宮はあんまり言われたくないだろうけど、途中で突然ドラムソロになっちゃうでしょ？　あれ、あそこ書いてないんだよ（笑）。もうしょうがないからドラムソロにしちゃった（笑）。

――あのドラムソロはそういうことだったんですか（笑）。『カリキュラマシーン』の中で一番記憶に残っている歌とかあればお一人ずつ……。あればですけど。これは苦労したとか……。

齋藤　俺もうみんな忘れちゃったもん。今聴いててびっくりしてるもん。こんなめんどくせーことよくやったなと（笑）。

――実際にあれだけ大量の曲数なんで、ひとつひと

『巨泉×前武ゲバゲバ60分！』
オープニング

つ覚えてるっていうのは難しいですよね。

石岡　さっきの聴いてるとね、私が歌ったやつは「ああ、これ苦労したよな」っていうのが多いよね、やっぱり。楽に歌えたっていうのあんまりないもん。

齋藤　われわれもね、いずみたくシンガーズでいうと石（石岡さん）が一番歌しっかりしてるから、だから面倒くさいものは石に振っちゃうんだよね（笑）。だからそれ全部（石岡さんが）被っちゃってるの。

――番組の中だと映像を見ながらなので「歌」としてす～っと聴いちゃうんだけど、玉音盤を聴いていると、「あ、この曲ってけっこう歌おうと思ったら難しいわ」っていうのがかなりありますね。

石岡　さっきギニョさんと宮島さんが歌った玉音盤のあの歌なんて、譜面でやったらとてもじゃないけどあんな簡単に歌えない。だから、玉音盤を私ももらってるんですよ、月曜日か火曜日に何曲かね。でもやっぱりそんな簡単にいかない、歌えない、コーラスが。だからもう、さっきギニョさんがおっしゃったように、悠長に教えてるわけにはいかないんですよ。どんどんやってかないと。撮りが木曜日だったかな？

齋藤　なんか木曜日だっだような気がするね。

石岡　木曜日までにあげなきゃいけないわけだからね。スタジオに入ってから「できません」なんつったら、もうビンタもんになっちゃうから毎週必死だった（笑）。他の番組ではそういう経験なかったね。で、スタッフの人が歌っちゃうわけでしょ。

宮島　今時の番組で「音楽」っていったらBGMぐらいしかないですよね。出演者が歌うとか、しかもそれがものすごくいい曲をたくさん歌うなんていう番組はまったくないでしょ？　あの時代だからできたと言えば言えるんだけども、それができた裏っかわは、さっき言ったみたいに、3時間かかってカラオケ録音して、それを齋藤さんとふたりで2時間

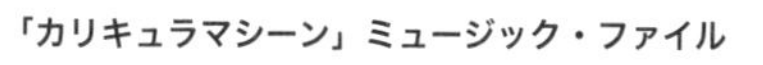

「カリキュラマシーン」ミュージック・ファイル

CD
発行：バップ
発売：1999年

『カリキュラマシーン』のサントラ盤。曲はすべて宮川泰さんで、「カリキュラマシーンのテーマ」から「じゃぁまた！」まで66曲収録。

ぐらいかかって玉音盤を作って……。

齋藤　ちょっとまてよ。スタジオ3時間しかとってないから、2時間でオケとって、1時間で玉音作ってるかもしれない。お金ないんだもの、あの番組。

宮島　いや、そうは言えないぐらい贅沢ですよ。だってスタジオミュージシャンだってすごかったじゃないですか。プロデューサーが変わった人でね、お金が必要なところには必ず使う人だったんですよ。

齋藤　そう。だけどケチるところは全部ケチってるから、番組の記録写真がないんですよ。番組記録のカメラマン雇うのがもったいないからってやめちゃうもんだから、記録が残ってないのね。そのぐらい締めるところは締めたけど、大事なところにはできるだけお金を使う主義っていうか、そういうプロデューサーがいたし、僕らもそれに乗ってたから、その意味では作家の人たちもけっして安くないお金でもって書いていただいたし、宮ちゃんも「日本テレビはちゃんとお金払ってくれる」って。

彼はね、「お金払ってくれないっていうのは、俺の才能を買ってないっていうことなんだ」っていう考え方の人なの。「齋藤さんのところはちゃんとお金払ってくれる。つまり俺をちゃんと評価してくれてる」って言って、一所懸命やってくれたっていうことがあって。だから、きちっとお支払いしないとね。

「お金ないですから安くしてください」って言うのは、僕もやったこともありますけどね、でも必ずどっかでそれを取り返すために「今回はちょっと潤沢にいきますから」って、ちゃんと均すようにしないと、ただ値切ってばっかりやってたらいいもんできないし、それは作曲家とか作家とかに失礼ですよね。だって、その人の才能を買ってるってことは、お金が才能の評価でしょ？　ってことは、お金払ってないってことは、評価してないってことと同じじゃないかと僕は思うから、払うものはちゃんとお支払いしなきゃいけないですよね。

「お父さん、インク飲んでたね」

――牧さんと石岡さんは本業は歌手ですよね？

牧　私たちはＮＨＫの『ステージ101』という番組で一緒でした。それでいずみたくシンガーズを作る時に、石岡さんが誘ってくれたんです。

石岡　女性のほうのリーダーとしてね。最初は17、8名いたんですよ。やっていくうちに体調悪くしたり、結婚したり、レベルについて来れない人もいましたしね。譜面の初見の勉強とか、ダンスのエクササイズとか、そういうのを全部スタートからやったんで。101ではコーラスはトミー（牧さん）と私がメインでやってました。

齋藤　バンドのメンバーはどうなってたの？

石岡　バンドのほうはバンドのほうで寄せ集めなんですよ。曽根（曽根隆さん）の仲間で組んだもんですからね。そのバンドも含めていずみたくシンガーズですから。

齋藤　そうすると結局最終的には８人ぐらい残ったのかな？

石岡　ボーカルが７のバンドが５。

齋藤　ああ、そうか、７人か。ということは、10何人いらしたのが、結局７人まで減っちゃったってこと？

石岡　ボーカルだけじゃなくて、バンドも含めて全部で20人弱ぐらいいましたから。ただ、何人かはエキストラみたいな形にしてあげたんですよね。同じ稽古をやってきた人のクビ切るっていうのはちょっと辛いんで、一緒に稽古してスタンバイしようって。最終的にボーカルは７人ですね。３と４のパートですから。

――役者さんではないのに「演技」をやるのはどうでしたか？

ステージ101
制作：NHK
放送期間：1970年〜1974年
出演：関口宏、黒柳徹子、マイク真木、前田美波里、ヤング101
東洋一の広さを誇るNHKのCT-101スタジオで収録されていた。

石岡　大変でした。朝9時に生田スタジオに入って、夜12時ぐらいまでかかることありましたよね。

齋藤　うん。一応、11時終わりにはしてあったけどね。

石岡　私は演技なんかしたことないでしょ？　だからもう、おひょいさんや常田さんの演技を見てて「なんであああいうふうにできるんだろう？」って。

――一回リハやったら次本番なんですよね？

齋藤　そうですそうです。

宮島　1日の間にだいたい120シーン撮るんですよ。そうすると1シーンだいたい5分ぐらいで撮らなきゃいけないから、リハーサル何回もやってたら間に合わない。ギャグって1回目が面白いのね。やり直したら面白くなくなっちゃう。そういうことで、石たちも大変だったよなぁ（笑）。でも、イヤな思いしたことないだろ？

石岡　それはないです。イヤな思いじゃなくて、辛かった（笑）。だって大変なんだもん（笑）。

齋藤　でも、辛いけど面白かったでしょ？

石岡　そうそう。

齋藤　辛いから面白いんだよ、逆に言えば。

宮島　やってることはバカみたいなことばっかりだもんね。

齋藤　あっという間に終わるんだけど、大変なんだよね。

――石岡さんのお子さんがすごくよろこんで見てくださってたそうですよ。「お父さん、オカマになってる～」って（笑）。

石岡　当時、子どもは小学生ですから、朝、『カリキュラマシーン』を見て学校に行くんですよね。そうすると「お父さん、インク飲んでたね」とか「女になってたね」とか言われるんですよ（笑）。

齋藤　なるほど、そりゃそうだよな、子どもにしてみりゃね。タレントは大変なんだよ、子どもいるとね。植木等がさんざん悩んだんだから。

石岡　でも楽しかったですよ。大変だったけど。

齋藤　大変だから面白いの。

石岡　ほんとですね～。今でもこうやって話をすると浮かんできますから。

宮島　今までに受けた質問で一番多いのは、「よくこういう番組が放送できましたね」ということなんですが、インクは飲んじゃうわ銃で撃って死んだ人が何人で残りが何人とか、坊主が位牌で足し算引き算やったり、とにかくむちゃくちゃなわけですよ。数字の「５」が家出をして、オカマになって苦労したあげくに家に戻って来てみんなが泣き崩れるっていうバカみたいなシーンがあるわけ。そんなもの今は絶対放送できない。だからね、そういう意味ではやってるわれわれも面白かった。

齋藤　あれでも俺たち抑えてたよね（笑）。

宮島　「下ネタはやめよう」とか、そういうのはありましたね。

齋藤　俺がきらいだからね。「下ネタ」「楽屋オチ」「ダジャレ」っていうのは素人のやることだから、絶対に僕の番組ではやらせないっていうのがあったから。

——『11PM』のパロディーもありましたね。「サバ」っていうやつ。あれ好きだなぁ。

石岡　サバ？

——「サバダバサバダバ」。

石岡　「シャバダバ」が「サバダバ」。

——女の人がこうやってサバを持ってて、「サバ」って（笑）。

齋藤　それは楽屋オチじゃなくてダジャレ？　どっちかっていうと。

——ギリギリのところですよね。

齋藤　ギリギリだよね。

——この後、自由時間です。玉音盤をバックグラウンドにかけて、それをつまみにおいしいものを飲んで食べて、お腹いっぱいになってください。ありがとうございました！

齋藤　ひょっとしたら「玉音盤」って言い出したのはおヒョイ（藤村俊二）あたりかもしれない。つまり、受け取ってるほうの人間にとって玉音なわけだよ。自分は譜面読めないからさ。そのへんから始まってるかもしれないね。俺たちは「玉音盤」などというわけがないもの。

さ・

イベントで使用した石岡さん手書きの『行の歌』譜面

8

『カリキュラマシーン』の生みの親でもある井原高忠プロデューサーのことを知ろうとすれば、テレビのバラエティーショーの歴史を知る必要がある……のかもしれないということで、仁科プロデューサーと齋藤ディレクターのお二人に、テレビのバラエティーショーの始まりから『カリキュラマシーン』ができるまでを……終わらないけど。

カリキュラマシーン

8

光子の窓からイチ・ニの為五郎！……ナヌ？

おおよそ第7回ぐらい？　カリキュラナイト

●2014年4月　経堂さばのゆ　にて

本日のゲスト

仁科俊介さん
にしな・しゅんすけ

元日本テレビプロデューサー。1959年にスタートした『ペリー・コモ・ショー』の経験を買われ、『エド・サリヴァン・ショー』で井原プロデューサーの右腕となる。以後、『九ちゃん！』『巨泉×前武ゲバゲバ90分！』『カリキュラマシーン』『11PM』『ズームイン!! 朝！』などをプロデュース。収録のスケジュールから撮った映像の編集まですべてを担当し、朝の5時から夜中の1時ごろまで勤務。伝票のズルは絶対に見逃さない井原組の大番頭である。

齋藤太朗さん
さいとう・たかお

元日本テレビディレクター。『カリキュラマシーン』では、メインディレクターでありながら番組のカリキュラムの説明などを行う「ギニョさん」として出演。『シャボン玉ホリデー』『九ちゃん！』『巨泉×前武ゲバゲバ90分！』『コント55号のなんでそうなるの？』『欽ちゃんの仮装大賞』『ズームイン!! 朝！』『午後は○○おもいッきりテレビ』などの演出を手掛ける。演出においてはそのこだわりの「しつこさ」から「こいしつのギニョ」と呼ばれる。

聞き手：平成カリキュラマシーン研究会

イグアノドンの卵

――『ペリー・コモ・ショー』は日本初のカラー放送でしたっけ？

仁科　頭っからおしまいまで全部カラーだったのはあの番組が最初かもしれない。実験番組以外ではね。

齋藤　カラーと言えば、日本テレビのカラーのデモンストレーション番組をフィルムで作ったんですよね。旗照夫が歌って、ビデオテープがないから35ミリで撮って、徹夜でやったことがある。

映画会社から照明借りてきてガーッて当ててたら、旗照夫の頭から煙がぶわーって上がって（笑）。ものすごい熱！ もうむっちゃくちゃ暑いところで徹夜で歌一曲撮ったことあります。井原さんがディレクターで僕がフロマネやって。

仁科　汗びっしょりになって。

齋藤　そう。帰ったのは朝の5時とか6時とか。

――ところで、1960年代になると「三種の神器」というのが登場しますね。

齋藤　テレビ、冷蔵庫。あとなんだ？

（CM：「明るいナショナル」）
（CM：「ナショナル人工頭脳TV、嵯峨」）
（CM：「ナショナル洗濯機、超高速うずしお」）

仁科　また脇道にそれるけれども、生放送で洗濯機のコマーシャルをやってて、日本テレビの草分けのアナウンサーで、あいきょうこさんっていう名物お姉さんがいて、その人がコマーシャルガールやっているの。

「こうやりますと、中で渦を巻いて……」っていくらスイッチ押しても回らない（笑）。「あら、回らないわ。スポンサーの方いらっしゃいませんか？ちょっと回していただけませんか？」って。

そしたら本当にスポンサーの人が来て、がたがたやったら回った。これがウケてね、もう大笑い。「あー、回った、回った！」って。それでコマーシャ

旗 照夫（はた てるお）
1933年〜2019年
ジャズ・シンガー。

ルの時間が終わっちゃったんだけどね、もうめちゃくちゃウケた（笑）。

——今だったら放送事故ですね。

齋藤　放送事故どころじゃないよ。

仁科　面白かったな、あれ。そんな面白い時代でしたね。

——こんな歌が流行っていた時代ですね。

（歌「アカシアの雨がやむとき」
昭和35年　西田佐知子）

齋藤　何年これ？

——歌は昭和35年に出たんですけど、この映像は44年に撮られたものです。

さて、『光子の窓』の特別版っていうのが、昭和35年に芸術祭のために作られ、はじめてカラーVTRが用いられます。残念なことにここには映像はないんですけれども、アーカイブはあるみたいなんですよ。

（『光子の窓』から特別編）

——草笛光子さんですね。SKDにいらして歌って踊れる女優になられた。

齋藤　ああ、そうか。これが芸術祭参加の「イグアノドンの卵」だ。これでもって何日徹夜したか。

——テレビ番組の中で仮想のテレビ番組をやるんですね。

齋藤　仮想のテレビ番組ってどういう意味？

——番組内番組を作るという設定で。

草笛 光子（くさぶえ みつこ）

女優。1950年に松竹歌劇団（SKD）に5期生として入団。東宝喜劇に多数出演し、日本のミュージカルにも多数出演している。

花椿ショウ・光子の窓

制作：日本テレビ　東宝テレビ部
放送期間：1958年〜1960年
出演：草笛光子　ほか

齋藤　番組内番組。ああ、なるほどね。

――バラエティー作りのプロセスを、ショーとして見せる。

齋藤　すごい皮肉だね。

仁科　「テレビってイグアノドンの卵だよ」と言っている訳だから。

齋藤　民衆とどう結びつくかというところをね、一所懸命戦ったというすごい視点なんですよね。ただ面白かったかというと問題はあるけど。

仁科　王様役は三國一朗さん？

齋藤　そうだったかな？

仁科　そうだよ。

齋藤　西村晃なんかもいたんじゃない。

――いますね、黄門様。あと、徳川夢声さん、トニー谷さん。

齋藤　『光子の窓』ってバラエティーショーだったけれど、井原さんは芸術祭に参加したかったの。

芸術祭はね、当時はストーリー性のあるものしか受け付けてもらえなかった。それでストーリー性を持たせなきゃいけないってんで無理やりに何かやったみたいなもんで。本当はあんなことはやりたくなくて、バラエティーショーで参加したかったんだけど。

仁科　それじゃ芸術祭の参加基準を満たさない。あの頃はね。

齋藤　本来の『光子の窓』とは全然違うんです。だからそういう意味では残しておいてもしょうがないものなんだけど。

仁科　たまたま色彩効果賞をもらったから残ってる。

徳川 夢声（とくがわ むせい）
弁士、漫談家、作家、俳優。日本の元祖マルチタレント。

トニー 谷（トニー たに）
ヴォードヴィリアン。無礼な毒舌と変な英語で人気を博した。

三國 一朗（みくに いちろう）
タレント、俳優、エッセイスト。近代日本史への造詣が深かった。

西村 晃（にしむら こう）
俳優、声優。映画やテレビドラマでも活躍。1982年、テレビドラマ『水戸黄門』の水戸光圀役に就任。

——日本で最初のカラーVTRを使って、番組の中で『演芸ごった煮』というタイトルの低俗番組を作って、そのテレビを見ている人たちが「勉強よりもテレビが面白い」「朝から晩までテレビを見ていよう」という有様。西村晃さんが盗賊のボスで、みんながテレビを見ている間にいろんなものを盗んでいっちゃう。

ボスを囲むパーティーがあって、ボスがヒトラーみたいな世界征服をたくらむ独裁者だということがわかってしまう。草笛光子さんが「戦争反対！」と叫んでいるんだけれども、テレビを見ている人たちはそれにぜんぜん気がつかないで、ぼーっとテレビを見続ける。

ボスが「我々にはもうひとつ武器がある！」と叫び、核兵器のボタンを押す。そして次々に世界の核のボタンが押され人類は滅亡。核の火が盗賊団にも降り注いでボスも焼死。焼け跡に一台の焼けたテレビが転がっている……というストーリー。

齋藤　すごいことをやっているんですよ、実はね。やってることは素晴らしいことなんだけれど、あんまり受けなかった。

——「中生代に栄えたイグアノドンという怪物がおりますが、私たちはイグアノドンの卵を二つ持っております。ひとつは原子力、もうひとつはテレビです」と視聴者に語りかけます。

齋藤　その時代にね。

——しかも正力松太郎さんがテレビの父であり、原発の父であるというところがまたすごい皮肉なところなんですけれども。そういうことを井原さんがやっていらした。

齋藤　そうそう、作家は三木鮎郎さんとかキノトールさんとかね。

――全くその通りになっているということですね。さて、１９６０年代というのがどういう時代だったかというと……、（画像を見せて）出ました、ＶＡＮです。ビートルズが来日したということもあって、モッズスタイルが流行りました。

齋藤　まずＶＡＮだよね。井原さんがアメリカ行って帰ってきた時に、グレーとグリーンのストライプの細い紐みたいなネクタイをお土産にもらったことあるよ。

――そういう時代だったんですね。その時代の日本の子どもたちはこれです。

（ＣＭ「マーブルチョコレート」）

仁科　今見るとコマーシャルが長いな。

齋藤　長い。

仁科　30秒どころじゃなくて1分とかね。

齋藤　1分半とかあったからね。俺も随分1分半とか作ったけど。

――昔はコマーシャルが長かったんですね？

齋藤　一社提供だからね。1分半枠を全部埋めちゃうわけだからさ。

――なるほど。で、『光子の窓』で永六輔さんの脚本が遅れたという事件があったんです。

齋藤　あの人は遅れない人だろう？

――学生運動に行っちゃって帰ってこなかった。それで井原さんが「行く前に書いていけ。ギャラを払っているのだから、台本をちゃんと書け！」と言って永六輔さんをクビにしたそうです。歌声喫茶とか

VAN（ヴァン）

ファッションデザイナーの石津謙介が創業したファッションブランド。1960年代にはアイビー・ファッションが大流行し、急成長を遂げた。

永 六輔（えい ろくすけ）

放送作家、作詞家。坂本九の「上を向いて歩こう」の作詞者。軽妙な語り口を生かしたタレント活動も行う。

ジャズ喫茶とかがすごく流行った時代ですね。

（歌「スーダラ節」）

――この時代は「安保反対運動」と「インスタント」。あと「ダッコちゃん」という人形。

仁科 この頃かな、「ダッコちゃん」って？

――1960年です。

仁科 もうちょっと前だと思っていたけど。

齋藤 オリンピックの後？

――オリンピックは1964年です。

齋藤 まだそんなとこやっているの!?

仁科 これは行き着かないな（笑）。

齋藤 またもう一回来てくださいとか言うんだろ（笑）。

――「テレビの黄金時代」は3回やりますから（笑）。『シャボン玉ホリデー』が始まります、それが1961年です。

（『シャボン玉ホリデー』1965年放送分）

――このころ仁科さんは何をされていましたか？

仁科 1961年はね、『日立ファミリースコープ』やってた。

齋藤 そうそう、ドキュメンタリーをやっていたことあるね。

仁科 それをやりながら歌番組をやっていた。

――『シャボン玉ホリデー』は秋元近史さんのプロデュースですね。

秋元 近史（あきもと ちかし）

日本テレビのディレクター、プロデューサー。『シャボン玉ホリデー』などの演出を手がけた。

シャボン玉ホリデー

制作：日本テレビ
放送期間：1961年～1972年
　　　　　1976年～1977年
出演：ザ・ピーナッツ、ハナ肇とクレージーキャッツ

齋藤 これは秋チンの演出のやつだ。

——演出は交代だったんですか?

齋藤 最初は秋チンが一人でやっていた。

——齋藤さんが入られて、交代で演出をされていた?

齋藤 そうそう。あれ? これは秋チンともちがうな?

(『シャボン玉ホリデー』1972年放送分)

齋藤 わー、こんなの出てきた! もういいじゃない(笑)。

——テーマ曲、いい歌ですよね。

齋藤 宮川泰。

——作詞が前田武彦さんでしたっけ?

齋藤 マエタケです。これ、どっから出てきたの?

——これはYouTubeです。

齋藤 だいぶ後期のやつだ。これも俺の作ったやつ。

——音は別録りなんですか?

齋藤 音がはずれるでしょ? 生なんですよ。

——生でやってたんですか、これ? 谷啓さんはすごいですよね、自分で脚本も書かれて。

(クレージーキャッツの演奏ギャグ)

前田 武彦(まえだ たけひこ)

タレント・放送作家・司会者。1968年から放送された『夜のヒットスタジオ』(フジテレビ)の司会者として人気を博した。

——（笑）見ちゃいますね。

仁科　（クレージーキャッツの中で）今（2014年現在）誰生きてる？

——犬塚さんだけです。

齋藤　あんなに背が高かった人が、今は俺より小さくなっていたよ。後は全部死んだね。

——これ一発撮りでやってるんだからすごいなあ。タイミングとかすごいですよね。

齋藤　完全にショーだものね。

（クレージーキャッツ、ペンキのナンセンス・ギャグ）

齋藤　ああ、これも俺だ。

仁科　俺サブコン（副調整室）で見てたな、これ。あなたがやってたんだ。

バラエティーは音楽から笑いへ

——しまった。もう8時過ぎた（笑）。

齋藤　見ろ！　なんも話さないうちに終わっちゃうじゃないか！

——とりあえず、今日は行けるところまでの予定なので、予定通りです。

『光子の窓』から始まった音楽バラエティーなんですけれども、その後に『九ちゃん！』とか『イチ・ニのキュー！』があって、その後に『ゲバゲバ90分！』に行くんですが、音楽バラエティーからどんどん笑いのバラエティーというカテゴリーに入っていきます。

次回は『ゲバゲバ90分！』の元になった『ラフ・イン』とか『セサミストリート』とか『モンティ・パイソン』。あと『エレクトリックカンパニー』とかも含めながらも『ゲバゲバ90分！』から『カリキュラマシーン』へ。

ハナ肇とクレージーキャッツ

ハナ肇（ドラムス）、植木等（ボーカル・ギター）、谷啓（ボーカル・トロンボーン）、犬塚弘（ベース）、安田伸（テナーサックス）、石橋エータロー（ピアノ）、桜井センリ（ピアノ）

バラエティ番組に出演しコントを演じるが、それぞれのメンバーが音楽でも卓越した技量を持っていた。

仁科　行かないな、きっと。

――（笑）。音楽から笑いの方に変化したのはなぜですか？

齋藤　簡単だよ。

仁科　一言で済んじゃうんだな、実は。

――では一言ずつ、お願いします！

齋藤　だからさ、音楽番組のディレクターというのは音楽を全部自分の範疇というか、どの歌手に何を歌わせるかということを含めて演出してきた。ディレクターとはそういうもんだと思っていたの。

ところが、だんだんプロダクションが大きくなって、歌手に持ち歌を歌わせるんですよ。衣装も動きも全部決まっちゃっているわけ。だったら誰が撮っても同じ訳だよね、ステージの上ではね。我々はそれを横から撮るか縦から撮るかみたいな。「それじゃあ、早い話が俺らはお前らの使用人かよ？」みたいな状態になって。

プロダクションが強くなって、歌手をなかなか出さない上に、有名歌手を入れると「これも使ってください」ってひとつ付録がくっついてきちゃったりとか。そんなもんとは付き合ってられねえ。

つまり、音楽番組やってるのに音楽じゃないよってことになって。

僕らはね、音楽番組をやる時は、歌い終わったらできるだけ早く次のシーンに行きたいの。ところが歌謡曲っていうのは後奏っていうのが続いてね、終わらないんだよ。歌手はにっこり笑っているけれども、僕らはそんなものはいらない。

テレビ用に作ってあるのは、見ててもお分かりになると思うけど、曲が終わったらすぐに次のギャグが始まるっていうくらい、なんていうのかな、スピードっていうか、キレのよさっていうのがあったんだけれども、歌謡曲の人たちが入ったとたん、退屈な終わり方になる。でも、「それやらないのならば出さないぞ」となって、「それならコイツらと仕事しない、別のことやろう」というところから、自分らの番組を作りだした。

あれは勘弁できない。今だって勘弁できないんだ。勝手にしろっていうんだよな。あの退屈な曲の中、平気で立ってる奴の神経すらわからない（笑）。

仁科　でもね、世の中それがいいっていう人が多いの。やっぱりね、歌謡番組っていうのは未来永劫なくならない。

齋藤　そうなんだろうな。

仁科　僕は一言で言うとね、歌に飽きちゃった、違うことをやりたい。つまりね、自分が手を加えられる部分が減ってきたんで。

やっぱりね、せっかくテレビやるんだから、自分が手を加えたこと、自分が考えたことをやっていきたいと考えた時に、たまたま井原さんも齋藤さんも同じようなこと考えていた。

で、何か面白いことをやろうという話になって、いわゆる「笑い」っていうものは一人一人違うんだけれども、たまたま共通する部分があって、じゃあ一緒にやろうという形になった。

齋藤　そうそう。そういう歌の世界とはもう縁を切っちまおうというのがまず最初にあったの。

昔は歌手にこっちが歌わせたいものを歌わせたし、こっちがアレンジも全部作るんだ、テレビ用に。レコード用にできているものをさ、そのまんま持ってきてそのまんまやるっていうのがどうしても勘弁できなくて、そいつらとはもう仕事をしないというか、そういう仕事はしない。じゃあ別の世界を作らなきゃいけないなっていうのが「笑い」と言っちゃうと簡単かも知れないけれど。

仁科　いや、もっとテレビ的なことをやろうと思ったんだよ。

齋藤　テレビって何なんだと。

仁科　そこに戻ったのよ、一回。

齋藤　レコード会社の決まったものを絵にしてやるだけの世界なのか、俺らは。だったら最初っからなくったっていい訳だろ。照明なんかなくったっていいよ、真っ暗けっけの中で立って歌ってろ！（笑）。

俺たちがやっているのはショーだから、エンディングもイントロも全部それらしく作らなくちゃいけないはずなのに、もう全部レコードのまんま。それを止めたかった。

——齋藤さんはご自分で編曲とか作曲までされるので、余計いやですよね。

齋藤　いやですよ。歌謡曲が嫌いなんじゃないんですよ。でも、俺とやっている時はなしっていうのがあるじゃない。あーやだやだ。（笑）

仁科　あのね、言っとくけど『九ちゃん！』って基本的には必ず歌が入る番組だったのよ。それで、いやだいやだと言ってる歌謡曲を散々やってるのよ、この人は。

齋藤　だから俺はあれがいやでさ。あれさえなければ。

——子どものころの小林幸子さんも出ていらっしゃったとか。

齋藤　小林幸子ってね、あだ名はチビだったんですよ。ちっちゃい子だったからね。今だってアイツに会うとさ「チビ」っていうと「はい」っていうの。

仁科　『九ちゃん！』に来たときは小学6年生。「大チビ」「中チビ」「小チビ」がいたんだよな（笑）。

小林 幸子（こばやし さちこ）

歌手、女優、タレント、実業家。1966年から1968年まで日本テレビ『九ちゃん！』に『チビッコトリオ』としてレギュラー出演。

齋藤　「大チビ」だ。

仁科　「小チビ」は石崎恵美子だ。

――『ゲバゲバ90分！』の初代の子役ですよね？

仁科　当時八つくらいかな。

齋藤　そういえば仁科さんは小林幸子の初潮にあってるんだよね。

仁科　北海道でね。薬局まで買いに行ったよ、俺が。

――仁科さんが？

齋藤　突然血が出ちゃったって、大騒ぎになっちゃって。

仁科　薬局行って全部仕込んできて、それから先はたまたまいた女のマネジャーが面倒みてくれた。

齋藤　いろんなことありましたよ。また次回もやるの？

――やりますよ。『九ちゃん！』から始めます。

（歌「ジェンカ」）

――次回もどこまでいけるかわかりませんが、ゆるゆると。なるべく『ゲバゲバ90分！』『カリキュラマシーン』まで行けるように。

仁科　こんなんでいいの？

――毎回そんな感じです（笑）。

齋藤　『カリキュラマシーン』はどうなったの？

――やりますよ、もちろん。

仁科　『九ちゃん！』やって『ゲバゲバ90分！』やんないと『カリキュラマシーン』に行かない。『九ちゃん！』をベースにして『ゲバゲバ90分！』を作っている。『ゲバゲバ90分！』をベースにして『カリキュラマシーン』を作っている。いいとこどりしながら違う番組を作っている。

だから、例えば『ゲバゲバ90分！』で30秒かかっていたことが『カリキュラマシーン』になると10秒で出来ちゃう。世の中のテンポに合わせて我々も速くなる。番組も階段を一つずつ上がっているんですよ、実はね。

齋藤　本当に恐ろしいんだ。昔の『シャボン玉ホリデー』を見ると、「何ぐずぐずやっているんだ」と。

仁科　生活のスピードも変わっちゃった。そういうことが全部テレビ番組のベースにある。それをいかに早く先取りしてやっちゃうか。

齋藤　テレビが庶民の生活の中に入り込んだからね。最初の頃はテレビはお金のある人たちのものだったけれど、だんだん庶民のものになって、それに合わせて作り方も考え方も全部変えなくちゃいけなかったよね。

仁科　必然だよね。

齋藤　（「ジェンカ」を聞きながら）九坊（坂本九さん）も死んじゃったしな。

――色々やろうと思っていたことが半分ぐらいしかできてないままに、もうそろそろ最後です。脱線が多くて（笑）。

仁科　でもね、例えば本に書いてあったり映像に残っていたりするものの裏側に脱線して行く分には、そっちの方が面白いのかも知れないね。

齋藤　知られざる何かが出てくるのが脱線なんだ。

（歌「結構だね音頭」）

——この「けっこうだね」っていうのが井原さんの口癖だったんですよね？

仁科　「けっこうだねー」って伸ばすんだ。会場で「九ちゃーん！」って呼ぶと（坂本九さんが）「けっこうだねー」って出てくるんだ。

齋藤　これ作曲したの誰だった？

仁科　前田憲男かな？『九ちゃん！』の時はノブチンだよな、ほとんど。

（齋藤太朗さん作曲「皆んなで笑いましょ」）

——これ齋藤さんが作ったんですよ。

齋藤　誰かに頼まれたんだよ。誰に頼まれたんだっけ？　九坊に頼まれたのかな？　誰かに頼まれたよね、俺。

客　この頃はもう「上を向いて歩こう」でブレイクして国民的歌手になった後ですか？

仁科　「上を向いて歩こう」で国民的歌手になった後、ヒットが出なかったんだよね。名前だけ有名になっちゃって、テレビの出演もないって時代があるんですよ。だから、元大リーガーで今二軍。それで、何とかもう一回大リーガーにしちゃおうって始めたのが『九ちゃん！』だったの。

客　60年代前期、確かに「東京五輪音頭」とか少しやっているんだけどっていう感じでしたよね。

仁科　なんだっけ、万博の……。

客　「世界の国からこんにちは」ですか？

仁科　あれを三波春夫と九ちゃんが出したんだけれども、売れ方が全然違った。

——今日は帝国ホテルから「シャリアピンパイ」を

結構だね音頭
歌：坂本　九
発売：東芝レコード
作曲：宮本武蔵
作詞：河野　洋

皆んなで笑いましょ
歌：坂本　九
発売：東芝レコード
作曲：齋藤太朗
作詞：河野　洋

仕入れてまいりました。当時、シャリアピンステーキって食べられました？

仁科　ほとんど毎週食べていたよ。

齋藤　というのはね、シャリアピンステーキを作った人がフェアモントホテルにいて……。

仁科　フェアモントホテルの料理長は元帝国ホテル。で、帝国ホテルでシャリアピン（１９３６年に来日したオペラ歌手、フョードル・シャリアピン）のために作ったステーキを、フェアモントでも同じ様に作ったの（※）。

――さて、みんなで食べましょう。

（※）第９章 p272 参照

『光子の窓』の草笛光子さん

9

前回のカリキュラナイトが、仁科さんと齋藤さんの予想通り（?）、予定していた半分も話が進まないで終了したので、もう一度仕切り直し。

カリキュラマシーン

9 空飛ぶ九ちゃんゲバゲバピー

おおよそ第8回ぐらい？ カリキュラナイト ●2014年7月 経堂さばのゆ にて

本日のゲスト

仁科俊介さん
にしな・しゅんすけ

元日本テレビプロデューサー。1959年にスタートした『ペリー・コモ・ショー』の経験を買われ、『エド・サリヴァン・ショー』で井原プロデューサーの右腕となる。以後、『九ちゃん！』『巨泉×前武ゲバゲバ90分！』『カリキュラマシーン』『11PM』『ズームイン!! 朝!』などをプロデュース。収録のスケジュールから撮った映像の編集まですべてを担当し、朝の5時から夜中の1時ごろまで勤務。伝票のズルは絶対に見逃さない井原組の大番頭である。

齋藤太朗さん
さいとう・たかお

元日本テレビディレクター。『カリキュラマシーン』では、メインディレクターでありながら番組のカリキュラムの説明などを行う「ギニョさん」として出演。『シャボン玉ホリデー』『九ちゃん！』『巨泉×前武ゲバゲバ90分!』『コント55号のなんでそうなるの？』『欽ちゃんの仮装大賞』『ズームイン!! 朝!』『午後は○○おもいッきりテレビ』などの演出を手掛ける。演出においてはそのこだわりの「しつこさ」から「こいしつのギニョ」と呼ばれる。

聞き手：平成カリキュラマシーン研究会

『九ちゃん！』と『イチ・ニのキュー！』

――『イチ・ニのキュー！』は『九ちゃん！』からリニューアルしてカラー放送に変わったんでしたよね？

仁科　そうそう。

齋藤　おまけにスタジオだった。公開じゃなくなりましたからね。お金がないからそうなったんだけど。

――『イチ・ニのキュー！』の前に『九ちゃん！』っていう番組があって、それが日本で初の公開番組で……。

仁科　いや、初の公開番組じゃなくて……。

――違うんですか？

齋藤　スタジオ制作にお客さんが入っているような形の公開っていうのは初めて。渋谷公会堂とか、三鷹公会堂とかでね。

――スタジオで撮ってるような形式を公開でやったんですね？

齋藤　「本番になるとこのシーンはさっきやったやつより先に出ますよ」とか、説明しながら、ある程度シーケンスはそのままでね。

仁科　でもね、エピソードとエピソードの間に20分ぐらい間ができちゃう。すると、ディレクターが出て行っておしゃべりをして繋いだりなんかしてね。

――井原さんと齋藤さんが交代で。

齋藤　井原さんがディレクターの時は僕がしゃべって、僕がディレクターの時は井原さんがしゃべって。

仁科　舞台のセットをとっかえたり。

――ワイヤレスマイクを使いたいって井原さんが

九ちゃん！
制作：日本テレビ
放送期間：1965年～1968年
出演者：坂本九、小林幸子、てんぷくトリオ、小川知子　ほか

言ったんだけど、局が買ってくれないんで、最初は井原さんが自費で買ったんだそうですね。

齋藤　そうそう。

――「日本テレビよりオレのほうが金持ちだ」って（笑）。それまではワイヤレスマイクを使う番組はなかったんですか？

仁科　ないわけではなかったけど、音声担当の技術さんがすっごく嫌がった。混線しちゃうから。

――ノイズが入っちゃったりとか？

齋藤　タクシー無線がやばかったね。

仁科　スタジオだったらいいんだけど、公会堂だから見えないものが乱れ飛ぶわけ（笑）。

齋藤　本番中はどういうわけだかうまいこといったんだよ。だけど、リハーサルの時には入ったことありましたね。全部が入るわけじゃなくて、どういう拍子なんだかわかんないけど、入ってくることはある。

あの時のワイヤレスは送信機もマイクもけっこうでかいしさ。衣装さんに服の内側にポケットを作ってもらって、そこに入れたりなんかしてやってましたよ。まだホントに性能悪くてね。ブームマイクだとマイクだらけになっちゃうじゃない？　そういうことは避けられたからよかったけども……。

仁科　なんとかね、舞台のソデに隠しマイクを置いて。

齋藤　ステージの前にもいっぱい置いてね。

仁科　どうしても拾えないのはそれで拾って。

齋藤　感度悪いし質も悪いしね。でも、今だからそんなこと言うけど、その時には最高だったんだからしょうがないんだけどね。

仁科　でもこれ、『カリキュラマシーン』と関係ないから（笑）。

齋藤　だって今日は『カリキュラマシーン』と関係ないんだろ？

仁科　え、そうなの？

――この前はテレビの黎明期の『光子の窓』あたりから『シャボン玉ホリデー』までのお話を聞かせてもらったんですが、今回はその後の『九ちゃん！』があって『イチ・ニのキュー！』、それから『モンティ・パイソン』や『ラフ・イン』など、『ゲバゲバ90分！』に移行するまでに参考にされた海外の番組の話をしようと思っています。

で、『イチ・ニのキュー！』の最終回かその前の週で、『ゲバゲバ90分！』っぽいことを何かテスト的にやってますか？「カメラを引いたら○○だった」とか、一連のギャグものみたいなのを。

齋藤　ぜんぜん覚えてないけど、あり得るんですよね。『イチ・ニのキュー！』は10月に始めて3月で終わってるでしょ？ それで4月から9月までの間、前武の『天下のライバル』っていう番組で繋いでるわけです。

そっちはできるだけ若い衆に任せるようにして、僕や仁科さんや井原さんは、秋に始まる『ゲバゲバ90分！』に向かって走ってるわけね。それが4月からですから、『ゲバゲバ90分！』の話はその何カ月か前には出てるし、当然、「なんかやってみようか」ってやりかねないよな。

――3月の最初の週の最終回か、その前の週あたりです。素材らしきものは残ってます。

齋藤　本当？ そりゃあ言われりゃ絶対やりますよ。

――『イチ・ニのキュー！』の始まった１９６８

年の1月にアメリカで『ラフ・イン』が放映開始されてるんですよね。

齋藤　あれ、そんなの？

——そうなんですよ。けっこう早いんです。ちょっと『ラフ・イン（Rowan & Martin's Laugh-In）』を見てみましょう。

（『ラフ・イン』）

齋藤　ああ、オレたちも見たやつだ。

——これ68年のまだ早い段階のやつです。

齋藤　そうでしょうね。ねぇ、これ見ちゃうぞ、おもしろいもん(笑)。「Here come the judge!」とか、もうわけわかんないシーンが入るんだよ。これがオレたち気に入ったんだよ。

——ローワンとマーティンはまさに巨泉・前武ですね。

齋藤　そうそう。

——前武さんの『天下のライバル』を作ったのは、それまで井原さんが前武さんとあまり接点がなかったので……。

仁科　そうそう。前武をこっち側へ引きずり込むための番組。

——そのためだけに番組作るって、すごいですね。

齋藤　『ラフ・イン』の白黒のキネコを、ニューヨークで撮って送ってくれたの。それがちょうどこの回だったの。それを我々が東京で見て、「こう

キネコ（Kineco）

ビデオ映像をフィルムに変換すること。
またはその装置。

ラフ・イン（Rowan & Martin's Laugh-In）

放送局：NBC
放送期間：1968年～1973年
ダン・ローワンとディック・マーティンがホストで出演したスケッチコメディーのテレビ番組

いう番組やりましょう！」っていう話になった。

　で、そのキネコをタレントに見せて、「こういうのやるんだけど、やらないかい？」って言うと、セリフもなくて、なんだか知らないけどバカみたいなことばっかりやってて、主役でもなんでもないから、「オレやだ」とか言われたりして。そうやってキャスティングをやりながら、「こういうのやりたいんだけでも、お前ら書かないかい？」って若い作家を集めたり。

　だって説明できないんだもの。スポンサーにすら説明できないんだから。これを見せて、「こういうことやりたいんだ」って。

（『ラフ・イン』の動画の方を見て）ああ、「Very interesting」出てきちゃった（笑）。

――「Very interesting」がハナさんの「あっと驚く……」の元になってるんですね？

齋藤　そうそう。

――『ゲバゲバ90分！』はこれが元だったんだなということがすごくよくわかります。

齋藤　うん、そう。ホントそう。

――68年の1月に『ラフ・イン』が始まって、その年の11月に『イチ・ニのキュー！』が始まり、翌年の69年４月に『天下のライバル』。その年の秋に『モンティ・パイソン』が始まります。

齋藤　『ラフ・イン』がイギリスでは『モンティ・パイソン』になり、日本では『ゲバゲバ90分！』になったんだけど、両方比べるとぜんぜん違う。だけど元は同じだよって話ではある。『モンティ・パイソン』はずいぶん後になってから見た。『ゲバゲバ90分！』が終わってから見たんじゃないかな。

――『モンティ・パイソン』を見たのは『カリキュラマシーン』が始まる直前ぐらいですか？

仁科　そんなもんでしょう。だいたいそんなもん。

（『モンティ・パイソン』）

――これが『モンティ・パイソン』です。

齋藤　初期のやつ？

――第2シーズンかな。「Silly Walk」がでてくる回。『モンティ・パイソン』には影響受けてますか？

仁科　刺激が強すぎてね、真似できなかったね。

齋藤　『モンティ・パイソン』は役者じゃなくて作家が自分でやってるんだよね。ロケーションもいっぱい使ってるし、大変な事やってるよね。

――凝ってますよね、つなぎ方とか。

仁科　見てびっくりはしたけどね。これを参考にするとか影響受けたとかはあんまりないですね。

――『イチ・ニのキュー！』ってどういうことをやってたんですか？

齋藤　歌ありコントあり踊りありっていう、いわゆるバラエティーショー。本当のバラエティーショーね、今のバラエティーじゃなくて。

――てんぷくトリオから伊東四朗さんだけが残ったのは、歌が歌えたり演奏できたりしたからですか？

齋藤　『九ちゃん！』の時に一所懸命やってくれて、「お金もないからひとりしか残せないよな」「じゃぁ、伊東さんだけ残そうか」ということで、三波伸介はなしにしてやったみたいなところはあるね。

仁科　三波伸介はドラマのほうに顔を向けてたから。

――三波伸介さんはコントからシリアスなドラマのほうへ動き出していたんですね？　笑点の司会っていうのもその前後？

仁科　これがね、はっきり覚えてないんだけど、戸

モンティ・パイソン（Monty Python）

活動時期：1969年～1983年
　　　　　2013年～2014年
メンバー：グレアム・チャップマン、ジョン・クリーズ、
テリー・ギリアム、エリック・アイドル、テリー・ジョーンズ、
マイケル・ペイリン
1969年から始まったBBCテレビ番組『空飛ぶモンティ・パイソン』で人気を博したイギリスのコメディーグループ

塚さんが具合悪くなったんだよな？

齋藤　そう。体調崩してね。

仁科　入院しちゃったりなんかして、お見舞いに行った記憶がある。で、けっきょく三波さんと伊東さんが残って、でも二人じゃ〝トリオ〟じゃないし、その頃から少しずつ自分の行く道を模索し始めた……という時期だったのよ。

――その時にちょうど『イチ・ニのキュー！』で伊東さんをソロで使ったりと。

仁科　『九ちゃん！』でてんぷくトリオが出てきて、戸塚さんが具合が悪くなって、伊東さんが歌を歌えて踊れるっていうので残っちゃった。

齋藤　歌えてって言っても、彼は歌手でもなんでもないし、ただの才能なんですよ。

――でも、歌はお上手だったんでしょう？

齋藤　そう。すごい難しいことをちゃんとやっちゃうの。『ウエストサイド物語』の変拍子のある曲をちゃんと歌っちゃったりするのよ。耳から覚えて、素直に音にできる人なのよね。

戸塚さんは座長で自分の劇団持ってたような人だけど、どんどん新しいものが出てきてる中で、時代的にもうひとつ遅れてるみたいなところがあって焦ってたんだよね。具合が悪くなったのも精神的なものが非常に大きかったと思いますよ。ストレスで10円ハゲなんかできたりしてたから。

仁科　三波さんは芝居がうまくて、伊東さんはいろんなことができる。でも戸塚さんは「あっぱれあっぱれ」しかできなかったのね。それ以外にできないっていうか、不器用な人なの。

齋藤　あの人はコメディアンというよりチャンバラ劇団の座長だったわけだからね。

てんぷくトリオ

三人組のお笑いグループ。メンバーは三波伸介（みなみ しんすけ）、戸塚睦夫（とつか むつお）、伊東四朗（いとう しろう）。

井原さんってどんな人？

――せっかくだからこれを聴いてみましょうか。

（齋藤太朗作曲「皆んなで笑いましょ」）

――これは齋藤さんが作ったんですよね。齋藤さんはディレクターをやりながら曲も作るし編曲もやる。だから、その番組に出る歌い手さんっていうのは大変なわけですよ。ディレクターがものすごく音楽を知ってる人なので。

仁科　『カリキュラマシーン』で何が大変かって、齋藤さんが音楽に強いでしょ？　宮島もめちゃくちゃ強いでしょ？

――こないだいずみたくシンガーズの石岡ひろしさんが来られた時におっしゃってたんですけど（第7章参照）、とにかく、やってるその場で「ここのコーラスはこう変えよう」とか言っちゃう。一所懸命練習してきたのに（笑）。

（「結構だね音頭」）

仁科　齋藤さんは日テレに入った時から井原さんとだよね。ぼくは違うんだ。

――井原さんに引き抜かれたんですよね？

齋藤　引き抜かれたわけじゃないよ。

――あ、仁科さんがです。

齋藤　ああ、仁科さんはね。ぼくは入ったら……。

仁科　いたんだよね（笑）。

齋藤　上司は井原さんだった。

――井原さんは日本テレビの開設準備期間の時からアルバイトで日本テレビにいらしたんですね？

齋藤　まだバンド屋でね。正式に入社したのは、開

皆んなで笑いましょ
歌：坂本 九
発売：東芝レコード
作曲：齋藤太朗
作詞：河野 洋

結構だね音頭
歌：坂本 九
発売：東芝レコード
作曲：宮本武蔵
作詞：河野 洋

局してしばらく経ってからじゃない？

――そうですね。チャックワゴン・ボーイズというバンドで活動されていて、アルバイトで日本テレビに。

齋藤　その頃はさ、正式な入社試験も何もなくて、どっかの舞台監督とか映画青年とか新聞記者とかを引っ張ってきてやってるようなもんだから。井原さんはバンドで稼いでたんだし。

――給料が10分の1になったそうですね。バンドのほうがよっぽど稼ぎがよかった。

齋藤　そりゃそうだよ。だってスターだもん。

――当時は進駐軍を回って、ものすごくいいギャラをもらえたんですね。ところがテレビはそうはいかない。アルバイトといえば、齋藤さんもアルバイトでしたよね？

齋藤　最初ね。俺は完全にアルバイトで、井原さんの時とはちょっと状況が違うね。たった４年しか違わないんだけど。

――その井原さんが『光子の窓』っていう最初のバラエティー番組を作られた。

齋藤　最初の……でいいのかな？　彼が本格的なバラエティーショーを作ったってことは確か。だから最初だって言っていいと思いますけど、その前にそれらしいものがなかったかと言われると、それはぼくにはわかりません。ただ、本格的なものをやったのは彼が最初だよ。

仁科　ひとつだけ言えるのはね、当時のバラエティーショーって、舞台をそのまま持ってきて映し

井原 髙忠（いはら たかただ）

1929年～ 2014年
伝説の日本テレビプロデューサー。学生時代からウエスタンバンド「チャックワゴン・ボーイズ」のベース奏者として活躍。1953年、開局準備中の日本テレビでのアルバイトを経て、翌年、入社。アメリカのバラエティー番組制作のノウハウを日本の番組制作にに取り入れた。手がけた番組は、『光子の窓』『スタジオNo.1』『あなたとよしえ』『九ちゃん !』『イチ・ニのキュー !』『11PM』『巨泉 × 前武ゲバゲバ90分!』『カリキュラマシーン』など。

てるだけっていうのが多かった。いわゆるテレビ的なバラエティーショーをやったのは井原さんが最初でしょうね。

齋藤　というよりね、テレビの最初の頃って何やっていいかわかんないでしょ？ 音楽番組は司会者が「次は何とかです」って言うと誰かが歌うとか演奏するとか、そういうふうにしか作りようがないと思ってたわけ。ところが、踊りでもあったら面白いんじゃないか？ って考えるヤツがいて、音楽番組に踊りがちょろっと入ってきたりして。

そんなことをやってるうちに、お笑いの〝つなぎ〟みたいなのがあっても面白いんじゃないか？ 今でいうコントというか、当時で言ったらなんていうのかなぁ？ とにかく〝ちょろっとしたもの〟がちょろっと入ってたらもっと面白いんじゃないのか？って言って、音楽番組にそういう〝ちょろっとしたもの〟が入って、っていうのがあったんです。つまり、バラエティーショーがそこでもう始まってるわけですよね。そういう意味では、みんながバラエティーショーをやってたの。

ところが井原さんは寄せ集めのごった煮じゃなくて、とんでもないとこ行ったりもしながら、ちゃんと脈絡があるというか、なんとなくアタマからケツまで行くような。

――その〝うつわ〟を作ったってことですね。

齋藤　そういう意味ではそれが最初なのね。ちゃんと作家がいて、役者がいて、なんかできるようになってきたっていうかね。クレイジーキャッツだって早くからゲストとして出て、音楽番組の途中でドンチャカドンチャカやったり。

――これが日本テレビでも伝説のプロデューサーである井原さんの本です。こっち（『元祖テレビ屋大奮戦！』）はもう絶版になってて、こっち（『元祖テレビ屋ゲバゲバ哲学』）はまだあります。これは井原さんが書いたというよりもしゃべったことを記述した本です。

三井財閥のご親戚で、とにかく貧乏くさいことは絶対しないっていうことで、文芸費にものすごくお

元祖テレビ屋ゲバゲバ哲学
井原髙忠　著
発行：愛育社
発売：2009年

元祖テレビ屋大奮戦！
井原髙忠　著
発行：文藝春秋
発売：1983年

金をかける方だったようです。ひとりの作家ではなく、「合作」という形式は井原さんが最初に作られたんですよね？

齋藤　『九ちゃん！』でね。それまでは作家はひとりでしたからね。あれが初めてです、日本では。

――この伝記を見ると、かなり無茶苦茶な感じで（笑）。仁科さんから見て井原さんはどんな感じの方でしたか？

仁科　面と向かって訊かれると、すごく困るんだよね。プライベートは一切知らない。会社での井原さんしか知らない。

彼が好きだったのは、アメリカの『パットン戦車軍団』のパットン将軍ですよ。「自分はそうなりたかった」と。つまり、もっと平たく言っちゃうと、つねにお山の大将でなきゃいやなんでしょうね。重戦車みたく突っ走っちゃった人ね。

――有名なのは、トークバックから怒鳴りまくって……。

仁科　スタジオ中に響き渡るように。

――照明の赤司（彰三）さんとはもうずっと……。

仁科　上と下とでケンカして（笑）。

――パフォーマンスとしてやる。

仁科　そう。そうすると周りがピリッとする。

――ゲバゲバの時には、怒鳴りまくってずっとしゃべってなきゃいけないから、酸素ボンベを背負ってやってたっていう。

齋藤　指示を直接出したほうが早いから、トークバックいっぱい多用しましたからね。

仁科　ヘッドセットをつけてやってるわけですよ。たとえば照明さんだとヘッドセットはメインの人しかつけてない。サブの人はつけてないから、メインの人に言って、メインの人からサブの人にまた伝えなきゃいけない。そんな時間惜しいから、全部聞こえるようにしゃべる。

齋藤　スピーカーからばぁ〜っと指示出しちゃうのね。で、その中に「バカヤロー！」が入ってくるんだよ（笑）。

——赤司さんとお揃いの服着てきちゃったりとか。

齋藤　あー、初期ね。ホントに初期。

仁科　ブレザー作ったりね、ディレクターチェアも作っちゃったり。

——当時は珍しかったですか？

仁科　珍しいね。そんなバカなこと誰もしない。

——業界にジーンズを普及させたのは齋藤さんですよね？

齋藤　はいはい。それは大自慢。

——フロアマネージャー（フロマネ）をされていた時にジーンズを履いて行かれて、「会社にそんな格好して来るな！」と言われたので、お仕事の時に着替えたんですよね？

齋藤　いや、言われたからじゃなくてね、最初はジーンズを会社に置いといて、普通に会社に行って、会社で着替えてたの。それでも「職工みたいな格好しやがって」って言われたの。

あの頃、テレビ局っていうのは新聞社と同じで偉いんだよね。「タレントは裏門から入れろ」なんて言った人がいるくらいでね。だから、「そんな格好して、何してんだバカヤロー！」って言われた。

——フロマネは床に寝転んだりとか、何かに登ったりとかしなきゃいけないから、服が汚れてしまうわけですよね。なので、ジーンズのほうが都合が良かった。

齋藤　そんなこと背広着てやってらんないよね。

——今考えれば「ジーンズ？ 普通じゃん」と思うんだけれど、当時はそれが普通ではなかった。

齋藤　後からスタートしたＮＥＴ（現・テレビ朝日）なんかフロマネはちゃんと背広着てましたよ。モニターの前で怒鳴ってるだけなんだよ。「あっち行け」「こっち行け」とかいろんなこと言って、自分では動かない。オレはバァ〜っと自分で行っちゃうから。

——撮影してる時にタレントさんが見えるところに行ってキュー出さないとダメですよね。

齋藤　それもあるしね、カメラの下に潜んなきゃいけない時とか、いろいろあるから。

仁科　その時やってた彼の格好が、今のあだ名になった。

——齋藤ディレクターのニックネームが「ギニョさん」で、『カリキュラマシーン』ではそのまんま「ギニョさん」という名前で出られてるんですけども、「ギニョさん」っていうのは「ギニョールみたいだね」っていう……、それはどなたから言われたんでしたっけ？

齋藤　藤村有弘。

——藤村有弘さんに「ギニョールみたいだね」って言われて。でも、ホントはマリオネットですよね？

齋藤　上から操るのがマリオネットで、下から操るのがギニョール。キューラインが上から繋がってて、上からの指示でもって動き回ってるから、まぁ、ホ

藤村 有弘（ふじむら ありひろ）
1934年〜1982年
コメディアン。インチキ外国語芸の元祖。『ひょっこりひょうたん島』のドン・ガバチョの初代声優。映画やテレビドラマでは個性派俳優として活躍。

ントは「マリオネット」と言うべきなんだけどね。

——本来は「マリオさん」なんですね（笑）。

齋藤　最初のうちは「ギニョール」「ギニョール」ってみんな言ってたけど、そのうち「ギニョ」だけになっちゃった。

仁科　あの頃の格好は……、あれは黒いジーパンか？

齋藤　いや、黒いのなんか売ってないから、濃紺の。

仁科　濃紺だよな。なぜか靴下だけ白いっていうのがすごく印象に残ってる（笑）。

齋藤　え、そうなの？　俺はぜんぜん意識してないから。ああ、そう（笑）。

仁科　つまりね、当然目立たない格好してるわけよ。靴も黒い。ところが、靴下だけ白いんだよね〜。すごくよく覚えてる。

——全部黒いのに、なぜか靴下だけ白い（笑）。

仁科　よく覚えてます。

齋藤　へ〜、そうですか。へ〜、言われなかったらわかんなかった（笑）。

——当時、靴はどんなんでした？

齋藤　靴はね、スエードっていうかバックスキンだね。バックスキンの下がゴム底みたいな。

仁科　今のスリッポンみたいなやつ。

齋藤　それが音もしないし柔軟性もあるからね。

仁科　たとえば、セットが畳だったりするじゃない。そこに上がらなきゃいけない時にパッと脱げて駆けあがれるの。

――それはけっこう重要ですよね。

齋藤　会社の偉い人は「職工みたいな格好しやがって」とか言ってるけど、オレは必要だからやってんだから(笑)。「フロマネといえば俺」「齋藤が一番」。みんなが俺に頼みに来たもん、フロマネやってくれって。そんなことやる人、他にいなかったから。

――当時、仁科さんは『エド・サリバン・ショー』をやってらした？

仁科　当時っていうか、『エド・サリバン・ショー』で初めて井原さんと一緒に仕事したの。

――もともと『ペリー・コモ・ショー』をやってらして、そのノウハウで『エド・サリバン・ショー』をやりたいからっていうので、井原さんに呼ばれた。で、その時に仁科さんは「対等にやりたい」というようなことを井原さんにおっしゃった。

仁科　要するに、プロデューサーっていう職業とディレクターっていう職業、これは重なる部分があるんだけれども、「プロデューサーの範疇に関しては絶対に私に従ってくれなきゃいやだ」と。「その代わりディレクターの範疇に関しては何も言いません。それでよろしゅうございますか？」と。「対等」っていうのとはちょっと違う。

齋藤　それはあなたと俺も同じだよね。ここところはお互いに触らないというか、尊重するというか。仕事上で俺たちがうまくいったのは、そういうことが非常にはっきりしてたの。それと、プライベートは全然知らないですから。

――プライベートなところではお付き合いがなかったってことですね？

齋藤　全然ない。もっとも、お酒飲まないからね、

エド・サリヴァン・ショー（The Ed Sullivan Show）

制作：アメリカ・CBS
放送期間：1948年～ 1971年
ホスト役のエド・サリヴァンとゲストとのトーク番組。
日本では日本テレビで 1965年2月から半年間放送された。

仁科さんは（笑）。

仁科　唯一覚えてるのは、『九ちゃん！』のリハーサルが終わるとメシ食うんだ。六本木の朝鮮料理屋でユッケとか山ほど食って、井原さんも俺も飲まないから、齋藤さん一人で飲む。そんなことやってるうちに齋藤さんが太っちゃって（笑）。

齋藤　だって、俺一人じゃ飲めないからさ、食っちゃうんだよ（笑）。酒飲んでたほうがずっと痩せてたのに（笑）。

仁科　それで「やめよう」って話になって。それが唯一、三人で外で飯食ったりなんかしたこと。それ以外はないです。

齋藤　食うんだ、この人たちが。すげー食うんだよ（笑）。俺は酒飲んでちびちびなんかつまんでいたいんだよ。

仁科　齋藤さんが焼いてる肉も食っちゃうから（笑）。

――『九ちゃん！』の時には作家をホテルにカンヅメにして、そこでごはんも食べさせながら書かせてたんですよね？

仁科　でも、そのメシは仕事のうちなんだよね。作家さんたちを逃さないように（笑）。

齋藤　朝の10時ぐらいに集まって、その場でいろいろ打ち合わせをして、お昼になるとレストランに行って食事をして、その後からいよいよ。

仁科　部屋に帰ると「サア、書いてください」と。

――シャリアピンステーキのシェフ（※）がごはんを作ってたんですね？

齋藤　そうそう。

――そこに萩本欽一さんが遊びに来られたことがあ

（※）作家がカンヅメにされていたフェアモントホテルの料理長は元帝国ホテルの料理長で、1936年に来日したオペラ歌手、フョードル・シャリアピンのために作ったシャリアピンステーキをフェアモントホテルでも作っていた。

るとか？

齋藤　そうそう。それが最初の欽ちゃんとの出会いです。

──そこから萩本さんとのお付き合いが？ 欽ちゃんは『九ちゃん！』には出てないんですか？

仁科　『九ちゃん！』には1回だけゲストで出てもらった。コント55号で1回だけ。で、その時に彼らはもう売れっ子で、ものすごく忙しかった。で、リハーサルに来た時にもまだ台本を見てなくて、その場で台本を開いて棒読みしだしたわけ。他の連中はぜんぶセリフ入っちゃってるのに。それで井原さんが「もうお前ら帰れ！」って怒った。

それでどうしたかっていうとね、こっから先はあの二人も偉いなと思ったんだけど、リハーサル場を出たところに蕎麦屋があって、その蕎麦屋で二人でセリフを……。

──必死で覚えてる。

仁科　そう。1時間ぐらいしたら、「すみません！」って戻ってきて、戻ってきた時にはもう井原さんもケロッとして、「はい、やりましょうか」なんて（笑）。で、二郎さんも欽ちゃんも、それがものすごく気に入ってね。

──井原さんもその1時間の間に覚えて来るってわかってたんでしょうか？

仁科　いや、どうかなぁ？

齋藤　それはわかんないな。

仁科　僕がプロデューサーですから、走って行きましたよ、帰らせないように。そしたら、蕎麦屋に入るのが見えたから。

──出てった後を仁科さんが追っかけて行った？

仁科　そうです。で、蕎麦屋で台本見てやりだしたから、あ、こいつら大丈夫だって思ったのね。

コント55号
萩本欽一（はぎもと きんいち）と坂上 二郎（さかがみ じろう）のお笑いコンビ。

１時間ぐらいした時に迎えに行って、「一緒に詫び入れてあげるから」って。ホントはもうやらせることにしてるから（笑）。そんなようなことがあって、双方がそれで非常に上手くいくようになった。

――売れっ子のコント55号に対して、「お前らもう帰れ！」っていうようなディレクターはいなかった？

仁科　いなかったでしょうね。

齋藤　いなかったっていうか、俺なんか一生やったことないよ（笑）。

仁科　だってさ、あの二人いなくなっちゃったら番組できなくなっちゃうじゃない、ゲストとして

呼んでるわけだから。「歌謡曲の歌手でも頭下げて連れてきて埋めちまおうかな」とも思いながら追っかけた。ホントに帰っちゃったらもうしょうがないやと思ったけどね。彼らもそういう意味では根性あった。「このまま帰ったら男が廃る」みたいな気持ちがあったんだろうと思うね。

――『九ちゃん！』の作家さんには、城悠輔さんのお名前も入ってますね。それと井上ひさしさん、中原弓彦さん、河野洋さん、山崎忠昭さん、錚々たるメンバーですね。河野洋さんとはこれが最初ですか？

仁科　たぶんね、井原さんは最初だと思う。

齋藤　俺は『シャボン玉ホリデー』からずっと一緒にやってるから。

仁科　この人が連れてきたのよ。彼、若かったんだよね。

――河野洋さんは青島幸男さんのお弟子さんだった

山崎 忠昭（やまざき ただあき）

脚本家、放送作家。カルト映画の脚本家としても活躍。

んですよね？

齋藤　まぁね、昔はね。

つまり、階段を上がって行くように

——では、『カリキュラマシーン』の話を。井原さんが『カリキュラマシーン』をやりたいと思われて、参考にされた番組というのが『セサミストリート』でした。これはみなさん、ご覧になったことがあるかどうか……。

齋藤　NHKの3チャンネルで月イチだったんですよ。何か情報でもない限り見ないはずなんだけど、けっこう話題になってましたからね。で、次の番組何やろうかって話で、誰が言ったかわからないけど『セサミストリート』って面白いね」って、みんな見てたのよね。だから、みんな情報も何もないところで偶然見てたのかなぁ？

——『カリキュラマシーン』もそうですけど、『セサミストリート』も今見ても十分面白いですね。

齋藤　そうですね。マペットにはびっくりしたよね。だから……、どっちが先かなぁ、『セサミストリート』をやりたい」って言ったのか、次の番組何しようかっていう時に、「やっぱり世の中のためになることをやらなきゃいけないよね」ってことで、「教育番組みたいなことやりたいね」っていう話が先に出たのか……ね。

それで、「だったら『セサミストリート』」ってことで「俺も見てる」「俺も見てる」っていう、そんなスタートだったと思うね。

仁科　その前に、『おかあさんといっしょ』とか『ひらけ！ポンキッキ』……、『ひらけ！ポンキッキ』はもうやってたのかな？

——やってます。『カリキュラマシーン』の前に。

仁科　『カリキュラマシーン』の前に始まったんだよ

セサミストリート（Sesame Street）
制作：チルドレンズ・テレビジョン・ワークショップ（現：セサミワークショップ）
放送期間：1969年～（アメリカ）

ね。『ひらけ!ポンキッキ』はともかくとして、NHKの『おかあさんといっしょ』は面白くもなんともないんだよね（笑）。うちの娘がその頃いくつだったかな……、見せようとしても見ようとしないの。そんな話を井原さんにしたのかな、「子ども番組ってつまんないんですよね」って。

その時、日本テレビには子ども番組がなかった。『おはよう！こどもショー』っていうのはあったけど、あんまり面白くないねって話になって、それでなんとなく子ども番組をやりたいねっていうところへ話が行っちゃった。

齋藤　そうだったね。

仁科　きっかけだけは作ったけど、まさかそこから『セサミストリート』へ飛ぶとは思ってもいなかった。『ゲバゲバ90分！』のノウハウを使った子ども番組ができりゃいいやと思ってたわけよ。そしたら、もっと面白いのがあるよって話になって。

――『エレクトリック・カンパニー』はどうですか？

仁科　あれはあんまり参考にならなかった。

齋藤　『エレクトリック・カンパニー』って？

――やっぱりCTWで作った、『セサミストリート』より上の年代向けの……。

仁科　もっと年長さん。

（『エレクトリック・カンパニー』）

――『エレクトリック・カンパニー』は71年なんですよね。

CTW
チルドレンズ・テレビジョン・ワークショップ（Children's Television Workshop）。2000年にセサミワークショップ（Sesame Workshop）に改名。

ひらけ！ポンキッキ
制作：フジテレビ
放送期間：1973年～1993年
出演：可愛和美、はせさん治、ペギー葉山　ほか

齋藤　1回ぐらいは見たのかな？

仁科　見てる見てる。子どもにやりたいことをやらせる番組。

齋藤　ああ、わかった。突然子どもがタバコ吸って、「なんでいけないんだ」って話を延々やってるっていう。これはとてもじゃないけどできないと思った。

――オープニングはスキャニメイトで『カリキュラマシーン』っぽいです。

齋藤　これ、今見ても面白いね。

――テレビ東京でちょっとやってたんですよね。

仁科　そうかもしれないね。

――『カリキュラマシーン』のオーディション版作った時に、ＣＴＷの人にも見せたんですよね？

仁科　ＣＴＷの人に見せたことはある。たまたま日本に来てたの。

――その方たちの感想は？

仁科　「何をやってるのかよくわかんないけれども、このままやったらいかがかな」と（笑）。ものすごくいい返事をもらったと思ってる。要するに「このままやって大丈夫」ってことだからね。「よくわかんない」っていうのは日本語でやってるわけだから。感覚的に「これは大丈夫」と思ったんじゃないですかね。

――そろそろ今日は締めなんですけど、次は『ゲバゲバ90分！』から『カリキュラマシーン』へと。

齋藤　結局、『セサミストリート』をやろうと思ったんだけど、ＣＴＷに行って井原さんが話を聞いたらば、機関銃のように次から次から目先を変えていくことで子どもたちの心をつかむっていうのかな、それをやってるんだと。

ザ・エレクトリック・カンパニー（The Electric Company）
制作：チルドレンズ・テレビジョン・ワークショップ（現：セサミワークショップ）
放送期間：1971年〜1977年（アメリカ）

それは何を参考にしたかというと『ラフ・イン』っていう番組だったんだよっていう話が出てきたもんだから、じゃぁ、「『ラフ・イン』って何なんだ？」って見たら、これは面白いと。

『ラフ・イン』のテンポというか、あのノウハウをわれわれは学ばなきゃいけない。それをしないとこの教育番組『日本版セサミストリート』はできないっていうんで『ラフ・イン』の日本版『ゲバゲバ90分！』をやる。だから、『カリキュラマシーン』は「結果」なんですよ。機関銃のようにシーンをどんどんどん変えていくノウハウを学んで、じゃあ、いよいよ『日本版セサミストリート』を作りましょうと。

仁科　つまりさ、『九ちゃん！』っていうのがあってね、それから発展してできたのが『ゲバゲバ90分！』で、『ゲバゲバ90分！』から発展してできたのが『カリキュラマシーン』だっていうふうに考えてくれるとわかりやすい。

そこで蓄積したノウハウを全部次へ注ぎ込んでる。だから、『ゲバゲバ90分！』も、ず〜っと進化してるわけですよ。で、進化したものを持って次へ行ってるって考えてくれるとわかりやすいかもしれないね。

——そうですね。違うことをやってるようなんだけど、前の番組が生かされている。

仁科　『ゲバゲバ90分！』とか『カリキュラマシーン』で培ったノウハウをベースにして、これで全国繋ぐとどうなるっていうのが『ズームイン!! 朝！』ですよね。そういうふうに発展してるんです。

齋藤　次から次から「テレビでこんなことできるんじゃないか？」って蓄積の上にやってきたからね。

仁科　階段を上がってるというふうに考えてくださるといいと思うね。で、結局『ズームイン!! 朝！』まで行って、現場から離れちゃった。

──『ゲバゲバ90分！』から『カリキュラマシーン』の間に『スーパースター・8☆逃げろ！』っていう8ミリで撮った番組がありましたね。あれはまったく違う趣旨の番組じゃないですか？

仁科　あれはねぇ、あの頃、8ミリカメラが出たばかりだったの。

──あれは1カ月ぐらいでしたっけ？

齋藤　2カ月ぐらいはやってるんじゃない？　おれもよくわかんないんだ。

仁科　「これ、面白いかもしれないな」って飛びついたのが運の尽きだった。考えたアイディアを昇華させて番組作ってるはずなのに、道具から入っちゃった。これはもう見事に失敗したね。

当時、例えばエジプトにクルーを連れて行く時はエジプトの大使館へ三拝九拝して許可をもらって、向こうの通訳を使い、カメラマンを一人雇う。そうしないと海外ロケができなかったのあの時代に、8ミリカメラだったら素人がやってるのと同じだからできちゃうの。これが運の尽きだった。「何がやりたい」じゃなくて「何ができる」という手段から入っちゃった。

齋藤　オレは外国へばっかり出てるから知らないんだ。帰ってきたらすぐまた外国へだから。

──欽ちゃんとイタリアへ行ってる時に、もう番組がなくなったことを聞かされたんですね？

齋藤　そうそう。3回目の外国だよね。

仁科　番組はなくなったけれども、とにかく撮ってくれと。時間に余裕があったら遊んで帰ってらっしゃいと。

スーパースター・８☆逃げろ！
放送期間：1972年10月3日～11月14日
制作：日本テレビ
出演：藤村俊二　ほか

齋藤　遊んでないよぜんぜん。未だに欽ちゃんはそれ言ってるけどもさ。

仁科　ロケ車のホイルベース盗られてね、で、どっかのホイルベースもらってつけてんの（笑）。悪い事やってんだよ（笑）。

齋藤　通訳やってた人の車がベンツだったんだけどさ、ホイルベース盗られちゃったんだよ。で、これ番組で補償してくださいって言うから、「何言ってやがるバカヤロウルセー」って、近所で……（笑）。「これでいいだろ？」って言ったら「いい」って（笑）。

——番組は完成させちゃったんですよね？

齋藤　完成させました。それは日テレに秘蔵されてるよ。

——残ってるんですね？

仁科　残ってます。「これは未放送だから消すな」ってことで。

齋藤　でも、面白くないよ（笑）。

——一度見てみたいですね。で、次回はいよいよ佳境に入りますので、スペシャルゲストも用意してあります。

齋藤　スペシャルゲストって宍戸錠のこと？

——あ、言っちゃった（笑）。

齋藤　言っちゃったほうがいいよ。

仁科　大丈夫？　齋藤さんと錠さんを二人ここに置いたらさ、二人で酔っ払うよ（笑）。

齋藤　錠さんは最初から酔っ払ってるんだよ（笑）。

仁科　なに言い出すかわかんないよ（笑）。

――仁科さん、お願いしますね。

齋藤　錠さんを攻めてみるのも面白いですよ。『カリキュラマシーン』だとか『ゲバゲバ90分！』もさることながら、日活のスターとしての宍戸錠っていうのをね。

――私たちにとっては「えんぴつのジョー」ですが、実は錠さんは日活の大スターなんですよ。

齋藤　実はじゃなくて、事実そうなんだよ。それも日活の第1期生でね。だけどなかなか売れなくてさ。石原裕次郎が売れ、赤木圭一郎が売れ、その後にやっと売れたんだよ。当時の日活のドル箱スターの一人でしょ。

仁科　なぜ『ゲバゲバ90分！』に出る気になったのか、ぼくも一回訊いてみたい。

齋藤　人間的に非常に面白い人ですよ。その辺を楽しんでいただければ。欽ちゃんは最後まで「なんであの人たちにやらせるの？ オレはいやだ」って言うんだよ。いろいろ考え方があるんだろうけどね。

――「なんであの人たちにやらせるの？」っていうのはどういう意味ですか？

仁科　つまり、欽ちゃんの考え方は「スターは地面に降ろしちゃいけない」なの。ぼくらはスターが地面に降りてやってくれることに意義があったの。

齋藤　「誰かが主役をやってる時は、みんなで後ろをやってあげようよ」っていう、「チーム」の考え方してるわけ。だから、錠さんはいい通行人だったですよ。本当にいい通行人（笑）。

ところが、欽ちゃんは「スターはスター」であり、どこまで行っても「スターはスター」だと。だから、欽ちゃんは通行人はやったことない。でも、錠さんはやってくれた。朝丘雪路もやってくれた。「チームなんだ」って考え方と、「スターが集まってるんだ」っていう考え方の違いがあったね。

10

カリキュラマシーン

2011年の平成カリキュラマシーン研究会発足当初から、イベントやるならキャスト代表として宍戸錠さんにゲストに来ていただきたいと思っていた。

しかし、2013年の2月、宍戸さんのご自宅が火事になり、しばらくはお声を掛けづらい状況にあったのだけれど、齋藤ディレクターから「火事で錠さんの電話番号が変わっちゃってわからなくなってしまった。なんとか連絡先がわからないかなぁ?」と言われ、一か八かやってみることになった。

10

帰ってきたえんぴつのジョー
～持ち方がなっちゃいねぇぜ！～

おおよそ第9回ぐらい？ カリキュラナイト ●2014年10月 経堂さばのゆ にて

本日のゲスト

宍戸 錠さん
ししど・じょう

俳優。1933年12月6日大阪生まれ。日活ニューフェース第1期生。代表作である『渡り鳥』シリーズで代名詞ともいえる「エースのジョー」としてスターの地位を確立し、石原裕次郎氏、小林旭氏、赤木圭一郎氏といった同世代のスターたちとともに「日活ダイヤモンドライン」として活躍する。以降、数多くの映画・テレビドラマ・舞台などで存在感を示し続ける一方、バラエティーでも才能を発揮、『カリキュラマシーン』では「えんぴつのジョー」などを演じると同時に、個性の強い出演陣をまとめる座長的存在でもあった。

仁科俊介さん
にしな・しゅんすけ

元日本テレビプロデューサー。1959年にスタートした『ペリー・コモ・ショー』の経験を買われ、『エド・サリヴァン・ショー』で井原プロデューサーの右腕となる。以後、『九ちゃん！』『巨泉×前武ゲバゲバ90分！』『カリキュラマシーン』『11PM』『ズームイン!! 朝！』などをプロデュース。収録のスケジュールから撮った映像の編集まですべてを担当し、朝の5時から夜中の1時ごろまで勤務。伝票のズルは絶対に見逃さない井原組の大番頭である。

齋藤太朗さん
さいとう・たかお

元日本テレビディレクター。『カリキュラマシーン』では、メインディレクターでありながら番組のカリキュラムの説明などを行う「ギニョさん」として出演。『シャボン玉ホリデー』『九ちゃん！』『巨泉×前武ゲバゲバ90分！』『コント55号のなんでそうなるの？』『欽ちゃんの仮装大賞』『ズームイン!! 朝！』『午後は○○おもいッきりテレビ』などの演出を手掛ける。演出においてはそのこだわりの「しつこさ」から「こいしつのギニョ」と呼ばれる。

聞き手：平成カリキュラマシーン研究会

まずはWebで錠さんのショップを探し当て、そこで会員になってTシャツを購入。そのショップにあった掲示板に「平成カリキュラマシーン研究会と申します……」云々をダメ元で書いてみたら、ほどなく返事をいただいた。そこからマネージャーさん（錠さんの娘さん）とメールのやり取りを何度かやって、ついにカリキュラナイトへの出演を承知してくださった。全部、齋藤さんのおかげだけど。

当日、錠さんは少し遅れて現れた。もちろん、事前に連絡はもらっていたけれど、「本当に来てくれるんだろうか？」という不安がよぎる。緊張感はますます高まる。

しかし、さばのゆのドアが開き、錠さんが入って来られた時に、「ああ、これが本物のスターのオーラね」と納得。自然に全員が立ち上がり、拍手で出迎える。錠さんは白いシャツに赤いカーディガンをさりげなく肩に掛け、いや～、かっこいいってこういうことだよ（笑）。

この日のさばのゆは、もちろん満席。客席には宮島ディレクター、渥美ディレクター、脚本の浦沢義雄さんのお顔も見える。まず、9月に亡くなられた井原プロデューサーを偲んで黙祷から。

「なぜ日活のスーパースターが『ゲバゲバ90分！』に出演したの？」などなど、いろんな話をしてくださったけれど、カリキュラナイトへの出演の条件として「録画も録音もNG」であったため何も残っていない。音声だけならこっそり記録することもできたかもしれないけれど、録らない約束だから、そこは守る。あげくに、錠さんの一挙手一投足に目が釘付けで、会話をメモする余裕もない（笑）。

そして最後に錠さんは、「みなさん、お好きな飲み物を1杯ずつ飲んでください。宍戸の奢りです」と、お客さん全員に飲み物を奢ってくださった！あ～、やっぱりかっこいいってこういうことだってば（笑）。

錠さん、本当にありがとうございました。一生「私はジョーの奢りで飲んだことがある」と自慢します（笑）。

2020年1月18日、宍戸錠さんは虚血性心疾患のため永眠。

おおよそ第9回ぐらい？ カリキュラナイト！

テレビの黄金時代大研究スペシャル！

帰って来たえんぴつのジョー

持ち方がなっちゃいねぇぜ！

スペシャルゲスト：宍戸 錠さん

ゲスト：仁科俊介プロデューサー **齋藤太朗**ディレクター

日時：2014年10月16日（木） 19時〜20時30分

会場：経堂 さばの湯 sabanoyu.oyucafe.net

世田谷区経堂2−6−6 plumbox V 1階（経堂駅から徒歩3分）

TEL&FAX 03-579 96138（コナモン食う 黒いサバ）

木戸銭：2,500円 ＋ えんぴつ1本

伝説の子ども番組「カリキュラマシーン」の“えんぴつのジョー”こと**宍戸 錠さんをスペシャルゲストにお招き**し、**仁科俊介プロデューサーと齋藤太朗ディレクター**の3人で、「ゲバゲバ90分！」「カリキュラマシーン」について語っていただきます。日本初（？）のギャグバラエティー「ゲバゲバ90分！」に、なぜ日活の大スターである宍戸 錠さんが出演することに！？ 宍戸さんにとっての“えんぴつのジョー”とは？ ・・・などなど、ここだけの話し満載！ 「ゲバゲバ90分！」「ゲバゲバ一座のちょんまげ90分！」「カリキュラマシーン」の映像を見ながら、昭和のテレビにタイムトリップ〜！！ **作家の浦沢義雄さんもご来場！！！** これは絶対見逃せないっ！！！

主催：平成カリキュラマシーン研究会

http://curriculumachine-sg.com/

宍戸さんの娘さんでマネージャーのしえさんが、イベントのことをブログに書いてくださった。

えんぴつの持ち方

いいかい。
まず親指と人差し指で輪を作る。
その2本の指でえんぴつをつまんで、
ぐらぐらするから下から中指を添える。
ギュッと握っちゃいけない、
か～るくか～るくにぎって。
左手で便せんを押さえて、
おっとお嬢さん、姿勢が悪いぜ。
姿勢をちゃんとして、
腕の力を抜いて……、
さ、書いてごらん。

11

カリキュラマシーン

『カリキュラマシーン』のアニメは今見ても新鮮。オープニングのアニメで使われているスキャニメイトは、当時最先端の技術だ。とにかくあのアニメーションがなくっちゃ『カリキュラマシーン』は始まらない。そしてそれはあの予算オーバー事件から?木下蓮三さんにお会いしたかった……。

11

おおよそ第10回ぐらい？ カリキュラナイト

さんざん騒いで忘年会！ アニメがなんだかスキャニメイト！ ん!?

●2014年12月　経堂さばのゆ にて

本日のゲスト

仁科俊介さん
にしな・しゅんすけ

元日本テレビプロデューサー。1959年にスタートした『ペリー・コモ・ショー』の経験を買われ、『エド・サリヴァン・ショー』で井原プロデューサーの右腕となる。以後、『九ちゃん！』『巨泉×前武ゲバゲバ90分！』『カリキュラマシーン』『11PM』『ズームイン!! 朝!』などをプロデュース。収録のスケジュールから撮った映像の編集まですべてを担当し、朝の5時から夜中の1時ごろまで勤務。伝票のズルは絶対に見逃さない井原組の大番頭である。

齋藤太朗さん
さいとう・たかお

元日本テレビディレクター。『カリキュラマシーン』では、メインディレクターでありながら番組のカリキュラムの説明などを行う「ギニョさん」として出演。『シャボン玉ホリデー』『九ちゃん！』『巨泉×前武ゲバゲバ90分！』『コント55号のなんでそうなるの？』『欽ちゃんの仮装大賞』『ズームイン!! 朝！』『午後は○○おもいッきりテレビ』などの演出を手掛ける。演出においてはそのこだわりの「しつこさ」から「こいしつのギニョ」と呼ばれる。

聞き手：平成カリキュラマシーン研究会

『イチ・ニのキュー！』

――今日はアニメーションの話を中心に、なるべく映像を交えながら話をしたいなと思っています。

（「えんぴつのうた」）

――今のが『カリキュラマシーン』で使われていた「えんぴつのうた」という歌のアニメーションです。『カリキュラマシーン』のアニメーションは木下蓮三さんというアニメーターが作ってくださっています。木下蓮三さんのプロフィールを紹介させていただきますと、１９３６年大阪生まれ。大阪コマーシャルフィルム、毎日放送映画社を経て、１９６７年にスタジオロータスを設立されました。

齋藤　ちょっと待てよ。その前に手塚治虫さんのところにいる（※）。

――それは大阪コマーシャルフィルムの前ですか？

齋藤　もっと後。ロータス創るのはずいぶん後だから。で、その時に俺は付き合いだしているんだから。

――『ゲバゲバ90分！』『コント55号のなんでそうなるの？』『カリキュラマシーン』などのアニメーションを手がけられています。『ゲバゲバ90分！』のゲバゲバおじさんは、ご本人がモデルだと言われています。

齋藤　言われている？ ああ、そうですか（笑）。

――他にもCMのアニメーションなども作られていて、国際的な賞も多数受賞されています。１９８５年にアジアで初めての国際アニメーションフィルム協会公認の「国際アニメーションフェスティバル広島大会」を木下蓮三さんと奥様の小夜子さんが開催されました。

仁科　今も小夜子さんがやっているよ。（２０２０年８月の第18回大会をもって終了）

広島国際アニメーションフェスティバル

アニメーション専門の国際映画祭。木下蓮三・小夜子夫妻の尽力で開催が実現し、木下小夜子さんがフェスティバルディレクターを担当。
開催期間：1985年〜2020年の隔年8月
公認：国際アニメーションフィルム協会／ASIFA（2006年〜2009年と2019年〜2022年、木下小夜子さんが国際の会長）
主催：広島市、共催：ASIFA-JAPAN

（※）木下蓮三さんが虫プロでお仕事をされていたのは1966年。『鉄腕アトム』のオープニングや、『悟空の大冒険』などに参加され、翌1967年に株式会社スタジオロータスを設立。

——1997年の1月に亡くなりました。享年60です。惜しい人を亡くしました。

齋藤　本当です。俺に断りなしに死にやがって。

——そうですね。手塚さんのところにいらした時に、最初にお会いになったそうですが。

齋藤　たしかね『イチ・ニのキュー!』を始める時に、タイトルをアニメーションで作ろうっていう話になって。

——あの曰く付きのやつですね(笑)。

齋藤　手塚さんに声をかけたら木下さんを紹介してくれた。お金の話もいろいろありますから、プロデューサーも紹介してくれて、そのプロデューサーと木下さんとで仕事を始めた、それが最初です。

——じゃあ『イチ・ニのキュー!』のオープニングを見てみましょう。

齋藤　ああ、あるの？これ名作だよ。

(『イチ・ニのキュー!』オープニング)

——名作です。予算を大幅に……。

——すばらしい！

齋藤　音楽は服部克久。

——今見ても素晴らしくおしゃれな。

齋藤　いやー、これ手間もかかったしお金もかかったね(笑)。いや、手間がかかったから、お金もかかっ

『イチ・ニのキュー!』のオープニングアニメーション

たんだけれども（笑）。

――予算はおいくらだったんですか？

齋藤　へっへっへっ（苦笑）。たしか、２００万だったのに、おれが４００万使っちゃったんだっけ？

仁科　いや、最初は２２０万だったんだ。はっきり覚えているのは、「２２０万じゃ足りないから、３００万まで認めろ」って言ったんだよ。結局５００万超過しちゃった（笑）。

――倍以上使っちゃいましたね。

齋藤　制作費は３００万なんだよ。本当にそうなの。ところが人件費とかスタジオ代とかダビング料とか、そういうの入っていなかったのよ。おれはお金のことダメだからね、予算の中でできていると思ってたのに、経費計算書来たら５００何万……で、仁科さんが怒ってさ、おれに……。

仁科　ねーっ！（笑）だってね、タイトルのお金はタイトルで済ますもんじゃなくて、その放送する回で割っていくわけですよ。13回で打ち切りになっちゃうかもしれないし、中身悪けりゃ6回で打ち切りになっちゃうかもしれない。でもまあ、いわゆる1クール13回までは割り算を認めましょうっていうルールがあったわけ。だから13で割る。13で割ると、そのタイトル分がいくらか、つまり制作費が全部で３００万ぎりぎりぐらいだったと思うんだけれども、それをぴゅーっと割っていくのを、この人が使った分だけトップオフするわけだよ。タイトル分が13回分にかかってくる。そうすると、実際に使えるお金っていうのが減っちゃっているわけだよね、すでに。

じゃあそれをどうするのか？　収録の時間を縮めるのか？　ゲストの質を落とすのか？　スポンサーに「ゴメンナサイ」って言っちゃうのか？（笑）

齋藤　セットをケチるとか。

仁科　まぁ、いろんなやり方があるわけ。セットが一番お金かかるから、セットでごまかすっていうの

トップオフ

制作費などにかかった費用をあらかじめ
収益から差し引いておくこと。

もあるし。でもね、本当いうとタレントが一番ラクなんですよ。

齋藤　タレントがラクっていうのは何？　タレントを切るのがラク？

仁科　その当時だったら、宍戸錠さんを連れて来るのと、藤村俊二さんを連れて来るのでは、ものすごい差があるわけ。たとえばこの人だったら100万、この人だったら10万で済んじゃうぐらいの差があるから、そうやって少しずつ誤魔化しながら、赤字を解消していく。

齋藤　……ってな話はね、今聞いているんでね(笑)、おれは怒られただけで、何がどうなっているんだかよくわからない。お金のことはわかんないんだよ。

――『イチ・ニのキュー！』は何回続いたんですか？

齋藤　半年。半年でやめちゃった。

仁科　『九ちゃん！』を2年半やって、スタジオになって半年か。じゃあ26回。26回だけど、実質正月が入ったりして……。

齋藤　あれは全部やったような気がする。だってスポンサーが味の素だからね。

仁科　少なくとも25回はやっているな。で、たぶんね、収支はなんとか納まったはず。

齋藤　いやいや、この人がプロデューサーだから収めちゃうんだよ。そういう名人だからさ。へたなやつだったら、みんなパーになっちゃうんだから。

――よかったですね、プロデューサーが仁科さんで。

仁科　その代わりこっちが苦労するわけね。

齋藤　ゴメンナサイ。

仁科　自分がやっている他の番組から、こっそりちょっとお金を持って来たり、いろいろ悪いことやるわけだよ。

齋藤　でもね、予算はオーバーしたけれどもさ、出来のほうは評価してくれているよ、ちゃんと。

仁科　そうだよ。

齋藤　「いいものはできたよ。ただし、そんなにお金かかっちゃまずかったよ」っていう話なんだよね、これはね。

――そもそも『九ちゃん！』で予算かかりすぎちゃったので、出演者とか切って始めたのが『イチ・ニのキュー！』なんですよね？

齋藤　かかりすぎちゃったっていうよりね、九坊のギャラアップがきたんですよ、事務所から。

仁科　前にも言ったけれども、あの人（坂本九さん）は『九ちゃん！』をスタートする時は人気がずっと下降線で、ギャラのわりには使い勝手の悪い状態になっていた。元一軍で、実際の評価としては二軍クラス。だから、ギャラの交渉をした時も、「元のまんまのギャラは払えないから、これだけにしてくださない。その替わりに1回につき2本ずつ撮っちゃいますから」みたいなことで、7割ぐらいに減らした。
　そうしたら、『九ちゃん！』を放送し始めたころから復活しちゃったの。それで向こうも強気になって「どうしてくれる！」って話になって、じゃあもう公開やめてスタジオにしちゃおうってスタジオにしちゃった。

齋藤　公開でタレントいっぱい使ってやるっていうのはお金かかるんですよ。それをやめてスタジオ制

九ちゃん！
制作：日本テレビ
放送期間：1965年～1968年
出演者：坂本九、小林幸子、てんぷくトリオ、小川知子　ほか

作にして、タレントもずいぶん減らしてね、それでなんとか採算取ろうってスタートしたのがこの『イチ・ニのキュー！』なんですよね。

仁科　舞台でセット組むっていうのは大変なのね、大きなセット組まなくちゃいけないから。スタジオだったら映る範囲だけあればいいわけ。これでまず美術費がものすごく違う。それから、交通費がめちゃめちゃ違う。北海道まで収録しに行くんだもの。都内の公会堂へ行くにしたって、タレントやスタッフが何十人もいて、全員がそこへ行って、そこから帰るわけでしょ。この交通費が意外にバカにならないんですよ。それと、スタジオだったら社内食堂でめし食えばいいのに、公会堂ではいちいち弁当取らなきゃいけない。この弁当代もバカにならない。

齋藤　だから、てんぷくトリオから伊東四朗さんだけ残して、３人全部にギャラ払わないでいいようにしようとか、とにかく切れるものは全部切って、坂本九にお金払わなきゃいけないからって制作費を縮めたのが、まぁ……。

仁科　ゲストは一人って決めてね。

齋藤　で、結局なぜ半年で終わったかというと、またギャラアップを言ってきたんだよな、確か。

仁科　それで「もうダメだ、できないや」って。

齋藤　もう付き合いきれないから、これはやめるしかないやって。じゃあ、次は何やろうかってやったのが『ゲバゲバ90分！』。

『ゲバゲバ90分！』

——で、話を木下さんのほうに戻しますけど、木下さんはどんな方でしたか？　本人がモデルであろうといわれている、ゲバゲバおじさんみたいな？

齋藤　それは勝手に誰かが言ったんでしょう。

——ゲバゲバおじさんみたいな方ではなかったんで

すか？

仁科　蓮ちゃんから直接聞いた話、あれに似たのが自画像だったんだって、実は。

齋藤　ほう！

仁科　これを何とかしたら「ゲバゲバピーッ」になるなと。一番最初に「ゲバゲバピーッ」っていうのを作ったんだよな？

齋藤　『ゲバゲバ90分！』は、30秒くらいのギャグがどんどこどんどこ1時間半続く番組だから、どっかにきりをつけてやらないとさ、「ここで終わり」ってわかんないでしょ？　だから、ギャグとギャグの間にちょろっとした……。

仁科　文章でいうと「てん（、）」とか「まる（。）」だよね。

齋藤　そう、「てん（、）」とか「まる（。）」とかを付けてやらなきゃいけないだろうっていう話になって、それで、これはアニメーションでやろうと思って木下さんに「そういうわけで、句読点みたいなものを作りたいんだ」って言ったらば、「それはわかったけれども、いったい何を考えればいいんですか？」って訊かれて、「イメージは猫」って言ったんだよ。「ああ、猫ね」って言って彼は帰って行って、1枚の画用紙に目玉2つと鼻があって、口は線しかないんだけれどもね、描いてきたの、輪郭もないんだよ。

で、ひとつのギャグと次のギャグとの間にぺろっと入れるには、1秒は長いと思った。2／3秒なんだよ、あれ。

仁科　そうなんだよ。困っちゃう（苦笑）。

齋藤　「これに舌出せる？　ペロッと出したところに『ゲバゲバ』って書いてあるっていうのはどうだろうね？」って訊いたら「大丈夫だよ」って言うんで、「じゃあ、16コマで作ってよ」って言って出来たのがあの「ゲバゲバピーッ」なのね。

巨泉×前武 ゲバゲバ90分！傑作選 DVD-BOX
発行：バップ
発売：2009年

で、これに音を付けなくちゃいけないっていうんで、音効の山口さんと相談しながら作ったけど、「ピーッ！」っていうのは最初電子音だったの。でも、電子音じゃ味も素っ気もない。

で、あの年にアポロ11号が月面に行ったでしょ？ヒューストンと交信する時に、非常に雑音の多い「ピーッ！」って音が入っていたしょ？「ゲバゲバピーッ！」の「ピーッ！」はあの音なんですよ。世界中に流れたあの宇宙との交信の時の「ピーッ！」っていう音があそこに入っているんです。

――ではいってみましょう！

（「ゲバゲバピーッ！」）

――これだけです（笑）。

齋藤　これが16コマなんです。

（『ゲバゲバ90分！』「今週の特集」のタイトル）

――『ゲバゲバ』では、こういう「特集」のタイトルのアニメーションとか、いろいろなコーナーがありましたね。

（『ゲバゲバ90分！』「ＩＦ」コーナーのタイトル）

（ゲバゲバおじさんの連ギャグ「ロケット発射」）

（ゲバゲバおじさんの連ギャグ「ゲバゲバおじさんと丸い輪」）

（「三人のミュージシャン」）

齋藤　「ゲバゲバおじさん」に輪郭があるじゃないですか。手足もついているでしょう？

仁科　最初はなかったの。

齋藤　1年目は「ゲバゲバピーッ！」っていうだけのものなんですよ。2年目になってアニメーションのシーンを入れようっていう話になって、あれを

ロケット発射

「ＩＦ」コーナーのタイトル

ゲバゲバピーッ！

キャラクター化しようじゃないかっていうんで、まわりに輪郭をつけたり手足をつけたりして、「ゲバゲバおじさん」というものになったのね。

仁科　コマーシャルの前に全部入れたの。とにかくね、2／3秒、つまりコマ数でいくと16コマ。フィルムは24コマですから、編集するのすごく大変なんだよね。「こんなの、どうしようもないじゃないか」っていうんで、先にビデオテープに入れておいて、スタジオでそのテープを回して、それからギャグを始める。要するに「ゲバゲバピーッ！」付きでギャグ作ってもらった。

齋藤　そんなことやってもらったの？

仁科　やってもらったの。それがなかったらとても編集できやしない。「ゲバゲバピーッ！」の頭だけを切れば繋がってギャグが始まるから、テープを切るのが一カ所で済むでしょう？　いちいち入れてられるかっていうの（笑）。しょうがないからこっちもそういう工夫するわけ。

齋藤　あの頃は手でやるんだからね。木下さんはテレビのコマーシャルはやっているけれども、アニメーションの仕事したのは俺としかない、多分。

——ほかの番組は……？

齋藤　いっさいやっていないはず。

仁科　やっていないでしょう。……あ、あのね、俺とやったんだ、そう言えば。『おはよう！こどもショー』で歌を作った時、歌のアニメをかなりやっている。

——次は『なんでそうなるの？』いきましょう！

三人のミュージシャン

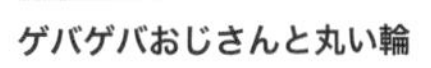

ゲバゲバおじさんと丸い輪

（『なんでそうなるの？』オープニング）

（『なんでそうなるの？』アイキャッチ）

齋藤　これも僕が作った番組ですけれど、こっちもコントがあって次のコントに移る時に、続けてやるわけにもいかないから、何か入れなきゃいけない。欽ちゃんは「あんなものが入るとは思わなかった」とか言っていたけど（笑）。とにかく、それらしいものを作ろうということで作ったんですよね。これも木下さんです。

――木下さんはコマーシャルも作っていらして、これは福島でしたっけ？

（「湯本自動車学校」コマーシャル）

齋藤　へえ、こんなもんやってるんだ。

仁科　ぜんぜん知らないや。

『カリキュラマシーン』

――『カリキュラマシーン』の話をしないと時間がなくなってしまうので、『カリキュラマシーン』にいきます。やっぱりオープニングの話をしないと。

齋藤　あー、これがまた大変なんだ。

（『カリキュラマシーン』オープニング）

――すごくインパクトのあるオープニングなんですけれども、スキャニメイトっていうCGのシステムを日本で初めて使ったんですよね？

齋藤　CGとまではいかないんだよね。電気的に動く映像を出すことができたのと、着色できるっていうだけ。絵は蓮ちゃんだけど、動いてるのは全部電気的に作ってる。東洋現像所に蓮ちゃんと僕が籠って、蓮ちゃんがフェーダーをいじりながら「ここはこの色がいい」とか言いながら作った。彼はさすが芸術家だよね、俺なんか想像つかないような色を調

コント55号のなんでそうなるの？

制作：日本テレビ
放送期間：1973年〜1976年
出演：コント55号

『なんでそうなるの？』のオープニングアニメーション

合して作ったのが、あのチカチカしている部分なんだけれども。

——東洋現像所にスキャニメイトが入って、齋藤さんがそれを使うことになったきっかけというのは？

齋藤　「こういうのが入りましたから見にきてください」とか言われてさ。それまで何で東洋現像所を使っていたんだろう？ 編集で使ってた？

仁科　俺が編集で使ってた、『ゲバゲバ』の時に。

齋藤　東洋現像所の営業の人が「こういう機械が入りましたので見にきてください」って。とにかく天井まで届くラックが4、5本あってさ、「これで何か出来るかなあ？」って蓮ちゃんと一緒に俺も考えましたよ。VTRを合成しながら枠をつけて、変なチラチラしたものを作っていって。おまけに全部で45秒とか……。

仁科　44秒。

齋藤　15分番組だから、タイトルは短くないと。その間にキャストも出さなきゃいけないんで、えらい苦労した。1本作るのに確か3日くらい徹夜してると思う。

——3日徹夜。72時間！

齋藤　72時間全部やってるわけじゃないけれどもね。東洋現像所は、輸入したものの、使い道がわからなかったのよ。で、俺が勝手に使っちゃったんだけれども（笑）。そこの技術屋さんも何が出来るんだかよくわかっていないんだよね。

「こんなことできますかねえ？」「やってみましょう」っていうような手探り状態だからさ、ひとりのタレントの分を作るだけで1時間や2時間かかっ

『カリキュラマシーン』のオープニングアニメーション

ちゃう。おまけにそのタレントの絵を選ばなきゃいけないでしょう？　もう大変でしたけれどもね、あれは。

仁科　これはお金かからなかった（笑）。

齋藤　東洋現像所が売るところまで至ってないわけよ。輸入しちゃったけど、どうやって使っていいんだかわからなくて「やってみてください」っていうことだから、あんまりお金かかっていないよね。こっちは大変だったけれどもね。

スキャニメイトを活用できたっていうのでは最初ではあると思います。ただね、まだ可能性はいっぱいあったと思うの。ここではこういう使い方をしたけれども、そこから先また何かやれば、もっといろんな発見があったかもしれないけれどね。

仁科　何しろ時間ばっかりかかるからね、そうは使っていられないんだよね。

齋藤　体力の限界までやっていましたからね。

——3日徹夜っていうのは辛いですよね。

齋藤　蓮ちゃんが頑張ってくれるんだよ。そんなことしたから体壊しちゃったのかな？

仁科　それはわからないけれども、とにかくあの人は面白がって部屋から出てこないんだよ。

齋藤　やっぱり芸術家ってすごいなと思うのは、僕なんかは想像つかないような色を作るんだよね。何とも言えない色ね。

——ちょっと聴いてみましょうか。

（『カリキュラマシーン』オープニング）

仁科　この歌さ、面白かったね。子どもしか歌えなかったって。プロの大人のコーラスに歌わせたけど、どうしてもうまくいかない。それで……、あれどこだっけ？

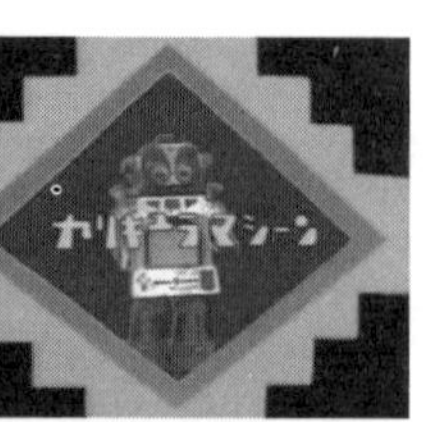

『カリキュラマシーン』のオープニングアニメーション

ピアノピース PP1613
カリキュラマシーンのテーマ
宮川泰（ピアノソロ・ピアノ＆ヴォーカル）

発行：フェアリー
発売：2019年

『カリキュラマシーン』のテーマ曲がNHKの人気番組『チコちゃんに叱られる！』のオープニングテーマとして使用され、ピアノスコアが発売された。

齋藤　西六郷少年少女合唱団！

仁科　……を連れて来て一発でできた。

齋藤　一発で出来たね、あの子たちは。「ラララララッラ♪」で覚えてきて、その日になって「シャバドゥビドゥッパ♪」ってお宮（宮川泰さん）が書いて、それをその場で録音したら一発でＯＫだもんね。

――ミキサーの鳥飼さんの話だと、ちょっとだけピッチを上げてあるんだそうです。そうすると、こまっしゃくれたかわいい声になるらしいです。

仁科　そうですか。黙ってそういう工夫をしてくれる人だったね。

齋藤　そういう有能な人がいっぱいいてくれたんだよ。みんな死んじゃったんだよ。

――鳥飼さんは死んでいないですよ（笑）。

仁科　かわいそうだよ。あの人まだ若いもの（笑）。

――国語いきましょうか。

（国語のアニメ）

齋藤　いいことやっているよ(笑)。

仁科　「くっつきの『を』」なんてよくやったよ。

――たとえばあれを作るのに、どういう手順でやっているんですか？

齋藤　アニメーションをつくる手順？

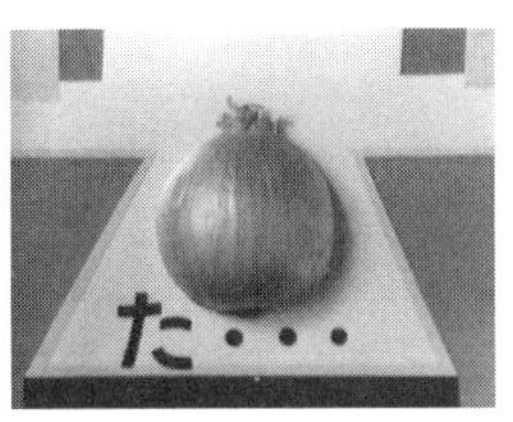

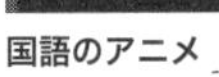
国語のアニメ

――やっぱり台本が先に？

齋藤　もちろん台本がまず先にあるの。

仁科　アニメーションは最後だね。

齋藤　台本があって、こっちから「こういうようなアニメーションを作りたい」っていう頼み方もあるんだけれども、アニメーション化するところの、そっから先のアイデアは蓮ちゃんにお願いして作ってもらってるところもあります。たとえば「あ」の字を変形させたいとかいうのは、蓮ちゃんが考えて作ってるんじゃないかなぁ？

仁科　ほとんどそうかもしれないね。

齋藤　「アニメーション」っていうと、いわゆるストーリーのある劇画アニメーションのことを思い浮かべるでしょうけれども、「ものが動く」「ものを動かす」って言ったらいいのかな、それは全部アニメーションなわけなんだよね。そういうアニメーションの技術を、蓮ちゃんが考えながらやってくれているっていうこともあって、僕もずいぶん勉強しました。

実は芸術的なアニメーションにはいろいろあって、フランスなんかのアニメーションは本当に芸術的で、アニメーションの可能性っていうのはいろいろあるんだよね。何使ったってアニメーションにできるんだものね。

――クレイのアニメーションなどは、木下さんのほうから提案されるんですか？

齋藤　提案っていうよりも、お願いしておくと勝手にやってくれているんだけどね。文字の「あ」とか「い」とかのアニメは、たぶん蓮ちゃんが作ってくれていると思う。ギャグのアニメはこっちから頼む。これはもともと台本があるものですから、台本に則って「ここでこんなことしたいから」って言って頼んでる。

――その台本によって木下さんと齋藤さんが打ち合わせをされるのですか？

木下さん制作の
クレイアニメ

齋藤　打ち合わせっていうのは「こうしたいと思っているんですけれども、ひとつお願いします」「ではこうしましょうか？」とか、いろんなことを言いながらやるのが打ち合わせじゃないですか。でもね、音楽の宮川さんもそうだし、蓮ちゃんもそうなんだけれどもね、僕と長年やっているから、「これ頼むね」って言うとだいたい僕が何を望んでいるかわかってくれる。

だからさ、いちいちごちゃごちゃ言わなくても、だいたいその通りのものができてきてさ、自分が思っているよりもはるかに優れたものが出てくるっていうか、つまりそれが仕事の上でのパートナーというかね。

木下蓮三さんも宮川さんも死んじゃったから、もう本当に残念でしょうがない。そういうことのできる、僕との何関係っていうのかな？　わからないけれども、そういう人なんですよ、木下さんもそうなの。

――「えんぴつの歌」なんかだと曲が先にあって？

齋藤　そうです。まず音楽の依頼をして、できてきた音楽に対して木下さんがその音を聞きながらアニメを作った。

――「えんぴつの歌」には何パターンかありましたよね？

齋藤　「えんぴつの持ち方がちゃんとできないと、子どもたちはちゃんと勉強することができない。まずえんぴつの持ち方をちゃんとやりましょう」が番組の中の大事なテーマだったから、何種類か作りました。

――作家さんから「これアニメーションでやりたい」と言われることはありましたか？

齋藤　それはありました。ありましたけれどもね、アニメーションってお金かかりますからね、「わざわざアニメーションでやることはない」っていうのは実写でやっちゃう。アニメーションに対して本当に理解できてた作家はあんまりいなかったですね。

――実写でやるより、すごく時間がかかりますよね。

「えんぴつの歌」
のアニメ

齋藤　時間も手間もお金もかかる、もう本当に。

――「カリキュラマシーン」では、アニメの予算ってけっこうありましたか？

齋藤　あれ週で何本撮っていたの？　４本撮りだったよな？　４本撮りでもって、週予算どれくらいなの？

仁科　どのくらいだったかね？　もう覚えていないよ（笑）。

齋藤　15分番組ですけれども、４本撮りやらないと採算とれないっていうか……。

仁科　15分番組を４本分っていうかね、１時間だよね、つまり。１時間のものを１回で全部撮っちゃわないとどうしようもない。

齋藤　１日で撮る。９時開始でもって、夜の11時くらいになるのかな。

仁科　へたすると午前２時になったりする。

齋藤　そうそう。とにかく１日のうちに撮っちゃうことでまあ採算とれる。

仁科　アニメーションに関しては、出来高払いにしたような気がするな。たとえばね、１秒のものを作るのでも、絵１枚で済む場合と、１秒間、全部絵を動かしている場合と、労力がまるで違うじゃないですか。要するに、どのくらい労力を使ったか。アイデアの問題もあるんだけれども、結局、どのくらいの労力を投入したかでだいぶ違ってくるわけね、アニメーションってね。「何枚くらい絵を使った？」っていうと

ころからはじまるわけね。

齋藤　彼らアニメーターっていうのは画家と同じでね、動く絵を使って何を表現しようかっていうことを考えてるわけ。世界的に有名なアニメーションっていっぱいありますよね？　そういうの見るとさ、「やっぱりこの人たち、すごいこと考える人たちだな」と思う。

極端なことを言うと、何だかわけわからないやつもあるんだよね、絵と同じで。だけどそれは芸術だから、そっから先のことは俺たちにはちょっとよくわからない。でもその一派なんですよ、木下さんも。

仁科　ただね、「これは気に入ったからいくらで買いましょう」というものではない。たとえば画廊であれば、1枚の絵に対して自分が値段をつけて買うっていう形もあるわけ。ところが、こういったアニメーションに関しては値段をつけられないんだよね。結局はどの程度の労力、ないしはアイディアをつぎ込んだかっていうことで測っていくしかない。

だから最初に「木下さん、どうやってお金払えばいい？」って訊いた。「うーん」って言っているから、「枚数？ 時間？」って聞いたの。そうしたら「枚数でもなければ時間でもない」って。「そう言われると、こっちは払えなくなっちゃう」というような話を延々繰り返した結果、「出来上がったものに対して、どの程度の労力をかけ、どの程度のアイディアをつぎ込んだかっていうのを、俺が勝手に判定する。それでいい？」っていう話になったの。木下さんも他に考えようがないから、「それでいいです」と。だから、ひどく不満だったり、ひどくニコニコしたり（笑）。結局、両方合わせると〝まあまあ〟っていう線に落ち着いた。そういうやり方。

齋藤　でもね、大したもんだと思いますよ。プロデューサーがそれをやってくれたからなんとかできた。蓮ちゃんは不平や不満はいっぺんも言ったことがありませんね。実は彼は自分が試してみたいことをここでやっているんですよ。

——そうですね。すごく楽しんでやっていらっしゃる感じがしますね。

齋藤　そうなの。アニメーションの実験場として使っているっていうところもあってね。それやこれやでもって、とっても芸術的といえば芸術的、ギャグといえばギャグみたいなところのスレスレのところでいろいろ作ってて、彼はそれをけっこう気に入ってました。

——じゃあ、算数いってみましょう。

（「数字0」「数字1」「数字2」「数字3」「数字4」「数字5」「5：動物の数　ギニョさんのナレーション：『イヌもネコもヒツジもウシもカエルもキリンもワニもライオンもネズミもラクダもダチョウもペンギンもゴリラもカメもゾウもクジラもみんな5！』」）

仁科　これを一息で言うのたいへんだよ。

齋藤　だって俺しゃべり屋じゃないんだもの、大変だよ、あれ（笑）。

（「数字6」「数字7」「数字8」「数字9」「数字10」「ネコのひきざん（7－3）」「7＋5」「7＋6」「9＋3」「ねじれて長い音：「じゅうに、きゅう」、「12－9」）

——算数のアニメーションってシュールな感じがしますね。音楽も現代音楽っぽいです。

齋藤　宮川さんに作ってもらったのもあるけれど、有り物使ってるのも全然ないわけではない。というのはね、宮川さんも想像しながら作るんだけれども、嵌まらないこともあるんだよね。そうすると、しょうがないから有り物の中から何とかしたこともあるから、その辺はちょっと何とも言えませんけれどね。すごいことやっているんで、今見てびっくりしているんだよね（笑）。

——もう息ができなくなりそうですよね。

仁科　でもね、算数っていうのは、最初っから絶対難しいなと思い込んでいたのよ、みんな。だから、何ていうなかなぁ、無意識のうちに力が入っている部分があってね。それがどうしても出ちゃうと思う

数字5

数字2

数字0

のね。だから、「教える」っていうことを、うまくオブラートに包むためにやっていると、だんだんあんなふうになってくるんじゃないのかな。

　国語のほうがずっとストレートなんですよ。どうしたって「バラ」がどうの「5のかたまり」がどうのっていうのはどうしようもないでしょう？ 見ている人たちが興味を持たなくなっちゃうっていうか、拒絶反応をする可能性っていうのが非常に強い部分なのね。それを何とかしようとしてるうちにだんだんシュールなほうに行っちゃった。

　でね、子どもたちはそれを面白がってる。作るほうが一所懸命子どものこと考えて作っているんだけれども、子どものほうが頓着なく見ている。

齋藤　おとなは意味を考えたりするじゃない？「これはどういう意味だ？」なんて考える。子どもは意味なんてぜんぜん考えないからね。

——数字に意味はないですからね。

仁科　シュールなことをやったために、飲み込みやすくなっちゃったっていうのか、理屈抜きで覚えちゃってくれたっていうことがあるんだよね。

齋藤　視聴者から「子どもに効果があった」っていう反応がけっこうあったからね。僕らうれしかったよね。

——では最後に、どうしてもこれを見なければ！

（「行の唄」）

齋藤　これは松原敏春作詞。作詞っていうのかわからないけれどもね。けっこう苦労したんだよ。「た」でけっこう苦労した。「たいしたたいどで」がなかなか出なくね、えらい苦労した。

　アニメのほうは、蓮ちゃん自身が「このキャラクターを使わせて欲しい」っていう話をしてくれて、「了解を取りましたから」ってこのキャラクターで彼が描いたの。これは木下さんが描いたキャラ。出来上がったのを見て「えーっ、蓮ちゃんこれどうしたの？」って言ったらば、「いや全部許可とってあ

行の唄

数字10

数字8

りますから大丈夫です」って。

仁科　……と口でいわれても困るんだよね（笑）。必ず文章で許可を取らないとヤバイの。

――仁科さん的にはそうですよね（笑）。

齋藤　そうか。俺、そんなことぜんぜん考えてなかったな。

仁科　だってさあ、そりゃあもうプロダクション同士の話になっちゃうんだから。

齋藤　これは子どもたちにものすごくウケたんですよ。50音、みんな強くなったんだよね、これで。出来としてもかなりいい作品のひとつですよね。本当にありがたかったです。

仁科　作家の松原敏春さんも死んじゃったし。

齋藤　そうねえ。右腕になってくれた人がみんな死んじゃった。

――で、歌ってるのが宮川泰さん。

齋藤　そうそうそう！「玉音盤」の話をすると長くなるからやめようか？

――5分でお願いします！

齋藤　いや5分もかからない。オーケストラの録音をして、デモで歌ったものをタレントに「これをこういうふうに練習してきてください」って渡すんですね。それを藤村俊二が「玉音盤」と称したんだけれども。

　僕と宮島ディレクターと宮川さんが、録音終わったらすぐにとっかえひっかえ歌わなければいけないんで大変だったけど、その「玉音盤」というのを宮川さんが自分で歌ったの。というのはね、彼ね、完成していなかったんだよ、この曲。それで自分で少し考えながら歌ったの。

　で、本当は誰か他のタレント、例えば石（いずみ

松原 敏春（まつばら としはる）

脚本家、作詞家、演出家。『巨泉×前武ゲバゲバ90分!』に脚本家として参加した時は、まだ慶應義塾大学法学部の学生だった。2001年、肺炎のため53歳で亡くなった。

レッツラゴン

赤塚不二夫　作
週刊少年サンデーで1971年から1974年まで連載。『カリキュラマシーン』の「行の歌」でキャラクターが使われている。

たくシンガーズの石岡ひろしさん）とかに歌わせなくちゃいけないんだけれども、僕は「これはこのまま使ったほうがいいや」と思って、宮川さんの声をそのまま使っちゃったの。宮川泰の声なんて、あまり世の中に残っていないけど、ここにちゃんとあるんですよ。宮川泰自身が自分で歌っていたんです。

――やけくそっぽく歌ってますよね（笑）。

齋藤 そうそう。「練習用だから何でもいいよ」って、適当に歌ってるんだよね。それを俺が気に入ったんです。

仁科 よっぱらってるみたいに歌ってるからね。

――でも、そのおかげでインパクトは強いですよね。

齋藤 音楽的にすぐれているかの問題じゃないよね。感性の問題だもんね。

――でも宮川さんの声だったからよかったんじゃないですかね。

齋藤 そうだと思うよ。おれは絶対あの判断は正しかったなと思っているよ。

仁科 いかにも投げやりな歌い方がぴったりしてる。

――絵とすごくあっている感じがしますよね。

齋藤 2コーラス目はちゃんとやってる。

――あれはいずみたくシンガーズですか？

齋藤 いずみたくシンガーズですね。

――さて、今夜もお時間が来てしまいました。

宮川 泰（みやがわ ひろし）

1931年～2006年

大阪学芸大学（現：大阪教育大学）音楽科中退。数々のヒット曲を生んだ作曲家・編曲家。『巨泉×前武ゲバゲバ90分!』、『カリキュラマシーン』、『宇宙戦艦ヤマト』、『ズームイン!! 朝!』、『午後は○○おもいッきりテレビ』など、TV番組のテーマ曲も多数手がける。『NHK紅白歌合戦』では「蛍の光」の指揮者として出演し、派手なパフォーマンスを見せた。

齋藤　何かもうちょっと聞きたいとかありますか？　だったらそれだけでもやりましょう。

客　すいません、ちょっとよろしいでしょうか？『ゲバゲバ90分！』がすごく好きで見ていたんですけれども、その後に『ゲバゲバ60分！』とか『ゲバゲバ30分！』というのをやっていましたよね？　それは『ゲバゲバ90分！』をさらに編集して短くしたものを放送してたんですか？

仁科　そのとおり。リメイクしただけです。

齋藤　そうです。『ゲバゲバ90分！』の時には前田武彦と大橋巨泉がその日のニュースをしゃべるコーナーなんかがいくつか入っていたでしょう？　あれは時事的なものだし、後から放送したってどうしようもないから、そういうのどんどん切っちゃうと。

仁科　だいたい60分ぐらいの番組になっちゃう。

齋藤　……っていうことで、再放送の時にはそういうもの全部捨てちゃって60分でやって。30分ってあったかな？

仁科　それね、編成上、30分枠がどうしても埋まらないっていう話になってね、「ゲバゲバを30分にしてやってくれませんか？」って言われて……。

齋藤　あれは短いギャグがいっぱいだから、時間の調整はいくらでもできるんですよ。

仁科　「じゃあ、いいとこどりして作っちゃおう」って言ってやったのが『ゲバゲバ30分！』。ただし、そんなに本数はないはずです。

齋藤　60分はけっこうやってますね。

客　当時すごく好きで見ていました。

齋藤　ありがとうございます！　本当に大変だったですけれども、見ていただければ力がすっと抜けますね。

──その60分のダイジェスト版も、現存しているものはないっていうことなんですよね？

仁科　ないんじゃないですか。というのはね、90分に編集するときに無理やりな編集をやっているわけですよ。それを放送しながら生の部分を入れて、入れたものをまた収録しているわけでしょう？　で、90分が残っている。そっから抜きだして別物を作って、それでパッケージして放送するっていうことはね、今はデジタルだからいいけれども、あの頃はそうじゃないから、どんどん画質が落ちてくるわけだ。

齋藤　劣化しちゃうんだ。

仁科　だから60分のもの、30分のものは皆無なの。

齋藤　60分をまた30分にしたんじゃなかった？

仁科　そう。だから30分ものはまったく画質が落ちて残っていないと思う。

齋藤　いっぺんダビングすると画質が3／4くらいまで落ちちゃうんですよね、あの頃ね。だから2回ダビングすると……。最初に放送するために編集している時に、もうすでに画質は落ちているわけですよ。それをまた編集したらね。

客　すいません、最後にかるく技術的な話を。初期のビデオ編集が手作業だったという話をさっきされましたが、どうやって繋いでいたんですか？

仁科　それは『ゲバゲバ』の話？『カリキュラマシーン』は電子編集だったから。『ゲバゲバ』はね、最初テスト版を手で繋いだんですよ。

客　それはカットしてですか？

仁科　カットして。これはどうにもならないわけ、時間かかっちゃって。1コマ入っちゃったとか抜けちゃったとか、1本作るのに2日半ぐらいかかったかな。

それで、「これはダメだ」って話になって、何とか方法はないだろうかって言ったらば、東洋現像所が「アメリカから入ったばっかりの、電子信号で絵を入れることができる機械が入りました。まだテストもしていませんけど、使いますか？」って言ってきたの（笑）。

でね、ひょっとしたらひょっとするかもしれないからっていうんで、東洋現像所にビデオテープ持ち込んでテストをやってみたの。そしたら、かなりうまくいくのがわかったの。

ただし、バラバラに撮ったビデオテープの「どこに何が入っている」っていうのを、いちいち頭を出してセットしておかなくてはいけない。それを2台で……。

齋藤　3インチテープ？

仁科　2インチテープね。いちいち乗っけ変えるの大変なんですよね。だからまず、ビデオテープレコーダーを4台揃えて、受けを1台揃えた。それで、電子編集機で4台を制御するものを作ってもらった。

齋藤　あの頃、そんなことをいっぱいしてたな！

仁科　それで、やっとちゃんと編集できるようになった。それまでわずか10日間。だからね、東洋現像所の技術の人っていうのはすごかったですよ。

齋藤　いやいや彼らは徹夜だったですよ、その頃。

仁科　作ってくれちゃうの。こっちが「こういうことやりたい」って言うと、次の日その機械が出てくるんだ。びっくり！

齋藤　あそこの技術屋さんはものすごかったね。

仁科　あの頃はね。それで90分を編集するのは24時間ぐらいでできるようになった。だいたいね130カットぐらい繋ぐんですよ。130カット繋ぐってことはすごいことですからね。それを1日でできるようになっちゃった。

それは東洋現像所の技術の人の創意・工夫・努力、もうそれにすべてかかっている。どれだけ助かったかわからないですね。収録してから放送まで1カ月。1カ月分先行して撮らないとダメだっていってたのが、2週間先行すれば済むようになった。だから大変なことだったですよ。

いろんな機械を作ってもらいましたよ、東洋現像所の人たちにね。日本テレビのふんぞりかえっている技術屋だと、「そんなことできないよ」でお終いになっちゃうけど、「何とかしてよ」って言うと「じゃあ、何とかしてみましょう」って言ってくれたのが東洋現像所の技術の人たち。

さんすうえほん原画

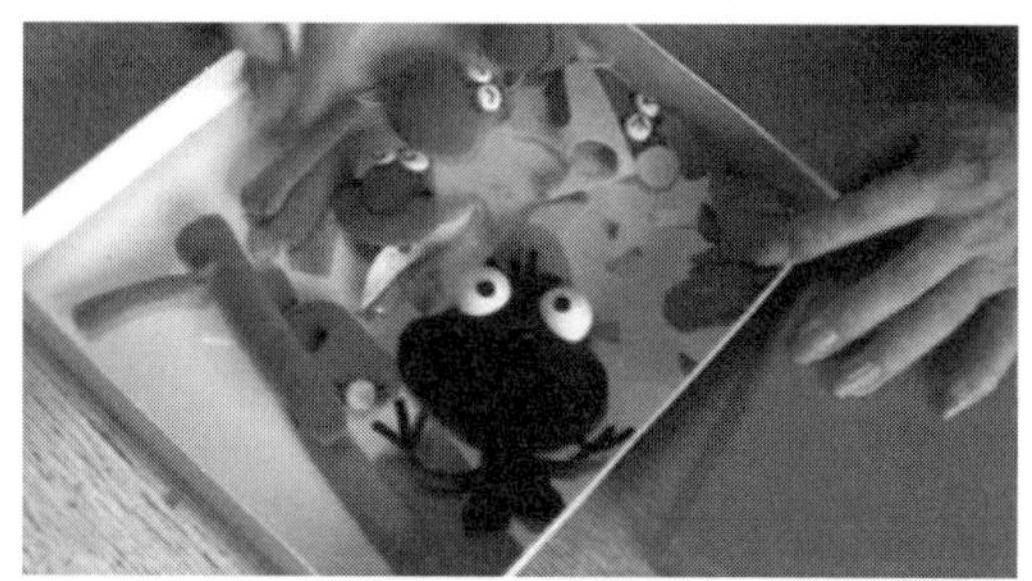

木下小夜子さんが作ったフェルトのキャラ

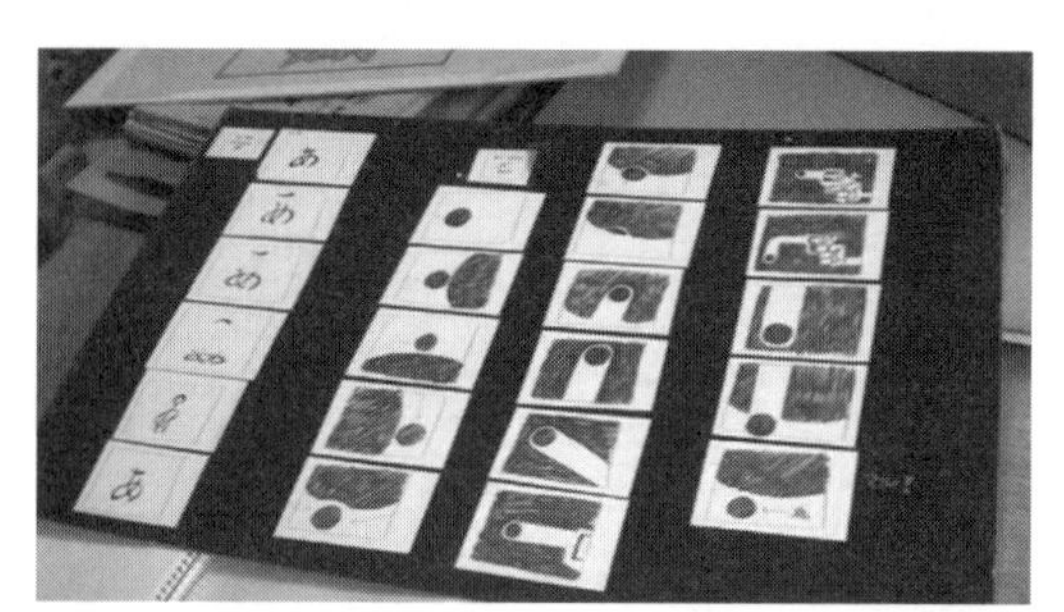

絵コンテ

広報用ポスターの原画

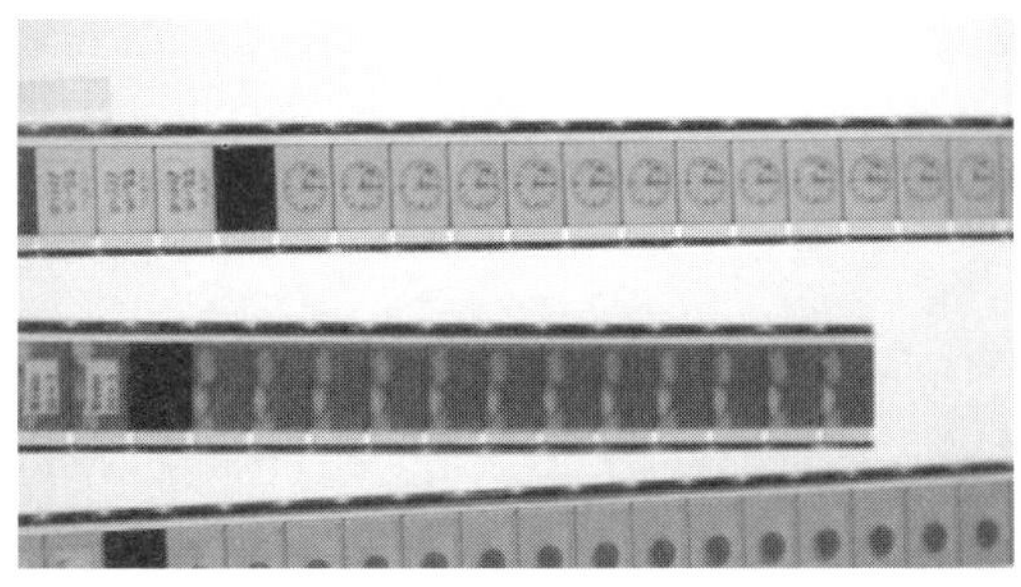

ラッシュポジ

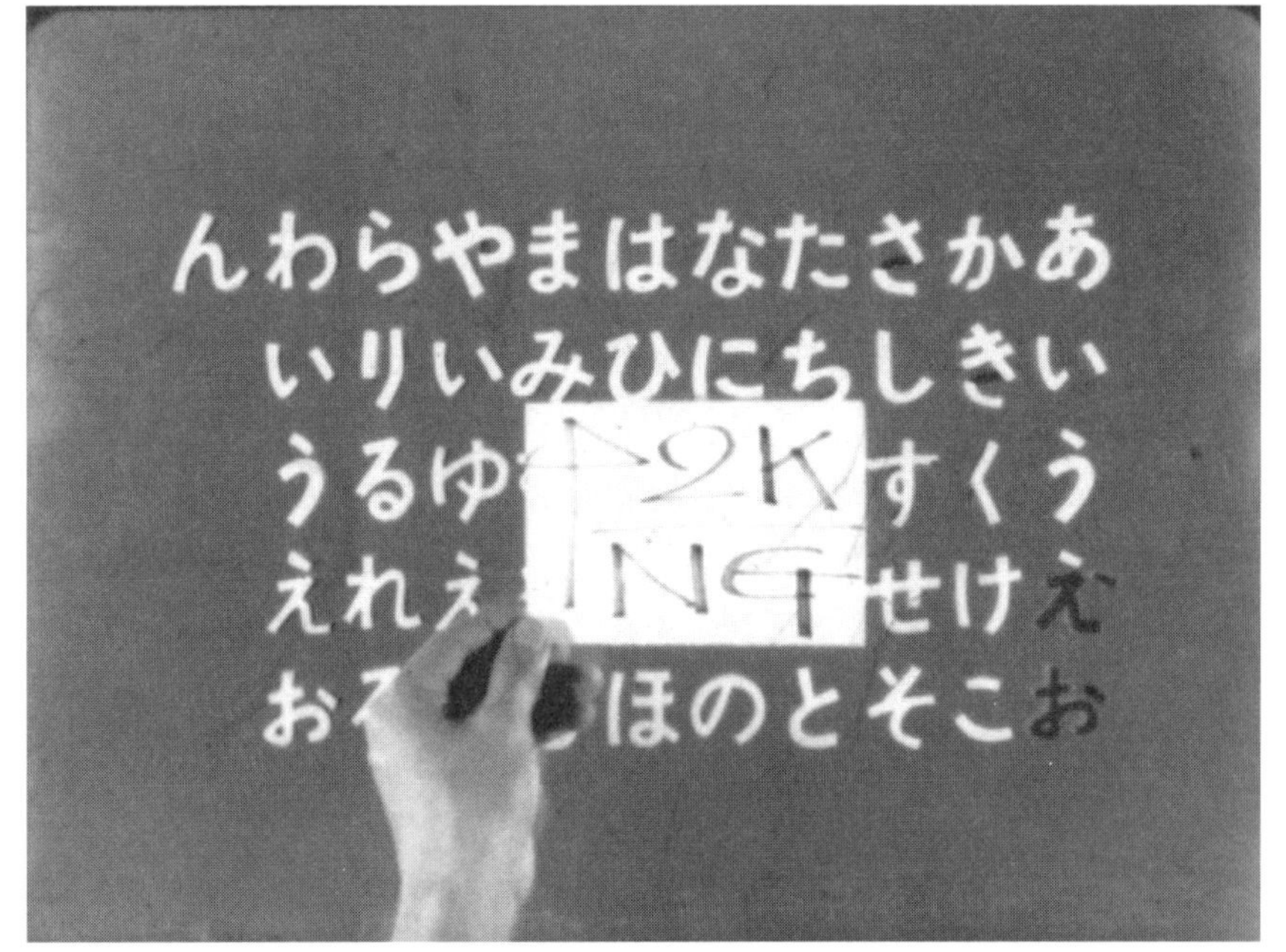

NGのラッシュポジの１コマ（手はお弟子さん）

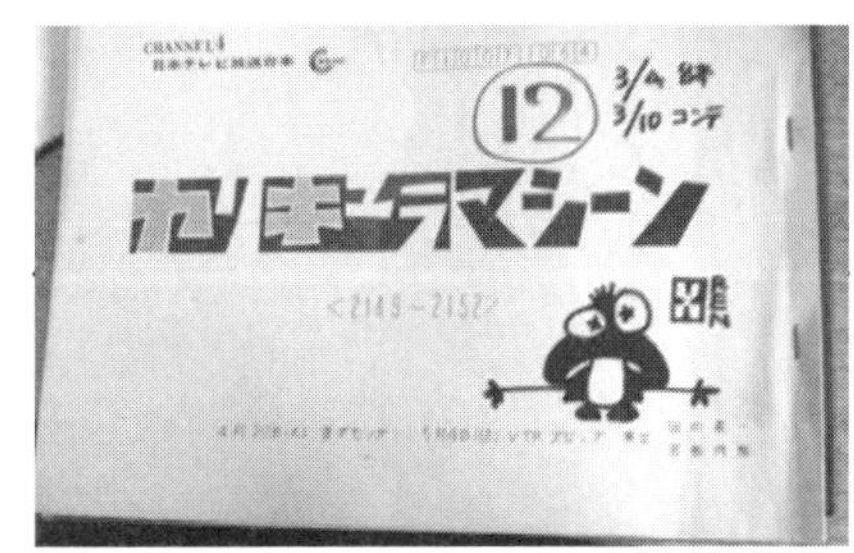

蓮三さんの台本

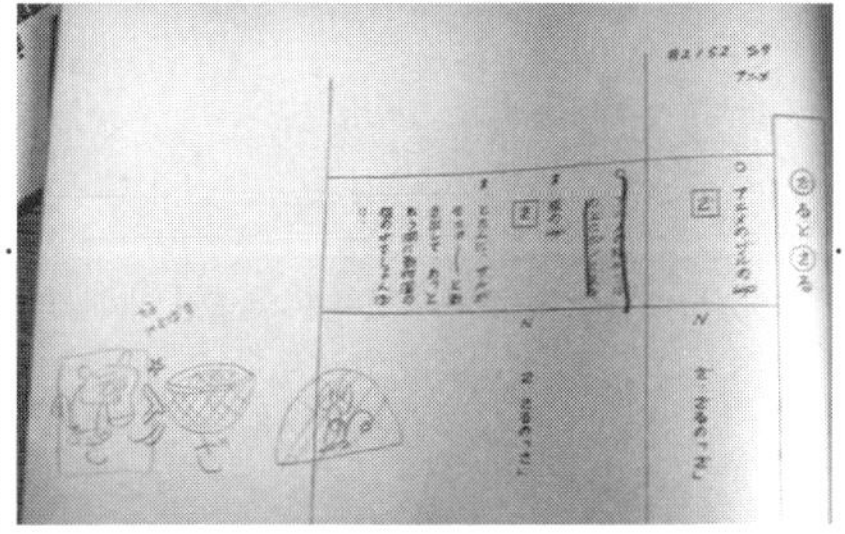

台本にアニメーションのメモが描いてある

12

ゲストに仁科さんと齋藤さんをお招きして、平成カリキュラマシーン研究会メンバーが勝手にしゃべくる企画を立ててみた。昭和って変な時代だったなぁ。

カリキュラマシーン

12

カリキュラタイムマシーン ～タイムスリップ'70～

おおよそ第11回ぐらい？ カリキュラナイト ● 2015年5月 経堂さばのゆ にて

本日のゲスト

仁科俊介さん
にしな・しゅんすけ

元日本テレビプロデューサー。1959年にスタートした『ペリー・コモ・ショー』の経験を買われ、『エド・サリヴァン・ショー』で井原プロデューサーの右腕となる。以後、『九ちゃん！』『巨泉×前武ゲバゲバ90分！』『カリキュラマシーン』『11PM』『ズームイン!! 朝！』などをプロデュース。収録のスケジュールから撮った映像の編集まですべてを担当し、朝の5時から夜中の1時ごろまで勤務。伝票のズルは絶対に見逃さない井原組の大番頭である。

齋藤太朗さん
さいとう・たかお

元日本テレビディレクター。『カリキュラマシーン』では、メインディレクターでありながら番組のカリキュラムの説明などを行う「ギニョさん」として出演。『シャボン玉ホリデー』『九ちゃん！』『巨泉×前武ゲバゲバ90分！』『コント55号のなんでそうなるの？』『欽ちゃんの仮装大賞』『ズームイン!! 朝！』『午後は○○おもいッきりテレビ』などの演出を手掛ける。演出においてはそのこだわりの「しつこさ」から「こいしつのギニョ」と呼ばれる。

聞き手：平成カリキュラマシーン研究会
いなだゆかり
革パン（革パン刑事（デカ）＝二階堂晃）
久谷仁一
ヨーゼフ・KYO

１９７０年代のアイドルたち

いなだ　今日は『カリキュラマシーン』が放映されていた１９７０年代に「何があったの？」っていうのをしゃべります。

１９７０年代、いろいろありました。１９７０年には大阪万博、そして、よど号ハイジャック事件ですね。１９７２年に浅間山荘事件がおきました。その年に沖縄返還があり、パンダが東京にやってきて、札幌オリンピックが開かれました。

齋藤　72年？

いなだ　はい、72年です。１９７３年には超能力ブーム。オイルショックがあり、そこから「省エネ」という言葉ができ、アイドルブームが始まりました。

齋藤　73年？

いなだ　はい、73年です。森昌子さん、桜田淳子さん、山口百恵さん。１９７４年は巨人の長嶋茂雄選手の引退が一番ビッグなニュースです。１９７５年になると「ツッパリ」が出てきましたね。学ランを長くして頭にひさしが出ているような人たちです。で、この年にスーパー戦隊シリーズが放送開始されています。

なんでスーパー戦隊かと言いますと、『カリキュラマシーン』の脚本を書かれている浦沢義雄さんが、その後、スーパー戦隊シリーズの脚本で活躍されて、今でも活躍されておりますので、そちらのほうもちょっとご注目くださいませ。

１９７６年にはロッキード事件がおきました。その年に「およげ！たいやきくん」が４５３万枚売れて、日本記録を達成しております。１９７７年はアップルコンピュータが設立された年です。

革パン　ほうほうほう、お世話になっております。

いなだ　この年くらいから「アンアン（ａｎ・ａｎ）」とか「ノンノ（ｎｏｎ-ｎｏ）」とかいうファッション雑誌が流行して、「アンノン」族などと呼ばれるファッションがブームになります。その年にピンク・レディがデビューしました。
1978年になるとインベーダー・ゲームの大流行、ディスコ・ブーム、日中平和友好条約調印、竹の子族、成田空港開港などがありました。翌1979年には第二次オイルショック、口裂け女が流行しました。で、この年にウォークマンが発売されました。というような1970年代の出来事でした。

齋藤　『カリキュラマシーン』って何年？

いなだ　『カリキュラマシーン』って何年？（笑）1974年から1978年の4年間放送されております。ではぼちぼちっとその「1970年代っていうのがどういう年だったの？」というのを見ていきましょう。

（1970年代のファッション）

いなだ　こんな感じのファッションが流行っておりました。70年代は皆さんご存知の三宅一生さんとか高田賢三（kenzo）さんとか、日本人のデザイナーが多くのコレクションを発表した年です。ハイファッションというか、お金をかけたファッションが好きな人たちにも、ジーンズが定着してきた年代でもあります。
テニスとかサーフィンがブームになって、そうしたカジュアルなファッションも人気でした。「ニュートラ」っていうのがすごく流行ったんですよね、女の子の間では。
『カリキュラマシーン』もそういうファッションにすごく影響受けていますので、それも見てください。ギニョさんとして出演されている齋藤さんのファッションを見ると、70年代のおしゃれな男性の服装っていうのがよくわかるんですけれども、あれって……。

齋藤　えーっ、そんなことある？（笑）あれ自前なんだよ。

いなだ　自腹だったんですよね？

仁科　自腹でやらせておいて、後から買い取った。

齋藤　買い取った？（笑）

仁科　買い取ったよ。ちゃんと金払ったよ（笑）。

齋藤　本当？ 俺、お金もらった覚えないよ。

いなだ　仁科さん、齋藤さんは「覚えがない」と言っていますが。

仁科　だって衣装代ってあるんだもの、ちゃんと。

齋藤　本当？ うそだー！

仁科　うそじゃない、うそじゃない。

齋藤　洗濯代までおれ自前だったような気がする。

仁科　そうそう。全部自分で払っていたの。

いなだ　洗濯代も自分で払って、でも最後には買い取ってもらった。

齋藤　本当？ それみんなあるよ、俺んちに。

仁科　まだ着れるんじゃない？

齋藤　いや、着るかどうかは別にしてね。

仁科　俺は平気で着ているけどね、古いの。

いなだ　去年（2014年）くらいから1970年代のファッションがリバイバルしているんですよね。だからぜんぜん大丈夫だと思います。ぜひあれを着ていただきたい（笑）。

この頃から「ジーンズ」がファッションとして出てきたんですけれども。

齋藤　ジーンズはもっと前からあるよ。

いなだ　前からあったんですけど、ファッションではなく作業着的な位置づけでしたね。齋藤さんが最初に日本テレビでジーンズを履いて仕事をされたと伺いましたが？

齋藤　そう。１９５８年ですよ、僕が日テレ入ったの。

いなだ　その頃ってまだジーンズはぜんぜん……。

齋藤　「お前職工みたいなかっこうして来るな！」って会社の偉い人から言われた。「労働者なんだからしょうがないじゃないですか」とこっちは思っているんだけれども。

　というのはね、スタジオで寝っ転がったりするわけだし、「背広なんか着てられるか、バカヤロー！」なんですよ。元新聞社とか、そういう人が多いでしょう？　テレビ始まった頃っていうのは。その人たちはネクタイなんかしてね、偉そうな顔しているのが好きだったのね。だから、その中にこんなのがいるっていうのが許せなかったんだと思いますけどね。

いなだ　齋藤さんがフロアマネージャー（フロマネ）をされていた頃ですよね？

齋藤　そうそう、入社したばっかりの頃ですからね。

いなだ　背広を着ていたのではフロマネはやりにくいですよね。

齋藤　やりにくいというよりも、なんで背広なんか着ていなくてはいけないの？（笑）

久谷　１９５０年代のアメリカのテレビ局でも、みんなスーツにネクタイですよね、カメラマンまで。

齋藤　そうそう。あれはお客さんに対してなのかな？　スタジオ撮りしているものはどうなっているのかわからないけれども、公開ものはお客さんに対してなのかもしれないね。日本だったら「黒子」とかがあるんだけど、アメリカってそういうのがないから背広着ているのかもしれない。

いなだ　さて、当時「アイドル」がブームでしたが、その最たるものがジャニーズのフォーリーブスです。

（『カリキュラマシーン』からフォーリーブス「タンバリンの歌」）

いなだ　当時フォーリーブスは人気絶頂で……。

齋藤　何でフォーリーブスを連れて来れたの？

仁科　捕まえたんだよ。井原さんとメリー（喜多川）さんのところへ行って、拝み倒してもう大変だったんだから。

（当時の映像から　フォーリーブス「ブルドッグ」）

いなだ　すごい格好してるよね。

革パン　確かに（笑）。今、お二方がこの世にいないのがちょっと残念ですがね。

いなだ　そうですね。青山孝史さんと……。

革パン　えーっと、北公次さん。

齋藤　早いよなあ、あいつらなあ。

仁科　そうだよなあ。死んじゃったもんなあ。

いなだ　今（2015年現在）は江木俊夫さんとおりも政夫さんがご存命で。

仁科　こっちより年下だったのに。

いなだ　今おいくつぐらいなんですか？

革パン　60歳前後ですね。

（フォーリーブスの面々が体にゴムチューブをつけて

「タンバリンの歌」

フォーリーブス

初期のジャニーズ事務所を代表する男性アイドルグループ。メンバーは北公次、青山孝史、江木俊夫、おりも政夫。

メリー 喜多川（メリー きたがわ）

1927年、ロサンゼルス生まれ。末弟のジャニーが設立した芸能事務所「ジャニーズ事務所」の経理を担当し、フォーリーブスのスタイリストなども担当していた。その後、長年副社長を務め、2019年、代表取締役会長に就任。2021年、肺炎のため永眠。

踊っている。)

いなだ　このゴムがすごい（笑）。

革パン　これ絶対ネタにされますよね。

仁科　なんでフォーリーブスを連れて来たかっていうと、テレビって見てもらってなんぼでしょう？　人気絶頂だから連れて来るのにそうとう骨を折ったんだけれども、見てもらうためにはエサが必要なんですよ、いろんな意味でね（笑）。

しかも、『カリキュラマシーン』は中身は面倒臭いことやっているわけですよ。真面目なカリキュラムでやっているわけで、それでとにかくこっち向いてもらうためにどうすればいいかというと、やっぱりこういう連中がいるとだいぶ違ってくる。だから、フォーリーブスとか森昌子とか桜田淳子とかがちょこちょこ顔を出しているのはそういう意味。口説きそこなったのは山口百恵だけですね。どうしてもダメだったね。

いなだ　山口百恵さんはハードル高そうですよね。今のは「タンバリン」という歌なんですけど、タンバリンといえば……、タンバリンといえば……。

革パン　丹波哲郎？（笑）

いなだ　これですね！

革パン　出た！　ターチー（チーター）。

（当時の映像から、水前寺清子「真実一路のマーチ」）

いなだ　これが1968年か9年？

革パン 69年じゃないですか?

いなだ グループサウンズが流行った時も、よくタンバリン持っていましたよね。タンバリンが流行っていたんですか?

仁科 いや、わからない。

いなだ だいたい「タンバリン」で歌作っちゃうっていうのがもう信じられない出来事なんですけれども(笑)。

仁科 お宮(宮川泰さん)が作ったの?

齋藤 これ?

仁科 違う違う。フォーリーブスの歌。

齋藤 そう、あれはお宮。

仁科 "似て非なる"ってやつだな。

いなだ じゃあ、次は岡崎友紀さん。

革パン いいですねえ。

いなだ やっぱりアイドルだよね。

齋藤 当時めちゃくちゃ売れていたからね。人気女優の1位だったんじゃないの?

革パン 人気プロマイドでしたっけ? マルベル堂の。

いなだ 『カリキュラマシーン』では、もう本当に大活躍で。

(『カリキュラマシーン』から『ぢ』と『じ』の歌)

いなだ 岡崎友紀さんといえば『おくさまは18歳』

(当時の映像から岡崎友紀『なんたって18歳!』)

「『ぢ』と『じ』の歌」

岡崎 友紀(おかざき ゆき)

女優、歌手。1970年、TBS系で放送された『おくさまは18歳』が大人気となり、1970年代前半から中盤にかけて国民的アイドルとして活躍。マルベル堂のブロマイドの売り上げが46カ月連続首位を記録した。

革パン　これ新宿ですよ、西口。

齋藤　よく撮ったね。当時だって大変なはずだよ、友紀はめちゃくちゃ売れていたからね。

いなだ　『カリキュラマシーン』では岡崎友紀さんをかなり起用されていますよね。

齋藤　うん、別におれたちは売れているからどうのこうのじゃなくて。

仁科　使いやすいんだよ、とっても使いやすい。

齋藤　一所懸命やってくれるし、仲良しだったしね。プライベートまでけっこう付き合っていたからね、ゲームなんかやりながら。

いなだ　えっ!?

齋藤　いやいや別にそういう意味じゃなくて（笑）。

いなだ　次は桜田淳子さん。

（『カリキュラマシーン』から「ぱ－は、ぱい－はい」）

革パン　若っ！　これいくつぐらいですかね？

仁科　どうだろうな？　18歳？　桜田淳子は本当に最後の最後まで歌うまくならなかったね（笑）。

齋藤　そうな。でもいい子だったけどね。

仁科　抜群にいい子だった。歌は森昌子が圧倒的にうまい！　山口百恵はセーラー服着ていた頃からものすごくしっかりしている子だった。きちっと〝自分〟ってものを持っている子だったね。

（当時の映像から桜田淳子「わたしの青い鳥」）

革パン　これもすごいですよね。

齋藤　これ、どこ？

桜田 淳子（さくらだ じゅんこ）

女優・歌手。1972年、日本テレビのオーディション番組『スター誕生！』で最優秀賞（グランドチャンピオン）を受賞。森昌子、山口百恵と共に花の中三トリオと呼ばれた。「わたしの青い鳥」のヒットで第15回日本レコード大賞最優秀新人賞、第4回日本歌謡大賞放送音楽新人賞を受賞。

ぱ－は、ぱい－はい

革パン　多分、日テレで撮っているやつですかね。合成ですよね。

齋藤　いやー、たいしたもんだよ。一番びっくりするのはさ、青い鳥が飛んでいるの。クロマキーだからね、青い鳥が飛ばせないんだよ。

仁科　緑で抜いたの。

齋藤　とにかくね、ブルーが抜けないっていうのがものすごく不便だったよね。

いなだ　次はコマーシャルです。当時、ものすごく流行ったコマーシャルがあって、若い方は知らないかもですが、うちらの世代だと超懐かしい丸大ハムのコマーシャルです。「わんぱくでもいい、たくましく育ってほしい」。

（丸大ハムのコマーシャル数種類）

いなだ　で、『カリキュラマシーン』ではどうなっていたか？

齋藤　えっ！

いなだ　では『カリキュラマシーン』の丸大ハムをどうぞ。

齋藤　そんなのあるの？

（『カリキュラマシーン』から「わんぱくでもいい、えんぴつの持ち方さえ正しければ」）

齋藤　こんなのやったのかなあ！　ぜんぜん覚えていないや、俺！（仁科さんへ）覚えている？

仁科　覚えてる。これ、ウケまくったもの、見たときに。あなたフィルムで撮ってきたんだろう？(笑)

いなだ　ロケですよね？

仁科　ロケなんだよ、外のフィルムだもの。

わんぱくでもいい、
えんぴつの持ち方さえ正しければ

久谷　齋藤さん自身の撮影じゃないですか？

仁科　他に撮ってる人いないよなあ。

いなだ　あのナレーションは？

ヨーゼフ　渡辺篤史さんの声じゃないでしょうか？

仁科　篤史でしょうね、声はね。

いなだ　もうひとつ、すごく流行ったコマーシャルがネスカフェです。

（ネスカフェのコマーシャルから）

いなだ　この「違いがわかる男」っていうのがすごく流行ったんですよね。それを『カリキュラマシーン』でやると……。

（『カリキュラマシーン』から「えんぴつの持ち方のわかる男」）

齋藤　こんなのあったんだ！　おれ自分でやっててぜんぜんわかんねえ！

いなだ　テレビ番組のパロディーもあるんです。『カリキュラマシーン』の中にテレビの番組がそのまま出てきちゃうんですけれどもね。『紅白歌のベストテン』だっ！

（『カリキュラマシーン』から「50音パニック」）

いなだ　これ、大好きなんですけれどもね。

齋藤　ああ、徳（徳光和夫）さん。そう、あれだけ撮ったんだ（笑）。

（『カリキュラマシーン』から「さ：さば」）

革パン　三保敬太郎さん怒らないかのなあ？

仁科　いや、ぜんぜん変えているもの。

「50音段の歌、レッツゴー！」

徳光 和夫（とくみつ かずお）

アナウンサー、タレント、司会者。1963年、日本テレビ入社。1969年から『NTV紅白歌のベストテン』の総合司会を務めた。1989年、日本テレビを退社し、フリーとなる。

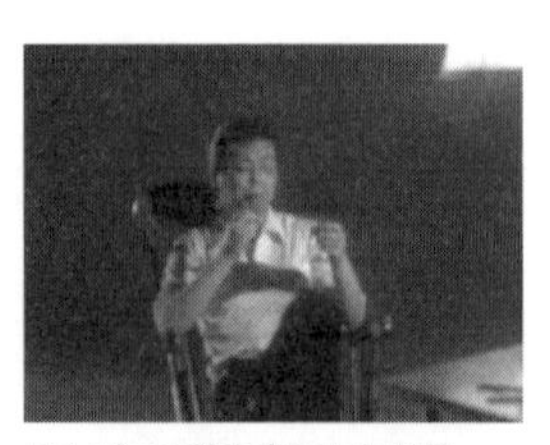

えんぴつの持ち方のわかる男

久谷　タイトルのアニメ部分だけは変えていない。

齋藤　そう。そのまま使っているものね。

革パン　そうですね。すごい冒険だな。

仁科　だってさあ、早い話が俺らがやっていたんだから、『11PM』は。

革パン　ああ、そうですよね（笑）。

いなだ　仁科さんが『11PM』のプロデューサーだから。

仁科　「悪いけど頼むね」で済んじゃう、あの頃はね（笑）。

齋藤　一応「教育番組」っていうツラしているものだから、「ご理解いただいて」っていうのはけっこうありますよ。普通だったらOKにならないものが、「しょうがないですね」ってOKになっちゃうのがあって、ちょっと甘えたところがありました。

いなだ　『カリキュラマシーン』に、こういうのがあるんですけれど。

（『カリキュラマシーン』から「くっつきの言葉：あいてをえらぶ」）

いなだ　一方、こういうのがあって……。

（テレビ番組『プロポーズ大作戦』から「フィーリングカップル5vs5」）

いなだ　この「フィーリングカップル」っていうのは何年に始まったんですか？

三保 敬太郎（みほ けいたろう）
作曲家、編曲家、ジャズピアニスト、レーシングドライバー、俳優、映画監督。『11PM』のタイトル曲の作曲者。

サバダバサバダバサバダバ

革パン　そこまではちょっとわからないんですけど、ただ1975年にはもう『プロポーズ大作戦』はやっていました。

いなだ　どっちが先だったんですかね？

革パン　「フィーリングカップル」のほうが先ですね。

齋藤　これは見たことがない。

いなだ　5対5でお見合いをするっていう番組があったんですよ。

革パン　出たかったなあ。

いなだ　出たかった？

革パン　この「フィーリングカップル」に。

いなだ　出たい？　今だったら絶対出る？

革パン　出たい。がんばるから。

いなだ　わかりました（笑）。

革パン　はい、失礼しました。

久谷　仁科さんは『11PM』の最初から最後までずっとプロデューサーをされていたんですか？

仁科　『11PM』は最初の3年間だけ。ジューン・アダムスとかが出ていた頃しかやっていないの。

齋藤　ジューン・アダムスって、いい子だったけれどもなあ。

いなだ　きれいな人ですよね。

齋藤　何もしなかったけれども。

仁科　何もしないけど、いい子だったよ。まだ学生で、『11PM』を始めた年が大学4年生だったのか

11PM（イレブン・ピーエム）

制作：日本テレビ（月・水・金曜）
　　　読売テレビ（火・木曜）
放送期間：1965年～1990年
出演者：山崎英祐、藤本義一、小島正雄、大橋巨泉、三木鮎郎、愛川欽也、江本孟紀、村野武憲、吉田照美、三枝成彰、高田純次、所ジョージ、斎藤晴彦、由利徹、関根勤

あいて「を」えらぶ

な？ で、1年後にモデルなんかをやりだしたんじゃないのかな？ そのうちに篠山紀信とできちゃった。

（『11PM』のオープニング）

（『11PM』の歴代カバーガールの映像）

いなだ　松岡きっこさんです！

仁科　なるほどね、そうとう大物がいたなあ。見てもいなかったな（笑）。『11PM』と同時に『九ちゃん！』をやっていたんですよ。

いなだ　同時だったんですね？

仁科　そのうち何だか〝朝の番組〟っていう話になって、夜の番組なんかやっていられなくなっちゃった。

齋藤　本当そうだよな。

いなだ　朝の5時から夜の11時まで勤務（笑）。

仁科　東京での『11PM』の制作が月・水・金で、火・木が大阪。僕が関係していたのは月曜と金曜のだけだったのね。

いなだ　日テレの労働組合が、「あまりにも労働が過酷なので毎日は出来ません」ということで読売テレビの方と……。

仁科　そうそう。最初は5日間全部東京でやるはずだったんだけれど、技術陣がストライキおこしやがって出来なくなっちゃった。

いなだ　じゃあちょっとこれを。

（『カリキュラマシーン』から「あなたの持ち物なんですか？」）

いなだ　これが『カリキュラマシーン』なんですけれども。

（トニー谷「あんたのおなまえ何ソてエの」）

あなたの持ち物なんですか？

松岡 きっこ（まつおか きっこ）

女優、タレント、司会者。幼少の頃より子役として活躍。テレビドラマや映画の女優業のかたわら、『巨泉×前武ゲバゲバ90分！』『11PM』などのバラエティーにも出演。

いなだ　これも何かの番組の中でやってたんでしたっけ？

久谷　『アベック歌合戦』。

いなだ　すばらしい！　本当にすばらしい！　でも、この人は嫌なやつだったらしいですね？（笑）

齋藤　くせのある人でしたよ。嫌なやつでもなかったけれどもね。子どもが誘拐されたりなんかして、いっぺんに態度変わっちゃったから ね。かわいそうだったよね。

いなだ　これ流行りましたよね。

革パン　リバイバルで大瀧詠一さんプロデュースで『ジス・イズ・ミスター・トニー谷』っていうアルバムが出たりして。

いなだ　素晴らしいエンターテインメントですよね。

革パン　お次はなんぞや？

いなだ　次はあれですよ。

革パン　ああ、（松鶴家）千とせさんですね。

（松鶴家千とせさんの歌と漫談）

革パン　おもいっきりズラじゃないですか。

いなだ　ズラ！（笑）これも流行りましたね。今見たら何だかさっぱりわからない。何がおかしかったんだと思うんだけど（笑）。

革パン　ちなみに福島県芸能人会の現在会長なんで

トニー 谷（トニー たに）

ヴォードヴィリアン。無礼な毒舌と変な英語で人気を博した。

す（※）。余談ですが。

（松鶴家千とせさんの決まり文句「わっかるかなー、わかんねえだろうなあ」）

いなだ　わかんねえよ！

革パン　わっ、冷たい！ 会長に対して冷たい！

いなだ　すみませんねえ。『カリキュラマシーン』です。これいきますよ！

（『カリキュラマシーン』から「う：『わっかるかなー？』」）

久谷　たったこれだけ！（笑）

いなだ　たったこれだけです！

仁科　わかる人にはわかる。

いなだ　あと、懐かしいこれ。

（デビッド・ジョーンズ氏が千代の富士関に表彰状を授与する）

いなだ　「ヒョー、ショー、ジョー！」ってやつですね。

久谷　パンナム（パンアメリカン航空）の日本支社長。

いなだ　まじめな顔して言うんだよね（笑）。

仁科　大まじめでやっているからいいんだよ。

いなだ　千代の富士がまたニコリともしないところがね（笑）。この人は名物でしたよね。毎回毎回「ヒョー、ショー、ジョー！」って。

革パン　トロフィーが持てない。

わっかるかなー？

（※）松鶴家 千とせ（しょかくや ちとせ）さんは、2022年1月、心不全のため永眠されました。

（ジョーンズ氏が千代の富士関に巨大なトロフィーを授与するため持ち上げようとする）

いなだ　だ、大丈夫か？（笑）

革パン　あぶない、あぶない、あぶない！

（ナレーション「（トロフィーの）重さが42キロあります」）

革パン　えっー！

いなだ　42キロあったら持てなくても当たり前だと思いますけれどね。『カリキュラマシーン』の中にもこの「表彰状」っていうのが出てくるんです。

（『カリキュラマシーン』から「ひょうしょうじょう」授与される人の背中に包丁が刺さっている）

革パン　ブラックだなあ（笑）。

いなだ　今やったら絶対怒られるね。

仁科　そうかなあ？　怒られるかなあ、やっぱり？

いなだ　絶対怒られます。次これです！

（東京コミックショウの演芸）

仁科　「レッドスネーク、カモン」

革パン　これで拍手もらえるんだからすごいよ。

いなだ　はい、では、『カリキュラマシーン』です。

（『カリキュラマシーン』から「い：いど」）

東京コミックショウ

コメディアンのショパン猪狩（ショパン　いがり）が派手な衣装で「ヘェ〜イ!! レッドスネェ〜ク カモォ〜ン!!」と言いながら笛を吹き、3匹の縫いぐるみの蛇を調教する芸が人気。

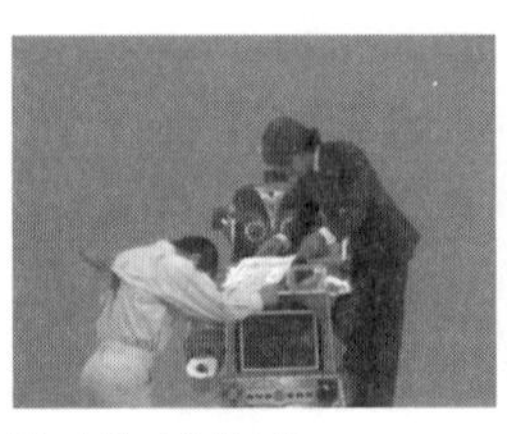

ひょうしょうじょう

テレビはやっぱり生がいい？

いなだ　この当時といえば、70年安保の真っ只中ということもありまして、催涙ガスかなんかで、スタジオで涙流されていたとか、その頃じゃなかったですか？

齋藤　『イチ・ニのキュー！』のオープニングタイトルのロールを作っている時に、催涙ガスが中まで入ってきちゃって、涙流しながら編集やってたことあったけれども。

革パン　すごいな。

いなだ　70年安保闘争というのがありまして、ベトナム反戦とか成田空港の問題とか、全共闘ががんばった時代でございます。だいたいこんな感じで。

（学生運動の写真）

いなだ　ゲバ棒持って、ヘルメットをかぶって、マスクをして。

革パン　『ゲバゲバ90分！』の第1回かなんかで、生放送で新宿騒乱を……。

仁科　大騒ぎになっちゃってて、もう「行っちゃえ！」って全部生中継でやっちゃったの。

いなだ　１９７０年？

久谷　１９６９年。

仁科　それで、放送をはじめたら突然「大変だ！」って話になって、全部とばして中継をやったのが渋谷駅の火災。あれも誰かが火をつけたんだよな。

齋藤　そうなんだよ。そんなことをやっている中で『ゲバゲバ90分！』を作っていた。

仁科　『ゲバゲバ』っていうタイトルがいいのか悪いのかなんていう話にもなっちゃって。

レッツ、ユーレー、カモンアウト

革パン　でしょうね。

いなだ　けっこう世の中的には不穏な感じもあったんですけれど。

久谷　それは生放送だからできたことで。

齋藤　そうです。やっぱり「生（ナマ）」を生かしていかないといけないっていうのは、あの頃からありましたね。「かんづめ（VTR撮り）」の中に「今（現在）」を持ち込むっていうのは難しいんですよ。「かんづめ」にしちゃうっていうことは、もう過去のものでしょう。テレビって「今を皆さんに伝える」っていう精神だから、「ナマ」を持っていることはとっても大事なことだと思いますね。

仁科　そうね。「やっぱりテレビって『ナマ』なんじゃないの？」っていうところから『ズームイン!!朝！』へ行っちゃったんだけれどもさ。

齋藤　そうなの。テレビって最初は全部「ナマ」しかなかった。そのうちVTRが出てきて、「作り物でいいんだ」っていうことになり、でも、そのうちに「俺たちいったい何をやっているんだろう？」って。映画にはかなわないんだよ、どうやったって。

「今、あなたがご家庭の茶の間で座っているこの時間に、日本のどこかではこんなことが起きてますよ」というのを伝えることができるのは、テレビしかないでしょう？　そういうことを思い出したのは、ちょうどあの時代なんじゃないかなぁ？　僕らはそれを残すために『ゲバゲバ90分！』はVTR部分に加えて「ナマ」部分を持って、その日の一番「ナマ」なものを伝えようとしたんですよね。

実際にやりはじめたら、第1回目に新宿騒乱があった（笑）。

これはまたすごいことだったですけれどもね。

いなだ　そんな時代を反映して、これです！

仁科　うわ～、これかぁ！

いなだ　もう大好き！

（『カリキュラマシーン』から「を：おどりをおどる」）

いなだ　もう本当に大好きですよ、これ！「おどりをおどる」で、なぜこうなる？「くっつきの『を』」っていうのを説明するためになぜこうなった？すごい！もうすばらしいです！

革パン　すごいな、本当に。

いなだ　次に、これいってみたいと。

（『カリキュラマシーン』から「長い音の説明」）

齋藤　これも撮ったんだな、俺。どうやって撮ったんだろう？あんな機械を持ってこれないから、あそこへ行ったんだな。

仁科　行ったんだよ。工事現場で撮ったんだ。

齋藤　いやー、エライ、俺！（笑）

いなだ　今あんまり「叩き売り」っていうのも見ないですよね。

仁科　見ないですね。当時は結構やっていたけれどもね。

齋藤　いやー、しかしこれどうやって撮ったんだろう？うーん、忘れていた、すっかり。

（映画『男はつらいよ』から寅さんの叩き売り）

いなだ　叩き売りもいいですよねぇ。当時は歌番組でナレーションが入るっていうのが多かったん

きみはかんぜんに～
ほうい～された～
どっこいしょ♪

よってらっしゃい
みてらっしゃい

ですよね。

（『カリキュラマシーン』から「特別な書き表し方をするお段の長い音の歌」）

いなだ　歌番組で、ああいうナレーションが入るのももうなくなっちゃいましたね。昔は……誰でしたっけ、あの司会の……？

久谷　玉置宏。

いなだ　そうそうそうそう。

革パン　玉置さん、芥川（隆行）さん……。

（歌番組（『演歌の花道』（？）から）

齋藤　歌謡ショーっていうか、歌謡曲のステージでは司会者が必ずやっていたから。それはテレビよりもずっと昔から。

いなだ　次はこれを見ていただきたい。

（『カリキュラマシーン』から「ネコのひきざん」）

齋藤　金かけているよなあ（笑）。

仁科　本当。

（歌「黒ネコのタンゴ」）

いなだ　これ売れましたね。この女の子は今どうしているんですか？

革パン　女の子は知らないですが、皆川おさむはいろいろとありました。

いなだ　いろいろとありましたね、それはまた後で。

（『カリキュラマシーン』から「ダウンタウンあ段」）

いなだ　おりも政夫さん。「港のヨーコ・ヨコハマ・

皆川 おさむ（みながわ おさむ）

子役、童謡歌手。6歳の時に「黒ネコのタンゴ」でレコードデビュー。2008年、アニメ『ケロロ軍曹』のエンディングテーマ「ケロ猫のタンゴ」を発売。

ネコのひきざん

特別な書き表し方をするお段の長い音の歌

ヨコスカ」そのままですね。

齋藤　みんなよくやっているよね。

革パン　やっていますね。すごいですね。

（『カリキュラマシーン』から「3の裁判」）

齋藤　不思議なことやっているよなあ（笑）。こんなすごいことできたんだ！　やっぱり若いってすごいね（笑）。

いなだ　やっぱり『カリキュラマシーン』はすごい！

齋藤　金かかっているもんなぁ。

いなだ　金かかっているっていうか、いろんな要素が入っているんですよね。

齋藤　とにかくちゃんとしたタレントがやっているんだしさ、みんな（笑）。

（ダウン・タウン・ブギウギ・バンドの歌「港のヨーコ・ヨコハマ・ヨコスカ」）

いなだ　おお、これだこれだ！これこれ！元祖！

革パン　はい、おわり！

いなだ　最後に山崎ハコさんです。私すごく気になっているんですが、なぜ気になっているかわかるかね？

革パン　いや、わからんですね。

（山崎ハコさんの歌「呪い」）

いなだ　1970年代の中島みゆきと山崎ハコ、理想の暗い女（笑）。で、なんでそれを気にしているかというとですね、実は、これです！

（『カリキュラマシーン』の歌「さみしいハトよ」）

ダウンタウンあ段

3の裁判
「バスストップ港のヨーコ」

仁科　ああ、これかあ！

いなだ　いい曲ですよね。でもなぜ子ども番組でこれ？（笑）

仁科　これ、だれが歌ったの？

いなだ　わからないんですよね。

齋藤　だれが歌ったんだろうな？　だれに歌わせたかなあ？

久谷　作詞はだれなんですか？

齋藤　これは松原敏春さん。

いなだ　実は喰始さんなんです。ご本人に聞いたんです。

齋藤　でもね松原の台本に出てきたんだよ、これね。

いなだ　喰さんが書いて松原さんが出したのかもしないですね。ご本人に伺ったことがあるんですが、「なんであんな暗い歌を？」って訊いたら、「歌の歌詞に関しては、その時の気分をそのまま書いた」って言われて、いろいろあったんだなぁと（笑）。

齋藤　ああ、そうですか。けっこう機会があるごとに、時間調整のクッションとして使いましたよ。

仁科　そうそうそう。

齋藤　これは今「は：はと」っていうのが付いていないけれども。最初は付いていたんだよ。「はと」のための歌詞だったから。

仁科　今のはブリッジに使ったやつだな。

齋藤　だからそれが入っていないのね。作曲は宮川さんだよ。

いなだ　すごくいい曲なんだけれども、本当に救い

さみしいハトよ

のない歌詞だなと（笑）。これで終わりにしたいんですけれども、これを最後に聴いてください。

（高橋洋子さんのアルバム「20th century Boys & Girls Ⅱ 20世紀少年少女2」から「カリキュラマシーンのテーマ～3はキライ！」）

いなだ　高橋洋子さんは『新世紀エヴァンゲリオン』の「残酷な天使のテーゼ」を歌われている方ですけれど、彼女が4月22日にこのアルバムを出されました。その中に「カリキュラマシーンのテーマ」「3はキライ！」が入っています。彼女もカリキュラマシーンのファンということで……。

仁科　この歌が好きなんだよな、彼女は。

いなだ　奥田民生さんも「3はキライ！」が好きで、去年のツアーのアンコールで何回も何回も歌って、ツイッターとかで話題になってました。

仁科　へー、そうなの。

いなだ　だから、今一番お友だちになりたいのは奥田民生さんです。これ（カリキュラマシーンのテーマ）、いい曲ですよね。

齋藤　むずかしいんだよ。録音の時にさ、荒川少年少女合唱団？

いなだ　西六郷少年少女合唱団。

齋藤　ああ、西六郷か。おれびっくりしたもん。

仁科　一発でね。ただ、もうちょっとゆっくり録音しています。ピッチをあげて40秒の中に入れちゃったの。本当はね、47秒くらいあった。

齋藤　回転数を少し落として録音してね。

仁科　それにしてもあの子どもたち、うまかった！

齋藤　音程ぴったりだしね。それもね、それまでは「ラララララッラララ～♪」で覚えてきたのを、その

20th century Boys&Girls II
高橋洋子
2015年発売
レーベル：スターチャイルド

場でお宮（宮川泰さん）が「シャバドゥビドゥッパ〜♪」って書いて、「さぁ、やれ」と。本当にたいしたもの。

いなだ　そろそろイベントとしてはお開きにします。

仁科　それはいいけどさ、今日はいったいなんだったんだ？（笑）なんだかわけのわからぬうちに終わっちゃったよ。

いなだ　ありがとうございます、わたしの趣味にお付き合いいただいて。

仁科　そういうことか（笑）。

13

カリキュラマシーン

いよいよカリキュラマシーンの〝かんじんかなめ〟のカリキュラムについて研究を深めていく。いつ終わるかな？（笑）

13

おおよそ第12回ぐらい？ カリキュラナイト
10のたばがくっつきの「を」？ 肝腎要のカリキュラムの1

●2015年9月 経堂さばのゆ にて

本日のゲスト

仁科俊介さん
にしな・しゅんすけ

元日本テレビプロデューサー。 1959年にスタートした『ペリー・コモ・ショー』の経験を買われ、『エド・サリヴァン・ショー』で井原プロデューサーの右腕となる。 以後、『九ちゃん！』『巨泉×前武ゲバゲバ90分！』『カリキュラマシーン』『11PM』『ズームイン!! 朝!』などをプロデュース。 収録のスケジュールから撮った映像の編集まですべてを担当し、朝の5時から夜中の1時ごろまで勤務。 伝票のズルは絶対に見逃さない井原組の大番頭である。

齋藤太朗さん
さいとう・たかお

元日本テレビディレクター。『カリキュラマシーン』では、メインディレクターでありながら番組のカリキュラムの説明などを行う「ギニョさん」として出演。『シャボン玉ホリデー』『九ちゃん！』『巨泉×前武ゲバゲバ 90 分!』『コント55 号のなんでそうなるの？』『欽ちゃんの仮装大賞』『ズームイン!! 朝!』『午後は○○おもいッきりテレビ』などの演出を手掛ける。 演出においてはそのこだわりの「しつこさ」から「こいしつのギニョ」と呼ばれる。

宮島将郎さん
みやじま・まさろう

元日本テレビディレクター。『美空ひばりショー』『高橋圭三ビッグプレゼント』『コンサート・ホール』『百万ドルの響宴』『だんいくまポップスコンサート』『私の音楽会』『カリキュラマシーン』などの番組を担当。『カリキュラマシーン』ではカリキュラム作成の中心的存在であった。音楽への造詣が深く、現在でも複数の男性コーラスグループを率いてサントリーホールのブルーローズを満席にしている。

聞き手：平成カリキュラマシーン研究会

こくごのカリキュラム

（「あかとんぼの唄」）（36ページ参照）

——最初から強烈なやつがきました（笑）。

齋藤　子ども番組とは思えないな。

——たしか喰始さんの作詞ですよね。

齋藤　ああ、そうかな。

——まず「あ」です。

（「あ」の書き方のアニメ）

（「あきかん」「あざみ」のギャグ）

——清音44文字と「ん」というのがカリキュラムにありまして。

齋藤　「あ・・」って出てくるじゃないですか。【a】という音に対して「あ」という文字があるということを覚えなきゃいけないわけですよね。「あざみ」でも「あさひ」でも何でもいいんですけれども、「あ」の後ろに2つ音がある。でも、「あ」はこの文字なんだよと、ひとつずつ文字を覚えていきましょうっていう意味で、「あ」の後の音の形を「・・」にして、肝心の「あ」だけを文字で出すっていうやり方だったんですね。「あ」はけっこうモメたんですよ。

——モメたんですか？

齋藤　モメたっていうのはね、あの頃の教科書に「あかい　あかい　あさひ　あさひ」っていうのがあって、無着成恭さんが文句を言うわけですよ。「さ」って子どもには発音が難しいのね。「あちゃひ」になっちゃう。発音が難しい音なのに、1年生の最初に「あさひ」っていうのは何事なんだと。こんな言葉で始めるのは絶対問題であると。

　われわれは文部省のやっている教育が絶対間違いだとは言いませんけれども、あのやり方ではいかんのだと。もっと、ちゃんと出せる音からやりましょ

あかとんぼの唄

あきかん

あざみ

うと。子どもは「あ、ざ、み」の「ざ」だったら言えるの、「さ」が言えないの。

――次は濁音と半濁音。さっきの「あざみ」の「ざ」。「ざじずぜぞ」「がぎぐげご」などの濁音ですね。「からす」と「がらす」というのはまったく違うものである。「か」と「が」は、形は似ているけれどもまったく別の文字である。なぜならば、清音と濁音とでは、その指し示すものが違う。その例は「からす」と「がらす」、「か」と「が」にみることができる。……ということがカリキュラムに書いてあります。

齋藤　ああ、そうですか（笑）。

（「ばら - はら」「ばち - はち」「ばくはつ - はくはつ」「ぱい - はい」「べんち - ぺんち、べんき - ぺんき」）

――次は50音なんですけれども、これちょっと長いです。10分近いドラマ仕立ての50音のお話。見てもらわないことには説明がつかないです（笑）。

（「50音パニック」）

齋藤　いいなあ、デコ（吉田日出子さん）。

――アニメーションもいいですねえ。

齋藤　これ作るの大変だった、ホントに。

仁科　ホント大変だったね、これね。音をきざんでたからね、ひとつひとつ。

――くっつきの「を」についてはまた後で。

齋藤　そうなんです。ここが大事だったのよ。この

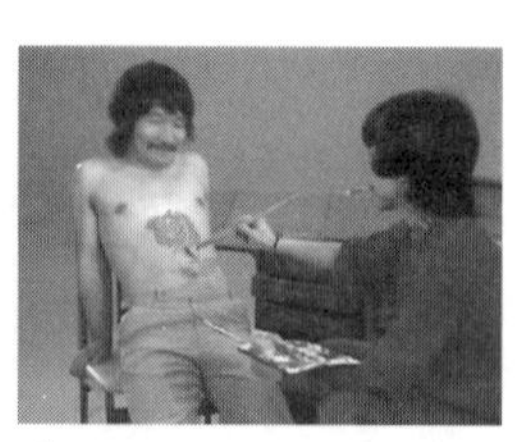
ばら - はら

べんち - ぺんち、べんき - ぺんき

50音パニック

「を」をどうしましょうっていう話でね。

――ローマ字で書くと「を」っていうのが【wo】、wが入りますよね。「お」っていうのは【o】なんですけれども。この発音の違いはないのですか？

齋藤　「を」も【o】なんです。wないの。音はまったく同じなのね。文字だけが2つある。だから「1つの音に文字2つ」ってやっているでしょう？ そうやって覚えさせないとしょうがないから。

――次は「長音」です。「長音」というのは「長い音」です。あ段、い段、う段の長音。え段の長音。お段の長音。長音は全部で69音なんですよね。

齋藤　ふーん（笑）。

仁科　さすがに覚えていないなあ（笑）。

（「らあめん」「まあじゃん」「びいる」「しいたけ」）

――あの工事現場は、どこだったんですか？

齋藤　生田の造成地。

（「ゆうひの唄」）

――長い音と言えばお段。「特別な書き方をするお段の長い音」。

仁科　これ大変なんだよ。

齋藤　お段の長い音は、「う」をつけて「おう」と書く。ただし例外があって、その例外が16音。全部は入っていないですけど。

――11入っていますかね。

齋藤　これを覚えさせないとしょうがないっていうんで、カリキュラムとして1項目作ったんです。お段の長音に「う」を添えないで「お」を添えるという。

らあめん

まあじゃん

びいる

――「あれ？　変換できないんですけど？」という時にはこの歌を思い出します（笑）。

齋藤　今でもいい年した大人が間違えるんですよ。

（「どうながおおかみ」「特別な書き表し方をするお段の長い音の唄」）

――ということです。

齋藤　これは覚えておくといいですよ。

――おおよそ　とおの　ほうずきと……。

齋藤　街中の〝なんとか通り〟をね、「どうり」って書いてあるところがあるんだよ。完全に間違えているんですね。みっともない話なんですよ。

――次は「つまった音」、促音です。小さな「っ」をつける。

（「つまった音の物語」「いっか-いか-いつか」）

――「ねじれた音」もあります。

（「ねじれた音の説明」）

――アニメーション、よくできていますよね。

（「ねじれた音『きゃ』『きゅ』『きょ』の書き方の唄」「あ段・う段・お段のねじれた音の唄　きゃしゃちゃにゃひゃみゃりゃぎゃじゃぢゃびゃぴゃ」）

――齋藤さんはよくあれを噛まずに言えるものだなと、毎回感心して見ております（笑）。かなり練習されましたか？

齋藤　これ、何が大変だったかというとね、文字のところに目線を持っていくのが難しかった。何もないところを見ているのに、文字を見ているふりをして左右を見るのは、けっこう難しかったですね。

どうながおおかみ

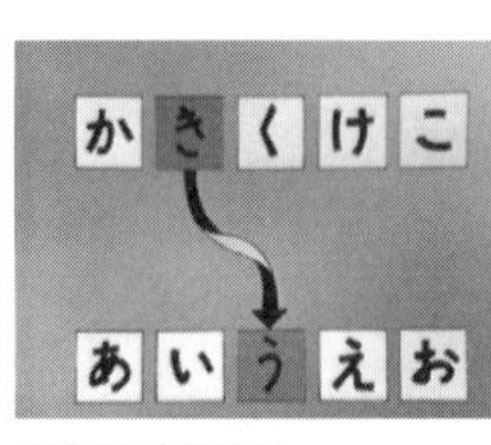

ねじれた音の説明

あ段・う段・お段のねじれた音の唄

——文字のポイントを示すものはなしで？

齋藤　最初、「向こうの壁のあそことこことこと」なんて言ってたんだけれどもね、棒を立てて、しるしを出してもらいましたよ。そうしないとちょっと無理だもの。

——では、ねじれて長い音。

仁科　拗長音あたりになるとね、だいぶスタッフもくたびれてきてね（笑）、あんまり面白いギャグが出なくなったりした。もう大変だったの。

（「しょうゆの唄」）

齋藤　常田さんががんばったよな。

（「ねじれて長い音：しゅうかんし」）

——常田さんも歌わされるわ、踊らされるわ（笑）。

（「ねじれて長い音の唄」）

——よくジャニーズをパンツ一丁にできましたね（笑）。

齋藤　フォーリーブスも一所懸命やってくれたよ、ほんと。

仁科　メリー（喜多川）さんに強かったからね、俺は（笑）。「お任せしたんですから、何とでもお使いください」って言われたの。

——フォーリーブスは、この頃すでに売れっ子ですよね。

仁科　もう大変だった。スケジュールが取れなくて大騒ぎだった。

ねじれて長い音の唄

しゅうかんし

しょうゆの唄

——いよいよ次は問題の「くっつきの『を』」です。「くっつき」っていうのをちょっと説明していただけますか。

齋藤　「くっつき」と言わないと説明できない音があるんですよね。「どこそこ『へ』」「なになに『は』」「なんとか『を』」、この3つは前の言葉にくっついているから、「は」だったり「へ」だったりする。「を」だけは文字も違う。

無着さん曰く、「くっつきの『へ』」は【e】、くっつきの『は』は【wa】、くっつきの『を』は【o】というふうに覚えさせるしかしょうがないでしょうね。これは難しいんですよね」って。われわれも難しいと思ったから、けっこう回数多くやっていると思いますけれどもね。

仁科　それだけで15分っていうか10数分やっちゃったりしてるからね。

（「くっつきの『を』：芸者と学生」）

齋藤　デコ（吉田日出子）がいいねえ。

（「おびをしめる」「おならをする」「かおをあらう」）

——宍戸さん、スゴイですよね。本当に中に水が入っているんだもの（笑）。

仁科　デコは容赦なくやるんだよ、こういう時。

（「おどりをおどる」）

宮島　これはすばらしいですね。

——作家は浦沢義雄さんです。この「を」とか「へ」もそうなんですけれども、「右側からくる」ってカリキュラムにも書いてあるんです。「右側からくる」ということに何か意味があるんでしょうか？　なぜいつも右側からくるんですか？

齋藤　なんかあったんだろうな。

くっつきの『を』：芸者と学生

おびをしめる

おならをする

——カリキュラムにも書いてあるんですよ。

齋藤　どうしてだっけねえ？

宮島　いや、覚えていないけれども、横書きにするから……。

齋藤　「おどりを」って書くときに、左から持ってくるより、やっぱり右から持ってくるだろうという感覚の問題だと思う。でも、「そこは大事にしましょうよ」ということで、結局ルールにしちゃったんじゃないかなあ？ これは確たるものじゃないですが。

——宮島さんが「を」などの文字を動かしていたんですよね？

宮島　私はタイル係でしたから、1年目は。

齋藤　あの文字が飛んで来るのはどうやってるかというと、黒い四角に文字が書いてある積み木みたいなものがあるんですよ。黒い衣装を着て、これを文字が置いてあるところに持ってきて、こうやって置くだけなんですよ。それをやる人がいたのね。いろんなところで自由に文字が動いているけれども、実は人がやっているんです。あの時代は人間がやるしかなかったんですよね。

——さんすうで出てくるタイルを動かしていたのも宮島さん？

齋藤　タイルもそうです。

宮島　1年目はかなりの部分をやっていましたね。自分がディレクターになってからはできなくなったけれども。あの手作り感が面白かったんだよね。

齋藤　そうだと思う。

おどりをおどる

かおをあらう

宮島　わざとちょっとゆらしてみたりとかね。

——時間もだんだんせまってきたので……、あ、もう過ぎてる！ さんすうやってないじゃん(笑)。じゃあ、最後に「くっつき」を見て、さんすうはまた次回のお楽しみということで。さんすうはめっちゃ難しいんですよね。

仁科　いやー、さんすうは本当にむずかしいですよ。言葉のほうが楽だよね。

齋藤　本当に難しいです。だって理屈しかないんだもの。

——最後に齋藤さんのを見て。

（「文を作ろう。（くっつき）」）

齋藤　齋藤くんがんばってるね！（笑）

プロデューサーのお仕事

宮島　ちょっとしゃべっていい？「玉音盤」って皆さん知ってます？『カリキュラマシーン』には歌がたくさんあるでしょう？ その歌のオーケストラ部分を録音した後に、私とギニョさんと2人で交代しながら全部歌って録音するんですよ。それをそれぞれの役者に渡して「覚えておいで」ということをやっていた。それを「玉音盤」って言っていたんですね。それがものすごく面白いんですよ。次から次へといろんな歌があって。

『カリキュラマシーン』がすごかったのは、カリキュラムをセリフにして言ったら、面白くないし、聞く気にもならないし、覚える気にもならないのが、歌にすると覚えやすい。誰が歌にしようって発明したの？ ギニョさんかな？ 知らないんだけれども、作家は「このカリキュラムはセリフにはならない」と思ったら全部歌にするんですよ。だから、ものすごくたくさん歌ができたわけですね。

『カリキュラマシーン』のすごいところは音楽。子どもたちが一番受け入れやすい音楽にしたっていう

文を作ろう。

おとこのむねでなく。

こいびととおどる。

ことだなあと、今朝つくづく思いながら起きました。

齋藤　宮川泰さんのおかげです。録音だってM80とか70とか、すごい数の録音したもんね。

――BGMも全部そうなんですよ。『カリキュラマシーン』のBGM、歌も含めて1000曲ぐらいあるんですよね。歌だけでも500曲ぐらい確かあったと思います。宮川さんはものすごい才能のある方ですよね。本当に天才です。

齋藤　本当にお宮のおかげ。彼がいたからできた。アニメーションもそうなの。木下蓮三さん。この人も死んじゃったの。作家のチーフだった松原敏春さんも死んじゃったの。もう本当に慚愧に堪えませんね。

――さて！　何かご質問はありますか？

宮島　私がよく質問されたのは、「なんで今の時代だったらもう放送できないような番組が作れたんですか？」ということでしたね。

齋藤　「作れた」んじゃなくて「作っちゃった」んだよね、俺たちがね。放送コードにひっかかるようなことやってるから、子どもたちが見てくれた。いや、ホントそうです。

大人が子どもに見せたくないなって思うことをやると、子どもは喜ぶのね。「お前は子どもだから」じゃなくて、「あんたは一人前！」って言われたような気がするんだと思う。だから、それはすごく大事にしました。「子どもだから」というのは絶対的に排除したから。

仁科　その代わり、こっちが苦労した（笑）。

――どんなクレームがありました？

仁科　もう文句ばっかりよ。

齋藤　でもね、絶対やっていないのは、エロとか軍隊とか、そういうことはやっていないんですよ。ある程度の規制はしていましたよ、もちろん。だけども……。

はなよりだんご。

——間男とか（笑）。

齋藤　間男、どんどんやる。どうせお前らやるんだろ？違うか？（笑）

客　スポンサーさんからのクレームはなかったのですか？

仁科　スポンサーさんからのクレームは1回も聞いたことないですよ。というのは、説明しに行ったの。「世間の常識でいうと、子どもに見せちゃいけないものをどんどんやっていますよ。それを理解してくれないと、この番組は成立しないから」と言って、サンプルを何本か見せたの。で、やっぱり腰が引けちゃったところもあった。「面白い、面白い」って言ってくれたところが2つくらいあったのかな？

——その話を仁科さんからお伺いしたときに、さっきもお話に出たように、まず「オーディション版」というのを作って、いくつかの幼稚園とか保育園に見せに行ったんですね。その時に保育士さんからは「これを見せられては困る」ということを言われる。で、調査結果として仁科さんには「必ずこういう苦情がくるよ」ということが先にわかっていると。なので、「『こういう苦情がきますよ』ということを、スポンサーさんにもまず最初に説明をしておいた」という話がありましたよね。

仁科　それと、その時に「こちらの答えとしてはこうです」という答えまで付けて、代理店とスポンサーには渡してある。で、その結果、ついてくれたスポンサーもいたけれど、つかなかった曜日もあって、初めのうち何回かは「提供」っていうのが出ない日があったんです。

だんだん評判になってきたら、いわゆる「スポット買い」って言って、「その週だけ買う」とか「この曜日だけ買う」とかっていうのが出てきて、それで儲かるようになってきた。1年目は多分赤字だったと思うんですよ。日本テレビ的にいうと赤字だった。2年目から黒字になったの。

齋藤　ああそう、ふーん。黒字だったのか。おれ赤

『カリキュラマシーン』のオーディション版調査資料

宮島将郎ディレクターが所蔵されていたオーディション版の調査資料。子どもの年齢ごとに、どのシーンでどんな反応をしたかなど、細かく調査結果が記されている。

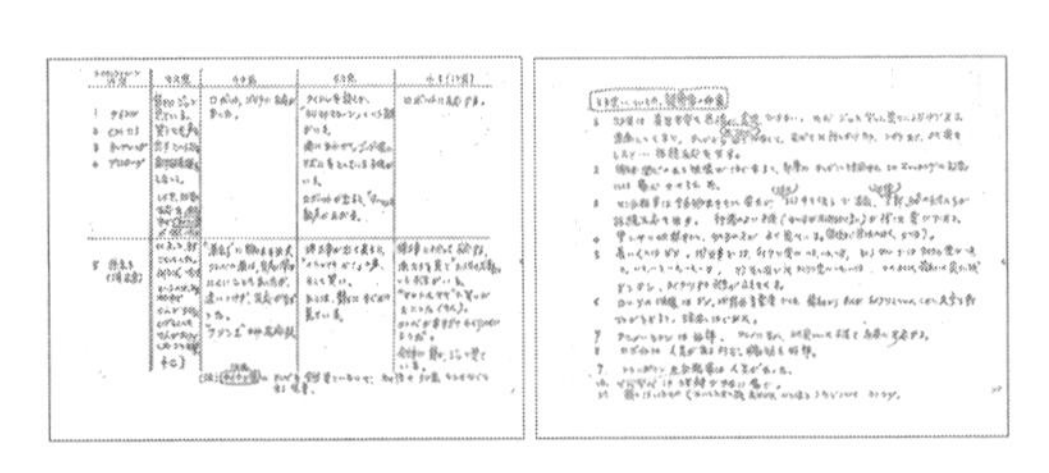

字かと思っていた（笑）。

仁科　親とか、いわゆる有識者と称する連中からくるであろう苦情なり問題提起なりっていうものは、予め想定問答集みたいなのを作ってあったの。

ただね、世の中ってすごいなと思ったんだけれども、想定問答集は600ぐらいあったのに、それを外れて言ってくるやつが必ずいる（笑）。「こういう考え方するんだ」とか「こういうふうにとっちゃうんだ」と思うような苦情もずいぶんありましたよ。

そういうのはその場で一所懸命説明して納得してもらう。とにかく、こっちが怒ったら絶対負けるんですよ。この番組のおかげで私は「忍」っていう言葉の意味を覚えた（笑）。

齋藤　この人だったからできたの。俺だったら絶対できない。

仁科　あっという間に喧嘩してる。っていうよりね、みんな喧嘩しちゃうんですよ。だから、「お前ら電話に出るな」と。そこでモメちゃうと必ず上に上っちゃう。上に上っちゃうと、同時にスポンサーのところへも行っちゃう。ないしは新聞に投書が行っちゃう。新聞社はそういうの面白いから出しちゃう。

齋藤　今だったらどうなるんだろうね？　今だったらヤバイかもしれない。インターネットで勝手なこと言うからね。それは止められないし。

仁科　とにかく放送が終わるたびに、2時間近く相手していたかな（笑）。

――放送が終わってから？

仁科　終わってから。

――毎日？

仁科　毎日。

――ご苦労様です（笑）。

仁科 だけど、面白いことに半年くらい経ったら減ってくるんですよね。

齋藤 ああ、それは当然あるよね。『ゲバゲバ90分！』も最初は文句ばっかりきたんだもの。4週くらい経ったらぴたっと来なくなって、「ゲバゲバ面白い」っていうのが来るようになった。見ている人が最初は何だかわからなかったのね。

――コマーシャルだと思っていた。

齋藤 そうそうそう、「1時間半コマーシャルやりやがって、何なんだ、これは！」って（笑）。

仁科 新しいこと、他でやっていないことをやると、必ず最初はそうとう酷い評価が出ます。めちゃめちゃ叩かれます。で、叩かれれば叩かれるほど、なぜか視聴率が上がって来るんだよね。これが不思議なんですよ。

おかげさまで2年目からは非常にラクになりましたね。作る側もある程度セーブするようになったし。

齋藤 ああ、そうかもしれない。

仁科 「俺もそう思う」っていう苦情もあるわけよ（笑）。俺だって人の子の親だからね。ちょうど小学2年生と1年生がいたのよ、これ始めた時に。

だから「これはヤバいな。うちの娘に見せたくないな」っていうのがあるわけ。そういうのは「これはね、こういう苦情が来たよ。だから、こういうのはなるべくならばやって欲しくないなあ」というようなことをちらっと言っておくと、やっぱり頭のどこかに残っているんだと思うね。

齋藤 俺はそれは守るよ。

仁科 この人に言うだけじゃなくて、作家にもね。

特に喰始にはしょっちゅう言ってた（笑）。

でもね、この番組はこんぺい糖みたいにトゲがいっぱいあるでしょう？　だからいいのね。あんまり文句言ってトゲ取っちゃうと、ただの丸になるでしょう？　それはつまらないのね。だから、「ひとつふたつのトゲは折るけれども、あとは触らず」ということで、自分にとっても「これはヤバイな」って思うのだけを伝えるようにしていた。

最初のシーズンはカリキュラム的にもちょっと問題があったりして、そこを突いてくるやつもいて、それが学校の先生だったりするんだよ（笑）。一度、文部省の役人から苦情が来たことがあるんだ。これが聞く耳持たないの。

齋藤　完全に文部省に楯突いているんですからね、われわれは。

仁科　一方的に向こうの論理を押し付けてくるわけね。それで、これは面と向かって言うしかないと思って、文部省まで行ったもの。

齋藤　そうなの？　それは知らなかった。

仁科　文部省まで行って一所懸命話をしても、相変わらず納得しないの。でも周りにいた連中が「うん、うん」って言い出してね（笑）。

――外堀からですね。

仁科　それで助かっちゃったんだけれども。とにかく2年目ぐらいから苦情電話は減りましたね。なんて言うのかな、見ているほうも慣れちゃったのかもしれないね、「こういう番組なんだ」って。

僕がシツコク言ったのは、「文句を言うんだったら、子どもがどういう反応をしているか一緒に見てくれ」と。それで、もし「これはダメだな」と思ったら、「こういうことは、本当はやってはいけないことなんだよ。だから、アナタはやらないでね」と言ってくれと。

――ここにあるのが第3期のカリキュラム。で、ここに第2期と第1期のカリキュラムがあります。そして、これがそのカリキュラムの元になった教科書です。

仁科　この『かな文字の教え方』っていう本。

——こういうグッズというか、本も出ています。『カリキュラマシーン』がいかに教育番組であったかというのを、ちょっと皆さんにも見ていただいて……。

齋藤　僕らはもちろん教育番組を目指してはいましたけれども、あくまでもエンターテインメントをやりたかったんです。エンターテインメントのテーマが「教育」と言うか。

　で、さっきからカリキュラムの話をしているけれども、さんすうは小学1年の1学期しかやってないんですよ。こくごは1年生の2学期までやっているのかな。拗長音までやっていますからね。でもね、結局、たったそれだけなんですよ、やってることは。

　ところが、あの頃、拗長音が書けない中学生がものすごくいっぱいいたんです。新聞でもずいぶん話題になっていて、「日本の子どもたちは拗長音が書けない」っていうのが深刻な問題になっていた。だから、拗長音を大事にして、何回も何回もやりました。その反応もあったよな、良いほうの反応。「なんでそうなるのかがやっとわかりました」って言う子どもたちがいたんです。

仁科　小学校の先生からも、「これだったら教えられる」っていう意見がずいぶんありましたよ。

齋藤　理屈がわかっていないわけでしょう？　それで頭ごなしに教えていたのが、「ああ、そういうことだったのか。そういうふうに覚えればいいんだ」ってわかるから。

——話は尽きないんで

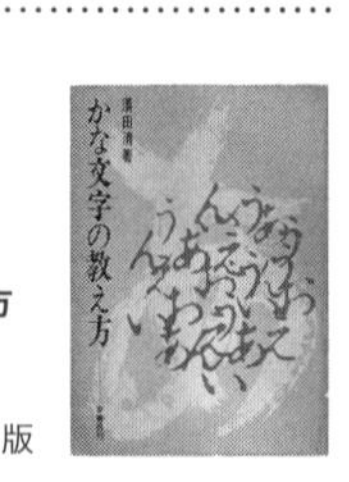

かな文字の教え方
須田清　著
出版：むぎ書房
発売：1967年初版

すけれど、実は予定時間を大幅に超えておりまして。
この話はぜひまた次回にやりたいと思います。次回
は「さんすう」です。

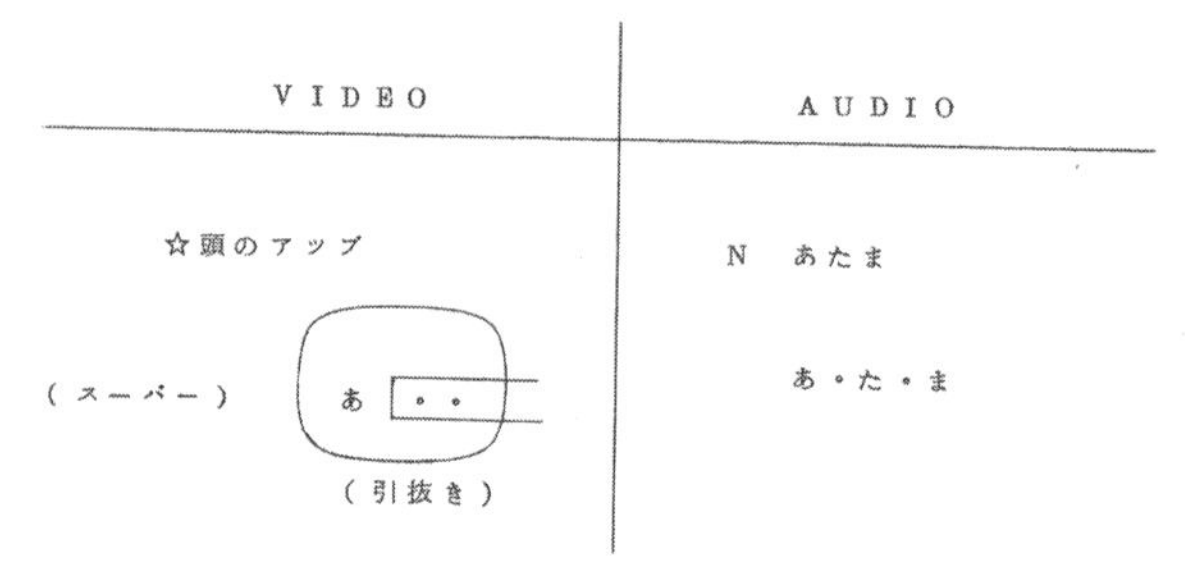

・最初から「あたま」とスーパーし，「あたまのあ」とナレーションが入るのはやらない。

☆　具体名詞のバラエティ

○　具体名詞の提出には，音節数が少なく，促音（•√）　長音（ー）を含まないものから順次出すようにする。

☆　書き順と字型のアニメーション（必ず2回使用）

☆　50音図での位置のアニメーション（1回）

○　面白くしようとするあまり下品なものや，難解なもの，キタナイ物，一部の人にしか理解出来ないもの，テレビコードにふれそうなもの，中傷，1人よがり，「わけがわからない」ということだけを面白がるようなもの等々は避ける。

○　「ん」の50音図のアニメーションは無い。

○　各シーンの冒頭にタイトルを入れて，その回のテーマの文字を○でかこうこと。

例　㋐たま

促　音（つまった音）

○　促音は全部で１０５音ある。

○　口に手を当てて発音すると息が止まる音を「つまった音」と呼び，小さい「っ」を添えて一つの音を２つの文字で書き表わすことを教える。

○　音節の記号は「•Ｖ」で表わす。例えば「こっぷ」は「•Ｖ・」で２音節である。

○　促音と直音とでは似た音ではあるが，それをふくむ単語の指し示すものは，まるで異る。例えば「はか」と「はっか」と「はつか」に明らかである。

○　書くときの小さい「っ」の位置についても注意を要する。

促　音（つまった音）

☆　促音が語頭にある具体名詞を具体物と共にいくつか提示する。

○　この場合，記号と音声のみで示し，文字は使用しない。

例

VIDEO	AUDIO
コップのアップ （スーパー）［•Ｖ　•］ （引抜き）	N　こっぷ こっ・ぷ

☆　このようにして日本語の音の中に「つまった音」というものが存在することを示す。

例　（セリフ）　きっぷの「きっ」，こっぷの「こっ」，かっぱの「かっ」，これ等の音を「つまった音」といいます。（云いまわしは楽しく自由に，又セリフでなくてもよい）

☆　具体名詞の中から一つを抽出し，音節に分解して，促音を取り出し，もっとはっきり認識させる。

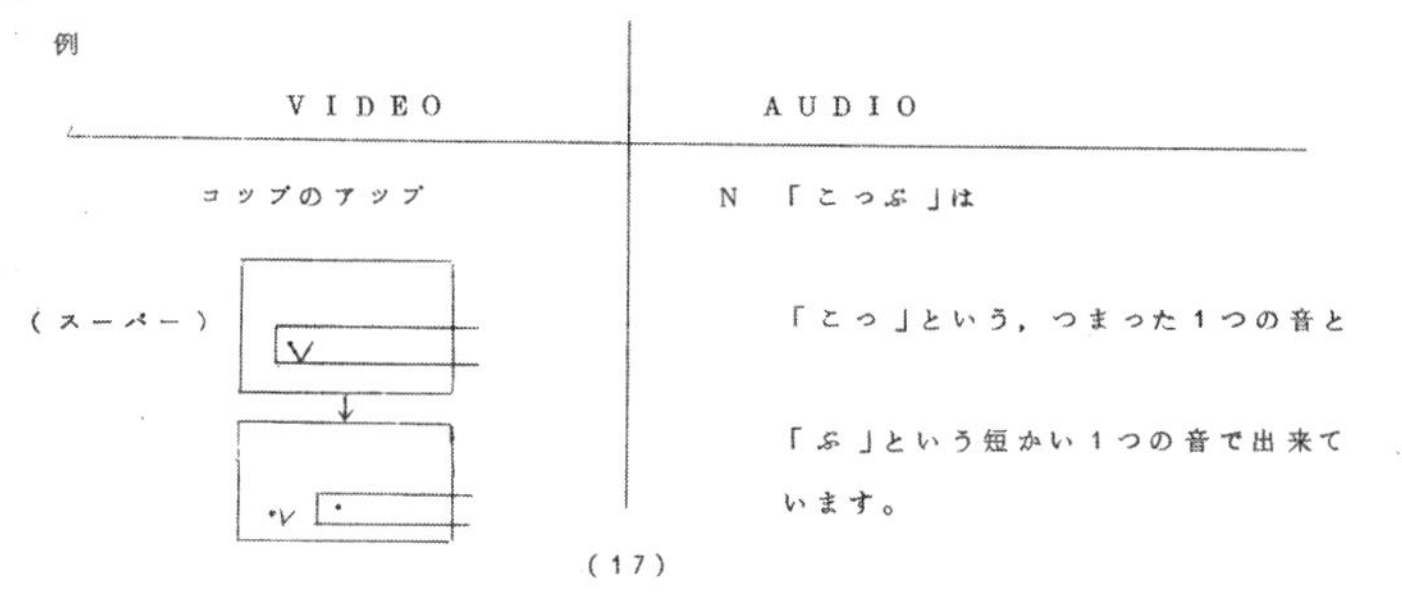

（17）

○　最初のうちは表記の原則を説明しつつ実例を出し，次第に省略して説明のない型に誘導する。

説明のない例

VIDEO	AUDIO
コップのアップ	N　こつぷ
（スーパー）［✓ こつ・］	こっ・ぷ
（引抜き）	

○　促音を語頭に持つ具体名詞を出来るだけ多く提示する（清音の場合と同じ）

☆　適当な時期（あまり後でなく）に小さな「っ」を書く位置の指導を行う。

たて書きの場合

よこ書きの場合

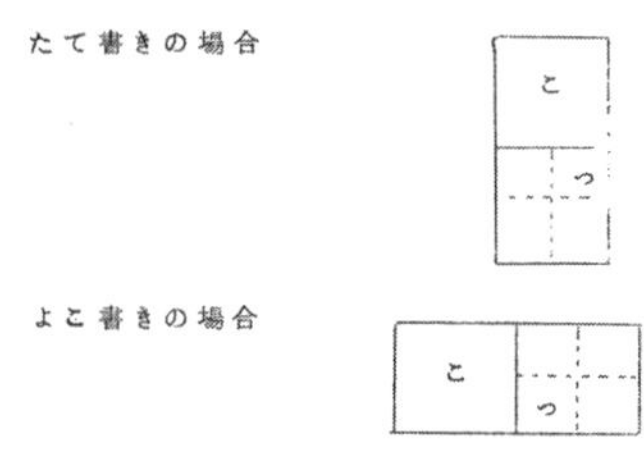

○　促音の小さな「っ」と清音の普通の大きさの「つ」を含む単語も出す。

例　　へっつい

☆　子供は，よく促音の小さい「っ」を書き落すことがある。これを書き忘れるとまるで違った意味になってしまう。その実例をいくつか見せる。（同様に，「小さな「っ」を大きく書いてしまったらどうなるだろう」ということにも触れる。）

例

VIDEO	AUDIO
ねっこのアップ	N　ねっこ
［✓ ・ ねっこ］	ねっ・こ
（記号と共に小さい「っ」がとんで行き，ねの上の「・」がとんで来る。）	所が，小さい「っ」を書くのを忘れたりすると.....
ねこのアップ　↓　［ねこ］	ねこ

（19）

カリキュラマシーン・かな文字の指導

		回数	
①	エンピツの持ち方	5	
②	清音(44文字と「ん」)	45	(各文字1回ずつ)
③	濁音(半濁音)	4	(各行1回ずつ。ぱ行はば行と同時)
④	50音表の総括	3	
⑤	段の概念A	11	(あ段3回、その他の段各2回)
⑥	段の概念B	4	(あ段以外の段各1回)
⑦	行の概念	10	(各行1回)
⑧	長音A(あ段、い段、う段)	3	
⑨	長音B(え段)	3	
⑩	長音C(お段)	3	
⑪	お段の長音の例外	2	
⑫	促 音	4	
⑬	拗 音	3	
⑭	拗長音	3	
⑮	くっつきの「を」	3	
⑯	くっつきの「は」	3	
⑰	くっつきの「へ」	2	
⑱	くっつき	2	
⑲	音 節	3	
⑳	「じ」と「ぢ」	2	
㉑	「ず」と「づ」	2	
㉒	総集編	3	

(45)

14

カリキュラマシーン

カリキュラムはカリキュラマシーンの〝かんじんかなめ〟。研究を深めすぎて前回はこくごだけで終わってしまった。今回は終わるのかな？（笑）

14

おおよそ第13回ぐらい？ カリキュラナイト ●2015年12月 経堂さばのゆ にて

5のかたまりと10のたばをいくつ寝るとお正月!?

肝腎要のカリキュラムの2

本日のゲスト

仁科俊介さん
にしな・しゅんすけ

元日本テレビプロデューサー。1959年にスタートした『ペリー・コモ・ショー』の経験を買われ、『エド・サリヴァン・ショー』で井原プロデューサーの右腕となる。以後、『九ちゃん！』『巨泉×前武ゲバゲバ90分！』『カリキュラマシーン』『11PM』『ズームイン!! 朝！』などをプロデュース。収録のスケジュールから撮った映像の編集まですべてを担当し、朝の5時から夜中の1時ごろまで勤務。伝票のズルは絶対に見逃さない井原組の大番頭である。

宮島将郎さん
みやじま・まさろう

元日本テレビディレクター。『美空ひばりショー』『高橋圭三ビッグプレゼント』『コンサート・ホール』『百万ドルの響宴』『だんいくまポップスコンサート』『私の音楽会』『カリキュラマシーン』などの番組を担当。『カリキュラマシーン』ではカリキュラム作成の中心的存在であった。音楽への造詣が深く、現在でも複数の男性コーラスグループを率いてサントリーホールのブルーローズを満席にしている。

聞き手：平成カリキュラマシーン研究会

さんすうのカリキュラム

――『カリキュラマシーン』のカリキュラムをテーマに話しているんですけど、本当は前回で終わらせるはずだったのが、いつものように暴走しまして、こくごだけで終わってしまったので、今回はさんすうのカリキュラムの話をしたいと思います。

斎藤ディレクターは風邪を引かれて欠席ですが、引き続き仁科プロデューサーと宮島ディレクターのお二人がゲストです。よろしくお願いします。

（カリキュラムの表紙）

――これが『カリキュラマシーン』のカリキュラムの表紙なんですが、右上に「マル秘」と書いてあるんですよ、実は。何故「マル秘」なのか伺ったんですけれど、「やってみたかっただけ」と斎藤さんはおっしゃっていました。

さて、カリキュラムなのでカリキュラム通りに進めたいと思います。さんすうのカリキュラムの一番最初は「仲間あつめ」と「かずは同じですか」ということで、ちょっと見てみましょう。

宮島　「仲間をあつめよう♪」「数は同じ♪」……歌は覚えているんだよ。カリキュラムは忘れちゃったけど（笑）。

（「ぼくのおじさん」）

――「数」が「物の大小・長短・軽い重いということに関係なく、集合の量をあらわすものである」ということのようです。今のが「仲間あつめ」と「数は同じですか」のカリキュラムです。

さんすうをギャグにするのは難しいですよね？

宮島　確かに計算になるとそれはギャグにならないけれど、計算するための素材として、いろんな物や人間が出てくるのだから、作家がみんなそこで面白がって、増えたの減ったのをやってただけの話で、難しくはなかったんじゃないかと思いますよ。

――次は「数詞」。「数詞」という言葉を私はこのカ

『カリキュラマシーン』のカリキュラムの表紙

ぼくのおじさん：「仲間あつめ」と「数は同じですか」

リキュラムを読んで初めて知ったというくらいで（笑）。

「数詞」というのは「共通の量に対して名称をつけたのが数詞である」。この「数詞」を「タイルというものに表し、直接ものの集合を数と考えず、一旦タイルに置き換える」というのがあのタイルの考え方ですね。ではまず数詞の「1」。

（「1」のレストラン）

（「1」のコラージュ）

──横尾忠則風、壮大な「1」でした。では次、数詞の「4」。

（「4」の時代劇）

──数詞の「1」とか「4」で、これだけのギャグができてしまう。すごいですね。次は「順番」です。小さいほうから大きいほうへ順番に数える。

（「順番：カウンター」宍戸錠が最後にふんどし姿に）

──宍戸さん、大変ですよね。日活の大スターがこんなことになっちゃって（笑）。

仁科　この人、わりあい平気なの（笑）。

──次は「数える」。「数えること」によって「集合の大きさ（数）がわかったり、集合を作ったりすることができる」ということらしいです。

（「数える：パンツの数」1枚ずつパンツを下げていく）

──放送事故にならなくてよかったです。中は黒いパンツだったということで（笑）。次に「あわせて

「1」のコラージュ

「4」の時代劇

順番：カウンター

いくつ？」という足し算が出て来ます。

仁科　今のところまでは、「数字」っていうのと、いわゆる「数」というもの。ひとつがふたつあればふたつになる、みっつあればみっつになるっていう、数字の階段みたいな、順番っていうのかな、そういうことをやっているだけであって、ここまでは子どもたちもだいたい知っているんだよね、親から教えられたりして。

知ってるんだけど、一応、基礎の基礎だから、「これをやっておかないといけないね」っていうことでやったんだけれども、ものすごくつまらないわけね（笑）。だから、何とかギャグで覚えさせちゃおうと。そうすると覚えてくれるんじゃないかということで、何とか面白おかしくしようと一所懸命にみんなで考えたっていうのがありますね。

ここまでは、まあ、言ってみれば予習みたいなものなので、ここからがいよいよ本編になってくる。足し算、それも5までのね。

――これが実際のカリキュラムをまとめたものなんですけれど、いちいちこういうふうにちゃんと字幕スーパーでこうなってこうなってというのが細かく書き込まれていますよね。ナレーションも書いてあって、細かい決まりごとが全部書いてありますね。

仁科　これだけはね、ちゃんとした部分はちゃんとやっておかないといかんのですよ、やっぱり。面白かろうがつまらなかろうが、ちゃんとした部分はちゃんとやろうと。

でも、ちゃんとした部分がつまらなかったとしても、何とかそれを繋げて見てもらえるように周りを面白くする。それしか方法がないものね。

宮島　私、小学校の時に、こういう「タイルを置く」っていう算数は習った覚えがないのですよ。遠山啓さんたちのこのやり方は、全く新しいやり方だったわけでしょう？

仁科　そう。いわゆる教科書ではなかった、それまでね。

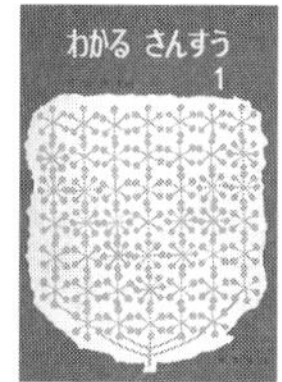

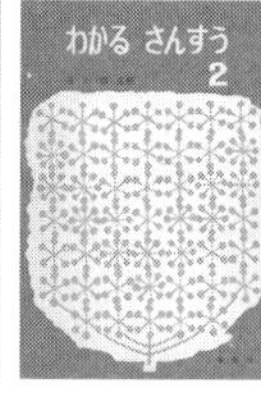

わかる　さんすう 1
わかる　さんすう 2
遠山 啓　監修
出版：むぎ書房
発売：1965 年初版

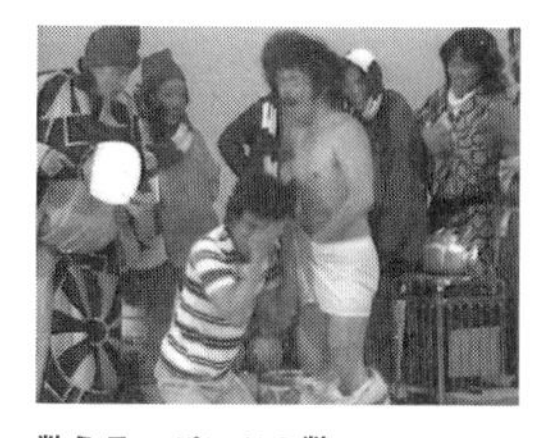

数える：パンツの数

宮島　それまで「1＋1＝2」をどういうふうに自分の頭の中で考えたかと言ったら、九九を覚えるのと同じようにやってたような気がするのね。それをタイルに置き換えて、そのタイルで足し算・引き算をやろうというのは、当時ユニークだったと思うんですよ。

「3＋3＝6」というのは頭の中ではわかっていても、やっぱりタイルで6個出してくれると、「おお、そうか」と子どもは理解しやすかったんじゃないかなぁ。

――私の知り合いで、「子どもの頃に算数が全然わからなかったんだけれども、『カリキュラマシーン』を見て、初めて算数というものがわかった」と言ってる人がいましたね。

『カリキュラマシーン』にはタイルがいっぱい出てくるんですけれども、あのタイルを動かしていたのが宮島さんだったんですか？

宮島　その他大勢。

仁科　その他大勢じゃなくてね、三人か四人しかいなかったの。これは見てるとわかるだろうし、散々見たからわかってると思うけど、離したりくっつけたりを一瞬でやるっていうのは、実はすごく難しいんだよ。かなり熟練を要した。全部手作業でやってたんだから。

――今だったらデジタルでやるんですけどね。一気に抜いたり、すごく大変だったんでしょうね。

宮島　でも面白かったんだよ、あれ。手作りが一番面白い。

うちの長男が小学生だった時の同級生のお母さんが私に言ったの、「『カリキュラマシーン』がもうちょっと早く始まってくれれば、うちの子は算数の成績がもうちょっとよかったのに」って（笑）。

仁科　とにかく国語もそうなんだけれども、算数も頭から記憶させちゃって覚えさせちまおうというのがもっぱらの主流だったのね。論理的にきちっと教えるということがあまりなかったと思いますよ。そういう意味ではね。
頭の中に絵が浮かばないものってなかなか覚えないじゃないですか。タイルっていうのは絵が浮かぶんだよね。これは本当に優れたものだと思いますよ。

——次に出てくるのが「5」。「5」というのがすごく大事なんですよね。

仁科　「5」は大事です。

——「5」といえば。

（「5：動物の数」）
（「5の家出」）
（「5の卒業試験」）

——「5のかたまり」があり、「6」は「5のかたまりと1」、「7」は「5のかたまりと2」っていう理解の仕方をさせようと。「5のかたまり」があったうえで、足し算・引き算をしている。

（「5以上のひきざん」）

——渡辺篤史さんの熱演でございました。

宮島　5のかたまりから先に引いて、残ったバラを足していたのはどうしてなんでしたっけ？

仁科　どうしてって？

宮島　要は5のかたまりからしか引けないから、5のかたまりから引いて残ったバラを足す。くり下がりの感覚ですよね。

仁科　そうだよ。くり下がりの感覚。

宮島　そんなことをやっていたんだ？ あの時。

仁科　それを説明しないでやっていた（笑）。

宮島　ディレクターとしての反省と理解がないな（笑）。

5：動物の数

5の家出

5の卒業試験

――あのタイルは何で出来ているんですか？

仁科　あれはプラスチック。

――板にタイルがくっついたりしますよね。あれはどういうふうにくっつけているんですか。

仁科　あれはね、両面テープでくっつけていたんだよな。両面テープもいろんな種類があってね、全然見えないやつがあるわけ。それを使っていたと思う。

宮島　今聞いているとさ、宮川さんの音楽がなかったらどんなにつまらなかっただろう（笑）。音楽でめちゃめちゃ救われているでしょ。やっぱりあの人、ものすごい天才だね。

60ページくらいの台本を元に、宮川さんと打ち合わせをするんですよ。当然作家もここのシーンはどういう音楽って書いてくる時もあるけど、作家が書いてこない場合もある。作家は必ずしも音楽に詳しくなかったりするし。すると私とギニョさんが二人して、「こんな感じがいいんじゃない？」って言うと、宮川さんが「わかった」って書いてくる。それでこの出来栄えなのよね。すごいでしょ？　子ども番組でこれだけ贅沢に音楽使ってね。

――今は考えられないですね。ＢＧＭとか含めると１０００曲くらい、宮川さんの書き下ろしで。

宮島　音効の山口（敏夫）さんはもっとあったって言っていたよ。

――宮川さんは曲を録音しながら、次の曲のスコアを書いているという（笑）。

宮島　ある日作るの忘れてきてね、スタジオで書くんだよ。昔は写譜屋っていうのが一緒に控えていて、スコアを渡すとだーっと楽譜を書いて、すぐに録音するんだよ。今、仮にまた新しい『カリキュラマシーン』作ると言って宮川さんの息子呼んできたって、こんな芸当できないね。

仁科　ギニョさんも言ってたけど、息子がとにかく親父のスコア見てびっくりするっていうのね。何でこんなところにこんな音を入れているんだっていうのがあるんだって。入れてみるとなるほどという音になるっていうんだよね。とってもかなわない。

――わかってるんですね、父親のすごさを。というわけで今度はゼロ、「0」（れい）。

仁科　これは困った。本当に困ったんだから。「0がある」っていうのが説明できないんだよね。「0」っていうのはないんじゃないかって話になっちゃう。

――ないんじゃなくて、「0」というものがある。

宮島　これをわかってもらうのにえらい苦労したんだよね。

――苦労の結果がこれです。

（「0の弔辞」）

――でした。

仁科　よくわからないね（笑）。

――よくわからない。「0」は難しい！

次に出てくるのが「10」。「10のたば」というのが出てきます。「10」もすごく大事。「5のかたまり」と「5のかたまり」で「10」のたば。「10」がなぜに難しいのかというと、初めての2桁（にけた）の……。

仁科　「ふたけた」と言ってください（笑）。

――はい。2桁（ふたけた）の数の始まりということ

0の弔辞

とです。10進法においても重要。「1」「0」とかいて「10（じゅう）」と読む。

例えば「20」とか「30」とかだと、「2」と「0」と書いて「20（にじゅう）」。「3」と「0」と書いて「30（さんじゅう）」……なんだけれども、「10」は「いちじゅう」とは絶対読まない。

「10」からちょっと高度なくり上がり・くり下がりのある足し算・引き算というのが出てきます。

（「コップが13、すもう」）

（「金庫破り：12－9＝」正解すると扉が開いて、そこはキャバレー）

——子ども番組ですよね？（笑）

仁科　つまり数字だけ見てやるよりも、タイルに置き換えてやったほうが、視覚的にも感覚的にもわかりやすいという手法。タイルって手法が優れていたのはそこだと思いますよ。無意識のうちに見ているだけで数がわかってくる。

「12－9」と数字だけで書いたら、「3」っていう答えが即座に出てくるかというと、子どもでは出てこない。それをビジュアルに置き換えることによって、非常に理解しやすくするというのが、この手法のものすごく優れたところ。

——私も未だに置き換えています。

仁科　うん、未だに置き換えている。こうやって指折って数えていましたから（笑）。

今のは飛び飛びにやっているからわかりにくいけれども、順番に「1」から「10」まできちっとやって、そのうえで「11」「12」ってやっていくともっとわかりやすいんだよね。

——そうですね。

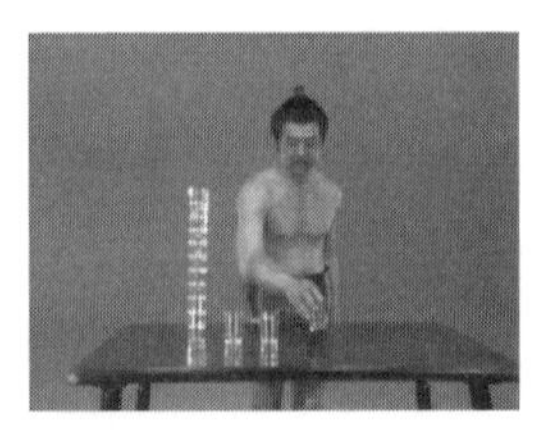

コップが 13、すもう

金庫破り：12–9＝

仁科　だからね、放送の時にすごく悩んだのが、「順番通りにやったほうが絶対わかりやすい、けど、そうはいかないね」と。

それでさんざん議論した挙句、とにかくタイルに置き換えるっていう方法でわかってもらえば。例えば「5まで」「10まで」と区切らなくても、いきなり10へ飛んじゃっても、この方法を知ってくれたら、子どももわかるだろうと。そういうかたちでふっきっちゃった。

最高のカリキュラム

――これって小学校の一年生くらいまでですか？

仁科　一年の二学期まで。三学期までは行っていないですよ。

――二学期でくり上がり・くり下がり？

仁科　実は、くり上がり・くり下がりは本当はもっと先なんだけど、ちょっと持ってきてやっちゃった。カリキュラム的に言うと一年の二学期まで。要するに算数ってすごく面倒くさいのがわかってくれれば。

――よーく、わかりました。昨夜、さんすうのカリキュラムを一所懸命に読んでいたんですけどね、小学一年生のカリキュラムがわからない。

仁科　理論的にしゃべろうとすると、ものすごく難しくなるのね。難しいことを大人同士でやっている分にはわかる。ところが相手は子どもだから。子どもにわからせるためには、こういう手法しかないなっていう考え方だったんだけれども。どうですか、宮島さん？

宮島　そりゃそうですよ。だってわれわれは当時子どもじゃないから、子どもがどうやって算数を乗り越えているかってことは想像もつかないわけね。そういう中で、一番覚えやすい方法がやっぱりこの方法だったと私は今でも信じていますね。これ、もういっぺん放送するべきだね。

仁科　この方式を取り入れた学校がけっこう増えたみたい。やっぱり先生も教えやすいと思う。「0」なんて教えられないんだから。「ないものがある？　そんなめちゃくちゃやん」って話になる。それを理解してもらうためにはね、タイル方式っていうのは抜群のアイデアだと思う。

――ここにそのカリキュラムの原本がありますので、あとで皆さんもちょっと見てみてください。

　これは第一期のものなんですけども、手書きです。日テレのレポート用紙に手書きで書いてあります。

　これが第二期です。表紙にいろいろ書いてあります。「くり返してやるのが多い」「ペーソス減らせ」「状況だけが面白い（子どもにはわからない）のはダメ」「一郎・かの字の出が少ない」「女を出せ」って書いてあります（笑）。

　これが第三期。「カリキュラマシーン・カリキュラム」って書いてあります。第三期が本当に完成されたカリキュラムということで。宮島さんの感想も書いてあります。作家さんもちゃんと書いてありますね。

宮島　三冊とも家宝にしてとっておいたの。

――ちょいちょいえんぴつのメモ書きが書いてあって、面白いですね。

宮島　作家も役者もディレクターも楽しんでやっているけれども、基本的にはものすごく真面目に作っていましたよ。やっぱりね、教育っていうのはいい加減にしてはいけないと思っていたから。一年ごとに全部チェック入れて直していたし、それは見ている人たちにはわからない部分ではあるんだけれども、ものすごく真面目にやりました。だからこのクオリティのものが出来てるんだと思うんですよね。自画自賛（笑）。

――メモ書きに「女を出せ」って（笑）

宮島　この「女を出せ」はね、会議でみんなが言っているのを私がここに書いたんですよ。

仁科 そうなんだよ。「かの字が少ない」なんてのはその通りでね、「かの字」が出てきたってつまらないんだよ。

仁科 それをちゃんとやっておかないと、次に行かなくなっちゃう。で、前後のギャグがどんどん過激になってくる。1年目より2年目、2年目より3年目のほうが絶対過激になっている。間違いない。

——かの字はまじめに解説してくれてました。

宮島 私は企画段階では参加していなかったんですけど、途中から移って来たところで、ちょうど齋藤さんがカリキュラムをこしらえるっていう言い方がいいのかな、つまり、元となる教科書の中のいろいろな要素を抜き出して、どれが大切か、どのくらい大切かという重み付けをして、大切なものは1年間の収録の内に何回出すかっていう表を作って、それを一回一回テープで貼っていく作業から手伝い始めたわけですよ。

齋藤さんは「コイシツ」ってあだ名があるくらいシツコイわけですよね。カリキュラムなんてどうでもいいなんて思いがちなんだけれども絶対にそうはいかない、「これはちゃんとやるんだ」と言って、ものすごくシツコイわけ。

それで私もしょうがないから一緒になってやっていたら、カリキュラムを作り終わった頃には齋藤さんが「日テレに俺と同じくらいシツコイ人がいるのを初めて知った」って言ってました。

そのシツコイ2人がカリキュラムを作ったんでね、カリキュラムには相当自信があります。正しいことやってると思っています。そうじゃなきゃ番組に誇りを持てないよね。

仁科 うん。だからね、そういう上に乗っかってやっているから、かなり過激なギャグをやっても許してもらえる。

宮島 仁科さん、当然ご苦労あったでしょう？（笑）

真面目にカリキュラムを解説する「かの字」

仁科　いや大変でしたよ。特にね、女性のほうが理屈じゃないから困るんだよね。電話でやりとりしてて、何とか自分の土俵に引きずり込もうとするわけよ。それに抵抗してこっちの土俵に引き戻すっていうのは、かなりエネルギーが必要だと思う。
　さっきもあったけど、タバコを手に押し付けるなんていうのがあると、そこだけに拘ってくる。その瞬間だけ取り上げたら、こんなものは放送するわけにはいかないんだよ、本当は。でも、アイキャッチっていうんだけれど、「子どもをこっちに向かせるためにはどうすればいいか」っていうことを常に考えながらやっている。それを説明しても「なんであんなことを」ってなるからね。

宮島　嫌いな子は見なかったろうし、見せたくない親は絶対見せなかったと思うんだけど。あの番組見たから悪人になったって人は一人も会ったことがないね(笑)。ネットにもそういう書き込みはなくて「面白かった」「懐かしい」って。だから、ちゃんとやっていることは当たってるんですよ。

仁科　へんな話だけれどもね、子どもの時に面白がって見てても、あれは悪いことだってだんだんわかってくるんだよ。あれはやっちゃいけないことだってわかってくる。これがすばらしいんだよ、人間って。いわゆる性善説に寄りかかっていないと、こんなものは作れない。

——あれ見てみんなが根性焼きするようになったら困りますものね（笑）。このカリキュラムを宮島さんに初めて見せていただいた時に、これは大変なものだと思ったんですよ。

宮島　驚いたでしょ、あのギャグの後ろにこんなものがあるなんて、普通は想像もつかないよね。

——それで「カリキュラマシーン研究会」というのを作るハメになってしまったということです。

仁科　でもね、テレビの番組って、つまらないと思って見ていたりしてもね、その後ろにはものすごくいろんなことがあるのね。

宮島　特に仁科さんがプロデュースして、齋藤さんがディレクターやっていた番組って、みんな裏っかわのすごさが読めますよ。

仁科　気がつかない人も多いけれど、一所懸命やっているとね、なぜか子どものほうが先にわかるんだよね、あれ不思議だね。後ろにメッセージみたいなのを隠しているわけですよ。それを子どもが先に気がつくんだよね。

宮島　このあいだね、夜、家まで帰るのに駅からタクシーに乗ったんですよ。運転手さんと話してて、「俺、昔テレビ屋でさ」っていう話になって、『カリキュラマシーン』っていう番組やってたんだよ」って言ったら、「シャバドゥビドゥッバッシャビドゥバ」って歌い出すんだよ､運転手さんが(笑)。「えーっ、見てたの？」って言ったら「見てました！」って。

白鳥の話、皆さん知ってます？ 白鳥は水の上をスーッて動いているけど、足の下、水面下では水かきしてるんですよ。結局ね、表向きは簡単そうに見えるけれども、下では必ず足を速くかいているのが世の中の真理だと思うのね。それがなきゃただのいい加減なものですから。

仁科　それをちゃんとやっていない番組は、あっという間に消えていくね。

追悼、熊倉一雄さん

——宴もたけなわですが、ここらで熊倉一雄さんの映像を見ましょうか。

宮島　そこの小さな箱の中にチョコレートみたいなものが入っているんですけど、テアトル・エコーで熊倉さんのお別れの会があって、そのお土産にもらったものです。全員に回るかわからないけれども、一つずつ食べてください。

――何から見ましょうか？　とりあえず『ひょっこりひょうたん島』ですかね？

仁科　一番有名なのは『ひょっこり』じゃないかな。

（『ひょっこりひょうたん島』熊倉さんのイントロデュース）

――これは昭和42年？

宮島　昭和42年っていうとカラーになってすぐの番組ですね。

仁科　すぐだね。

――次は『さるとびエッちゃん』のエンディングなんですけど、こちらをちょっと聴いていただければ。これオープニングのほうも一緒に入っちゃっているんで。

（『さるとびエッちゃん』のオープニング・エンディング）

――次はアサヒペンタックスのコマーシャルです。

（「アサヒペンタックスコマーシャル」）

――昭和45年です。世代によっては「ペンタックス」を「アサヒペンタックス」っていう人がいます。

宮島　熊倉さんは『ゲバゲバ90分！』には全部出ていたんですか？

仁科　『ゲバゲバ』は全部出ていた。

宮島　『カリキュラマシーン』には出れなかった？

テアトル・エコー（Theater Echo）

コメディーの劇団として現代の喜劇を多く上演。声優としても活躍する劇団員が多数所属している。

熊倉 一雄（くまくら かずお）

俳優、声優、演出家。テアトル・エコーの演出家であり代表取締役。1957年に日本テレビで放映された『ヒッチコック劇場』でヒッチコックの声を担当。1964年からNHK総合テレビの人形劇『ひょっこりひょうたん島』でトラヒゲの声を担当。1968年には『ゲゲゲの鬼太郎』の主題歌を歌った。『巨泉×前武ゲバゲバ90分！』にレギュラー出演。2015年10月、直腸癌のため死亡。

仁科　スケジュールが合わなかった。出したかったんだけど。

（『ゲゲゲの鬼太郎』主題歌）

宮島　熊倉さんはオペラとか歌うのが好きでね。一緒にピアノバーに行って、二人で次から次へと歌いあって、そのうち私のことを「テノール」と呼ぶようになって。でも去年会った時にはもう覚えていなかったみたいね。

――宮島さんが熊倉さんに会われたのは去年（2014年）の11月くらいでしたっけ？

宮島　テアトル・エコーの舞台で山で遭難するお話やっていたよね。

――『遭難姉妹と毒キノコ』ですね。

宮島　『遭難姉妹』、そうそうそう。

――『ゲバゲバ90分！』の企画が始まった時点から、熊倉さんは決まっていたんですか？

仁科　初めっから決まっていた。だってさ、あの人、本当に便利だよ。何でもやっちゃうから。

――歌も歌えるし。

仁科　歌も歌えるし、楽器もできるし、踊りも踊っちゃうしね。

――楽器は何をされていたのですか？

仁科　僕が知っているのはバイオリン、フルート。フルート吹いていたって最初は知らなかったんだ

よ。しかも大学のオーケストラで。

——じゃあ、もともと音楽の方だったんですね。

仁科　熊倉さんがいたからできちゃったコーナーっていうか、企画があって。例えばね、夫婦がいて間男が来てっていう、そのごちゃごちゃをね、ウィリアムテル序曲に乗せてやる（笑）。ウイリアムテル序曲を丸々やるんだけども、メロディはウィリアムテルとは全然違うメロディが入る。

熊倉さんがすごいと思ったのは、一発で歌っちゃう、譜面通りに。朝丘雪路さんと熊ちゃんの夫婦で、宍戸さんが間男で。宍戸さんがこの歌を覚えるのは、もう死ぬ思いしたはずだよ。熊倉さんが付きっきりで教えてた。熊倉さんっていうのはそういうところがすごい。きっちり教えていい出来だった。

そういう意味じゃね、すごく便利。何にでもはまる人だから。「熊たん、これやって」って面倒くさいやつを振っちゃうけど、ちゃんとやってくれる。

——『ゲバゲバ』の第一回目のオーケストラコントも熊倉さんがやっていましたよね。

さて、イベントタイムはこれで終わりです。これから楽しい忘年会……いや、編集会議です。全員出席でお願いします。

仁科　やっぱりギニョがいないと不便だな、あいつはとにかくよくしゃべるから（笑）。今日はなんだかまとまらないというか、わかりにくいというか。

——いや、全責任は私にございます。また来年もイベントやりますので、どうかひとつよろしくお願いいたします。カリキュラムは難しいのでやめにします（笑）。

仁科　もうよそうよ（笑）。ほとんど忘れているね。やっぱり、こういうのって面白くなくっちゃ。理屈言っててもしょうがないでしょ。

客席から　十分面白いですよ（笑）。

宮島　喰や浦沢は、この会に来たことあるの？

――遊びにですか？

宮島　いや、しゃべりに。

――ありますよ。喰さんにもいろいろカリキュラムの話を伺いました。

仁科　浦沢みたいに能天気なやつは、苦労しないで済むんだけどね。

――浦沢さんは全然苦労していないっておっしゃってましたね。「ずっと『カリキュラマシーン』をやっていたかった」と。

宮島　「『カリキュラマシーン』が終わってからの人生は、『カリキュラマシーン』をやるために生きている」と2人とも異口同音に私に言いました。

『カリキュラマシーン』は作家冥利につきたみたいですね。何でも自由に書けて、それが番組としてクオリティの高いものであると。「そういうことをやりたいと思うんだけれども、よそでは全然やらせてくれない」というのが2人の共通の悩みでしたね。

――浦沢さんも『カリキュラマシーン』の時に書いたものを、何べんも何べんも自分の中で焼き直して作り直して、いまだに書いているそうです。

宮島　喰はワハハ本舗でもそういうことやっているんだ、きっとね。

② 別の具体物どうしを使って前回と同様のことを行うが、今回はタイルを同時に画面にスーパーして具体物と同じにタイルが合併する様を見せる。（ナレーションと同時にそれぞれの数のタイルがスーパーされ、合併される。）

③ 再び別の具体物どうしを使って前回と同様のことを行う。今回はNが変る。

例

VIDEO	AUDIO
2つのザルにそれぞれミカンが3と2、真中にそれ等を合せるべき場所（ザル） （タイルスーパー）	Nこっち（向って左）のザルにミカンが3 こっち（向って右）ザルにミカンが2 あわせていくつ？
真中のザルに合せる （スーパー）タイルも合併して5になる。 （ダブルスーパー）	3と2のタイルを合せると5のタイルになります。 これを「3たす2は5」といいます。
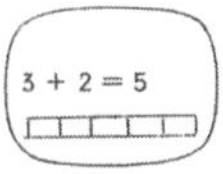 3＋2＝5 （数式引抜き）	このことを、3たす2は5と書きます。 このような計算をたしざんといいます。

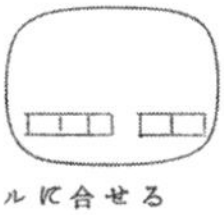

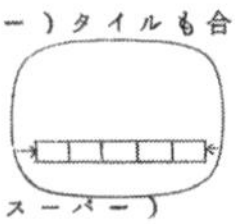

④ 実例を出しての演習

VIDEO	AUDIO
実例　（注意事項を守る） あわせる直前でストップモーション	Nこっち（向って左）に〇〇が3 こっち（向って右）に〇〇が1 あわせていくつ？
ロボットが居る（バックは青） （スーパー） 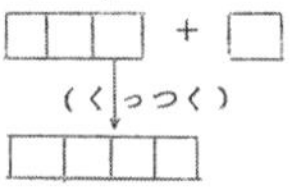 □□□ ＋ □ （くっつく） □□□□	（かの字）3と1あわせていくつ？ <S．E>パチン 4！
3＋1 ↓ 3＋1＝4	3たす1 あわせて4！
実例のストップモーション解けて、実例の結論（合併）が出来る。（注意事項を守る）	

⑤

VIDEO	AUDIO
実例　（④に同じ）	（④に同じ）
ロボットが居る 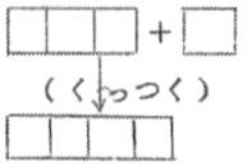 □□□＋□ （くっつく） □□□□	（かの字）3と1あわせていくつ？ <S．E>パチン 4！

○　例題には必ず助数詞をつけて扱い式と答を出す

（式には助数詞をつけず、答に助数詞をつけて答える。）

○　例題の提示はナレーションを主とし、画面の中の物の数は、1眼見て正確に解らなくても良いことにする（例えば、6人の人間が、1列に並ばす、ゴチャゴチャに出て来てもよい、但しナレーションでは「人が6人」とはっきり云う）

○　方　法

A.「5のかたまりのままできるもの」

実例

VIDEO	AUDIO
赤いリンゴが6個 ・スーパー　［画面：6］	N　赤いリンゴが 6個
手に持った黄色いリンゴが3個 ［画面：6　3］	黄色いリンゴが 3個あります。
赤いリンゴの中に黄色いリンゴがまぜ合される （式は同時に映る） ［画面：6 + 3］	リンゴは全部で 何個ありますか？
かの字 スーパー　［画面：6 + 3］（数式引抜き）	（かの字） 6・たす・3
↓［画面：6 + 3］（タイル引抜き）	6たす
↓［画面：6 + 3］（タイル引抜き）	3は
↓［画面：6 + 3］（タイル合わす）	<S.E>　パチン
↓［画面：6 + 3 = 9］（＝9　引抜き）	9 こたえ　9個
答の状態の画に必ず戻り、そこからギャグが始まる。（写ってすぐに再びリンゴを加	

（64）

10 の 構 成

○ これはくり上りくり下りの計算の基礎となる指導である。

○ 集合と数詞10で、具体物とタイルのシンクロで、集合10の実体を繰り返し把握させたが、この10の構成では、10の持つしくみの特性について示す。

○ 今までのカリキュラムを基礎に10の構成を繰り返し示す。

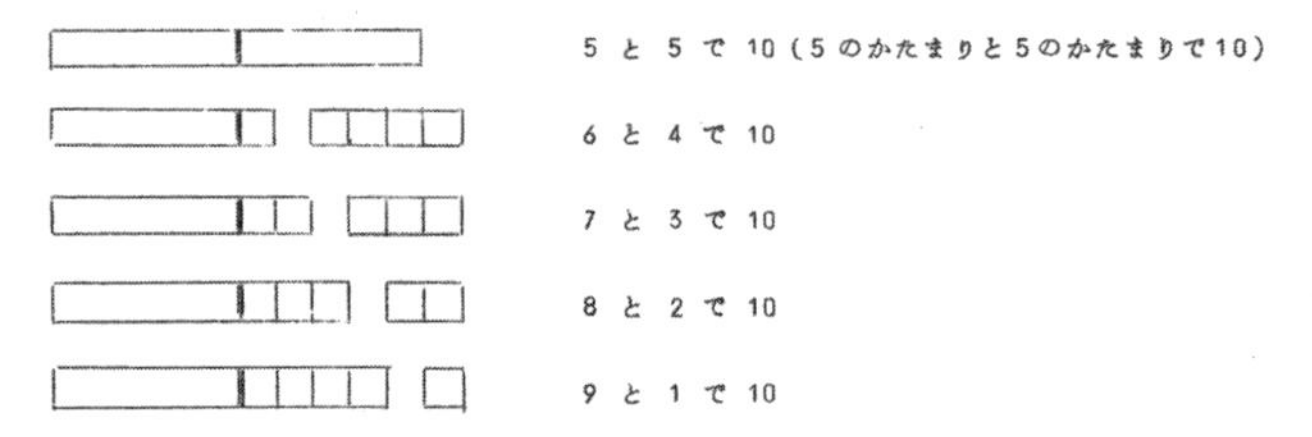

○ これらの逆の場合も扱う。

○ 具体物を使っての指導（スーパー等により平行して扱ってもよい） この場合、具体物が10で1つの集合であることが明らかに解るような状態を見せる必要がある。

○ 前掲のように加法的手法によって10の構成リズムを認識させたならば、次に減法的手法によって10の構成の認識の裏打ちをしていく。

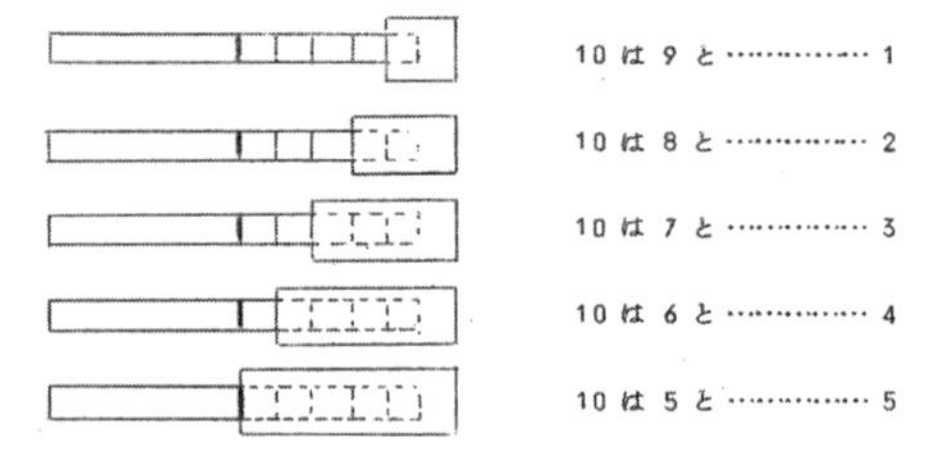

○ これらの逆の場合も扱う。

○ 具体物を使っての指導（スーパー等により平行して扱ってもよい） この場合、具体物が10で1つの集合であることが明らかに解るような状態で見せる必要がある。

○ これらの演習の実例の数々

(77)

カリキュラマシーン・算数の指導

（88）

さんすうのカリキュラム

15

カリキュラマシーン

カリキュラマシーンを代表する作家の喰始さん、下山啓さん、浦沢義雄さんをゲストに迎え、盛大にディレクターの悪口を言ってみよう！という企み。仁科プロデューサーも飛び入り参加してくださって……。

15

ワハハ×ニンニキ×ホニホニカブーラ！ ～作家魂？～

おおよそ第14回ぐらい？ カリキュラナイト ●2016年4月 経堂さばのゆ にて

本日のゲスト

喰始さん
たべ・はじめ

日本大学芸術学部在学中に永六輔氏主宰の作家集団に所属し、『巨泉×前武ゲバゲバ90分！』で放送作家デビュー。以降、バラエティー番組の制作に携わる。1984年に劇団・芸能事務所『ワハハ本舗』を創立し、ワハハ本舗全作品の作・演出を手掛ける。 主なテレビ作品は『巨泉×前武ゲバゲバ90分！』『カリキュラマシーン』『コント55号のなんでそうなるの？』『ひるのプレゼント』『天才・たけしの元気が出るテレビ!!』『モグモグ GOMBO』など。

浦沢義雄さん
うらさわ・よしお

ゴーゴー喫茶のダンサーから『巨泉×前武ゲバゲバ90分！』の台本運びを経て、放送作家として『カリキュラマシーン』などの番組制作に参加。1979年日本テレビで放送された『ルパン三世（TV第2シリーズ）』第68話『カジノ島・逆転また逆転』で脚本家としてデビュー。1981年から1993年に放送された東映不思議コメディーシリーズでは全シリーズに携わり400本以上の作品を提供。アニメや特撮作品のシナリオも多数手掛ける。

下山 啓さん
しもやま・けい

『巨泉×前武ゲバゲバ90分！』『カリキュラマシーン』などの番組制作に参加。音楽を使ったギャグを得意とし、小松政夫さんの「小松の親分さん」や、『飛べ！孫悟空』の「ゴー・ウエスト」などの作詞にも携わる。NHKの『ハッチポッチステーション』『クインテット』にて構成・作詞を担当。2016年4月からNHK Eテレで『コレナンデ商会』レギュラー放送が開始される。 息子の下山健人氏は浦沢義雄氏の門下であり、脚本家として活動中。

聞き手：平成カリキュラマシーン研究会

なぜ作家に？

――本日も『おおよそ14回ぐらい？ カリキュラナイト！』始めます、よろしくお願いします！

喰　14回？

――14回〝ぐらい〟です。今回は『カリキュラマシーン』の作家陣の喰始さん、浦沢義雄さん、下山啓さんをお招きして、『カリキュラマシーン』の作家魂とその後のお仕事への影響などを根掘り葉掘り伺いたいと思います。よろしくお願いします。

　では、まず、ゲストのご紹介をさせて頂きます。まず、私の隣にいらっしゃるのが喰始さんです。

喰　はい！ 2回目の登場です！

――喰始さんは、日大芸術学部を卒業され……。

喰　卒業してません、中退です（笑）。

――在学中に永六輔さんの作家集団……、この作家集団はなんていうお名前でしたっけ？

喰　「ニコニコ堂」といいました。

――……に、所属されておりました。で、皆さんご存知のように『巨泉×前武ゲバゲバ90分！』で放送作家デビュー……で、よろしいんですか？

喰　その前にラジオとかはやってましたけど、基本的にはその通りですね。

――で、１９８４年に劇団・芸能事務所「ワハハ本舗」を創立されました。その後のご活躍は皆さんご存知の通りなんですけど、現在も『欽ちゃん&香取慎吾の全日本仮装大賞』なども手掛けられております。

　主なテレビの作品としては、先ほど言いました『ゲバゲバ90分！』『カリキュラマシーン』はもちろん、『コント55号のなんでそうなるの？』『ひるのプレゼント』『天才・たけしの元気が出るテレビ!!』『モグモグＧＯＭＢＯ』と……。

喰　ほとんど日本テレビなんです。他にフジテレビとかでもやりましたけれど、ほとんど覚えられていないんです！（笑）

――で、そのお隣が下山啓さん。

下山　下山です。

喰　この会、初登場です！

――下山啓さんは今回『カリキュラナイト』初登場で、私も初対面でございます。下山さんは、1968年より放送作家として活動を開始されました。『ゲバゲバ90分！』『カリキュラマシーン』などに参加され、『みごろ！ たべごろ！ 笑いごろ！』……。

下山　じゃなくて。

――じゃなくて？

下山　似たような番組があったんですけど、『みごろ！』よりもうひとつ前、TBSに。

――『笑って笑って』？

下山　『お笑いスタジオ』っていう土曜日のお昼に生放送でやってた番組があって、それが伊東四朗さんが初めて「てんぷくトリオ」じゃなくて一人で出た番組なんですよ。小松政夫さんも出ていて、そこからですね。

――『お笑いスタジオ』……、知りませんでした。すみません、勉強不足でした。

下山　いや、誰も知らないから大丈夫です（笑）。

ヤンマーファミリーアワー 飛べ！孫悟空

制作：TBS
放送期間：1977年～1979年
出演：ピンク・レディー、キャンディーズjr（トライアングル）、あのねのね
声の出演：ザ・ドリフターズ　ほか

8時だョ！全員集合

制作：TBS
放送期間：1969年～1971年
出演：ザ・ドリフターズ　ほか

――そして『8時だョ！ 全員集合』や『飛べ！ 孫悟空』の挿入歌「ゴー・ウエスト」の作詞なども手がけられています。あと、ＮＨＫの『ハッチポッチステーション』『クインテット』の構成・作詞なども担当されております。

実は、今朝（２０１６年４月４日午前７時35分）から、やはりＮＨＫ・Ｅテレの『コレナンデ商会』（２０２２年３月31日終了）のレギュラー放送が開始されまして、そちらの構成も担当されております。よろしくお願いいたします。

喰　もっといっぱいあるんですよ。放送作家として僕より長くやってる方ですから！

――あ、はい。いっぱいありすぎて、全部ご紹介すると大変なことになるので、省略してしまいました。すみません。で、皆さんから見て左側にいらっしゃるのが浦沢義雄さんです。

喰　いちばん有名です！ テレビの作家ではいちばん有名だよ！

――浦沢さんも『ゲバゲバ90分！』から『カリキュラマシーン』を……。

浦沢　待って待って、俺『ゲバゲバ』やってないよ。

喰　やってないんです。その頃は、原稿運びやってました！

――原稿運びとして『ゲバゲバ』に関わってらしたということで（笑）。１９７９年の『ルパン三世（第2シーズン）』第68話『カジノ島・逆転また逆転』で脚本家としてデビューされて、１９８１年から１９９３年まで放送されていた東映の『不思議コメディシリーズ』では、脚本家として全シリーズに携わっていらっしゃいます。

喰　最初は何でしたっけ？『バッテンロボ丸』？

浦沢　そうそう（※）。

――このシリーズでは４００本以上の作品を提供さ

（※）不思議コメディシリーズの最初の作品は『ロボット8ちゃん』。『バッテンロボ丸』は2作目。浦沢さんは『8ちゃん』から脚本メンバーとして参加し、『ロボ丸』でシリーズ構成・メインライターに。

クインテット
制作：NHK 教育テレビ
放送期間：2003年～2013年
出演：宮川彬良、斎藤晴彦、玄田哲章、茂森あゆみ、大澄賢也

ハッチポッチステーション
制作：NHK-BS2（1995年度）
NHK 教育テレビ（1996年度～）
放送期間：1995年～2005年
出演：関根勤、グッチ裕三、林家こぶ平、増山江威子、兵藤まこ
中尾隆聖　ほか

れました。そして、2011年には映画『忍たま乱太郎』アニメ版・実写版の両方の脚本を書かれております。で、2013年には映画『クレヨンしんちゃん・バカうまっ！ B級グルメサバイバル!!』の脚本を、うえのきみこさんと共同で手掛けていらっしゃいます。物凄くいっぱい書かれてます。

喰 文学っぽい真面目な映画の『ゲルマニウムの夜』という作品のシナリオもやっております（笑）。

浦沢 （笑）

——はい、『ゲルマニウムの夜』もそうです。では本題に入ります。今日はまず皆さんの「作家になった経緯」をお伺いしたいと思うんですけど、浦沢さんは何で作家になろうと？

喰 俺だよね。

浦沢 そう、喰さん。『ゲバゲバ』の原稿運びしてて、喰さんのホンを読んで感動した（笑）。

喰 『ゲバゲバ』の原稿を読んで、ある日突然、ギャグの原稿を書いてきたの。それをギニョさん（齋藤太朗さん）に持って行ったのかな？ あ、河野洋さんか。

浦沢 河野洋さんです。

喰 『ゲバゲバ』の作家の代表をやっていた河野洋さんのところに「こういうのを書きました」って持って行ったのを、僕、見せられたんですよ。「浦沢っていうのが、こういうのを書いたぞ」って。

——河野洋さんから喰さんに？

喰 そう。その表紙に「喰始にささげる」って書いてあったの（笑）。

——それは……、挑戦状ですか？（笑）

河野 洋（こうの よう）

放送作家。『シャボン玉ホリデー』『巨泉×前武ゲバゲバ90分！』などの脚本を手がける。

浦沢　いや、喰さんみたいな台本を書きたいなって思ったの。

――ホントのこと言ってください（笑）

浦沢　いやいや、野心も何もないよ。

喰　僕と話が合ったんですよ。僕の好きな映画を紹介すると、観て同じように凄く感動してくれて。普通は「は？」みたいな反応が返って来るような映画が僕は結構好きだったんでね。

浦沢　喰さんに感化されて、作家になったようなもんですよ。

――作家になる前はダンサーでしたっけ？

浦沢　そうそう（笑）。ダンサーっていうか、ゴーゴーボーイ。

――それは、どこで踊られてたんですか？ フジテレビの『ビートポップス』とか？

喰　そんな立派なモンじゃないよ（笑）。

浦沢　いやいや、そういうところでも踊ってましたよ。

喰　やってたの⁉

浦沢　「ギロチン」が一番多かったですね。

――「ギロチン」っていうのは？

下山　ゴーゴーバーだよね。

喰　クラブでお客さんを呼ぶために、お立ち台で踊ってるわけですよ。それを目当てにお客さんが来る。踊るとギャラは出ないけどタダで飲んでいいよとか、ちょっとお小遣いあげるよとかね。お小遣い貰ってたの？

浦沢　貰ってました。ギャラも出たような気がするんですけど、まあ、ホンのわずか、半年ぐらいでしたけどね。

——半年間ぐらいゴーゴーボーイをされていて、その時から作家になろうと？

浦沢　いや、全然ない。

喰　原稿運びやるようになったのはどうして？　誰の誘いで？

浦沢　ゴーゴーボーイやってた時に、一緒にいた女の子が作家の田村隆さんの友達で、それで入ったんだと思います。田村さんを紹介されて、当時、田村さんが「ペンタゴン」っていう作家事務所作ったばっかりで、そこで原稿運びやってたの。

喰　原稿運びしてたから、運ぶ途中に読めるわけですよ。で、読んでるうちに「これなら俺も書けるぞ」と思うようになったんでしょ？

浦沢　そうそうそう、「このくらいだったら俺でも」って（笑）。

——原稿運びっていうのは、バイトみたいなものですか？

浦沢　バイトみたいなものっていうか……、社員だった気がするんだけど。

喰　芸能界でいうと「付き人」みたいなものですね。ある程度のお小遣い的な給料はあるけどね。

浦沢　月2万5千円くらいだったかな？

喰　それ、いい給料じゃない。

浦沢　いや、そんなによくはない、まあまあ。あと、タクシー乗り放題だから。タクシー代で暮らしてたようなもんで（笑）。

下山　「ペンタゴン」っていうのは凄い事務所で、

田村 隆（たむら たかし）

放送作家。青島幸男に弟子入りして放送作家としてデビュー。『巨泉×前武ゲバゲバ90分！』『8時だョ！全員集合』『飛べ！孫悟空』『ムー一族』『みごろ！食べごろ！笑いごろ』など、多くのヒット番組を手がけた。

河野洋さんがいて、井上ひさしさんがいて、奥山コーシンさんがいて、田村隆さんがいて。当時売れっ子の放送作家が集まったから、凄いお金持ちの事務所だったの。

浦沢　『ゲバゲバ90分！』やってましたしね。

喰　「ペンタゴン」は河野洋さんがテレビ界で売れてる作家、これから売れそうな作家を全部集めて、凄い野心で始めた会社だったんだけど、どんどんやめていくわけです。で、「バカヤロウ」って怒ってました、こないだ（笑）。

――原稿は、一日にどのぐらい運ぶものだったんですか？

浦沢　タクシーに乗って運んでたから別に量は気にしてなかった。田村さんの原稿運んでるっていう記憶しかないですね。

喰　「ペンタゴン」の事務所が赤坂にあったので、TBSも日テレも近かったんだよね。だから、持って行く場所はそんなに遠くないから、それは簡単に出来ることだったね。

浦沢　あと、喰さんとかが結構コキ使ったの。「家まで取りに来い」とか。原稿取りに行ったら、まだ出来てないし。

喰　で、出涸らしのお茶飲ませたら、カビが生えてたし（笑）。

――出涸らしのカビの生えたお茶を……（笑）。

喰　フタ開けてみたらカビが生えてたの（笑）。

――で、混ぜれば分からないやと（笑）。

奥山 コーシン（おくやま コーシン）

ラジオパーソナリティ、放送作家、作詞家。1973年、作家集団ペンタゴンを経て、大橋巨泉事務所（現・オーケープロダクション）に放送作家として所属。1984年、放送作家集団DNP設立。

ペンタゴン（放送作家集団）

メンバーは河野洋、井上ひさし、田村隆、奥山侊伸、恵井章、つかさけんじ、かとうまなぶ。

浦沢　下山さんはそういうことなかったですよ、家に取りに来いとか。

喰　紳士でしたから（笑）。

浦沢　喰さんと松原さんはホントに酷かった（笑）。松原さんなんか「途中で煙草買ってこい」とかね。

喰　本来は、松原敏春という作家が『カリキュラマシーン』のメイン作家なので、ここにいなきゃいけないんだけど、残念ながら亡くなってしまったので出られない。たぶん、これから松原君の話も結構出てくると思うんだけど（笑）。

――そうですね。下山さんはどういう経緯で作家になられたんですか？

下山　学生時代にＴＢＳの深夜放送で『パックインミュージック』っていうのがあったんですけど、その番組に投稿してたんです。「イメージクイズ」っていうのがあって、何か一曲、たとえば「彼がいなくなって、帰ってこない」っていう歌があるとすると「それは何故帰ってこないんですか？」っていうイメージを広げるクイズ。

最初にそれに投稿したら一等賞になって、「ディレクターに呼ばれるまでやってやろう」と思ってずっと書いてたら、本当に「やりませんか？」って手紙が来て、それで『パックインミュージック』の中で15分貰ったんですよ、深夜3時ぐらいからの時間で。その15分の中で、録音してきてもいいし、何か紹介してもいいし、何でもやっていいってことで。

それは僕ひとりじゃなくて、「一緒にやってください」って言われたのが、当時『サンデー志ん朝』とか、やたら人気のあった番組の構成作家グループで、城悠輔さんっていう売れっ子のバラエティ作家を筆頭にした「城悠輔とブラックバックス」っていう集団だったんです。で、その人たちと一緒にやるようになって、僕は永六輔さんや青島幸男さんに憧れたクチなので、「ブラックバックス」に自然吸収されていったんですよ。そこからラジオやテレビを書くようになって。

だけど、どうしても事務所とフィーリングが合わ

パックインミュージック

放送局：TBSラジオ
放送期間：1967年～1982年
TBS ラジオをキーステーションに、JRN 系列各局で放送されていたラジオの深夜放送番組。

松原 敏春（まつばら としはる）

脚本家、作詞家、演出家。『巨泉×前武ゲバゲバ90分！』に脚本家として参加した時は、まだ慶應義塾大学法学部の学生だった。2001年、肺炎のため53歳で亡くなった。

ないので1年で辞めちゃって、その秋から『ゲバゲバ90分！』が始まるっていうので、一緒に辞めた奴とたくさんギャグを書いて売り込んで、河野洋さんのところに行ったと。そういうところからスタートです。

――それから『ゲバゲバ90分！』に参加されたんですね？

下山　そうですね。『ゲバゲバ』の1年ぐらい前からテレビは書いていたんですけど。

喰　放送業界では僕より1年先輩なんですよ。で、『ゲバゲバ』で名前も聞いたことのない松原敏春と僕が妙に評価されてるっていうので、当時は凄いライバル心があったんだよね。

下山　『ゲバゲバ』にはわけのわかんないのが大勢いて（笑）。まあ、僕らもそうだったんだけど。水根重光っていうのと岡本一郎っていうのと僕と三人でグループを組んでやってたんです。

「ニコニコ堂」からは二人きて、もう喰始が凄かったんです。ギャグの天才で、物凄く面白かったの！それで僕らも当時21歳か22歳で「負けちゃいけない！」っていう気持ちがあって、必死にやった記憶はありますね。

――喰さんは谷啓さんのファンで……。

喰　『シャボン玉ホリデー』で「作・構成：谷啓」って出てて、「あんな忙しい人がこんなこともやるんだ」っていうのもあって、当時中学3年だった僕は、谷啓さんにファンレターを毎週書いてたの。もちろん、「読んでくれるわけがないだろう」と思ってたけど。

当時は『平凡』とか『明星』とかっていう週刊誌があって、そこに芸能人の住所が載ってるんですよ。今じゃ考えられないですが（笑）。だから、事務所宛てじゃなくて、その住所宛てに出してたんです。それでも、「これは嘘の住所で、実際には直接届くんじゃなくて、マネジャーが目を通しているだろう」と思ってたの。だけど、自分の日記みたいなものとして趣味でずっと書いてて。

水根 重光（みずね しげみつ）

構成作家。『巨泉×前武ゲバゲバ90分！』やラジオ番組『小沢昭一の小沢昭一的こころ』など

岡本 一郎（おかもと いちろう）

放送作家、童話作家。

当時、僕は映画監督になりたくて、お笑いは興味なかったんですよ。ただ、『シャボン玉ホリデー』とか『夢であいましょう』とかはテレビ番組の中では面白いなあと思ってて、「きっと『作・構成：谷啓』と書いてあるぐらいだから、ギャグを書いて送ったら喜んでくれるんじゃないかな」と考えて、ファンレターの最後に必ずギャグを付け加えて送ってたの。日記もつけてたんだけど、そこに今日の出来事じゃなくて必ずギャグを書くってことを毎日やってたんです。それが溜まりに溜まって、凄い数になってて。それが『ゲバゲバ』に生きてくるんですけどね。

——「喰始」さんっていうお名前も確か「谷啓」さんの……。

喰 そう。「二文字で」っていうことでね。

——でも、最初は「喰」じゃなくて、普通の「食」っていう字だったんですよね？

喰 高校生のとき、星新一のショート・ショートがブームになって、それに憧れて同人雑誌を作ってたの。それでペンネームを何か付けなきゃいけないっていうんで、『谷啓』のファンだし、二文字の名前ないかな」って考えて。「始」は「ハナ肇」っぽくてちょっと違うとは思ったんだけど（笑）、何となく思いついたのがそれしかなくて、まあ「食（べる）始（め）」で〝物事のスタートライン〟かなと思ってつけたんです。

　永さんのところに行くようになった時に、永さんがみんなに「本名で行くのか、芸名を付けるのか」訊いたんです。僕は「高校時代に作ったペンネームで行きます」って永さんに伝えたら、永さんが書いたのが「喰」だったんです。このほうが字面が凄く良いし、

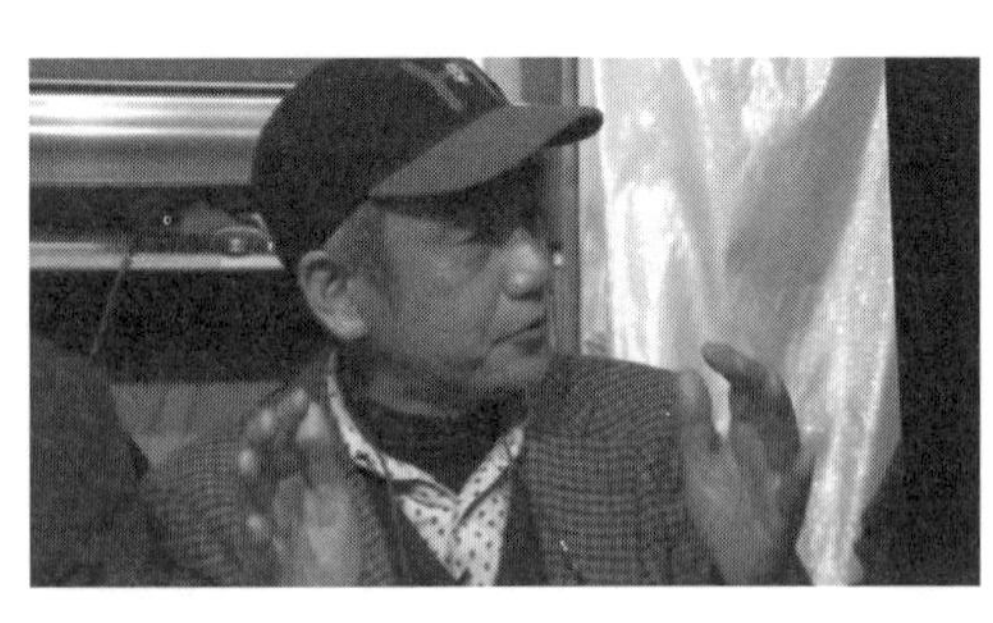

それにもうひとつ、「谷啓」にも両方「口」があるんです。これは谷啓さんのファンとしては申し分ないと思って、そこから「喰始」になったんです。「喰始」がテレビのテロップに出た当初は、みんなから『くいはじめ』だと思ってた」って言われましたね。

――ところで、谷啓さんからファンレターのお返事とか来たんですか？

喰　実はついさっきもラジオで同じ話をしたんですけど（笑）、ありましたよ。あったんですけど、信じなかったんですよ。だって、あの当時のクレージー・キャッツっていうのはSMAPみたいなものなんですよ、日本中が大ファンなんだから。

だから「読むわけがない」と思ってたんですけど、まず年賀状が来たんですよ。ただ、それも印刷の中に一言「これからも応援よろしくお願いします」みたいなことが書かれてるだけなんで、「マネージャーが書いたものだろう」と思って信用してなかったんです。

でも、それから半年後ぐらいに自分が出していたショート・ショートの同人誌を贈ったら、「私も高校時代にそういうことをやっていて、非常に懐かしい思いがしました」っていう返事が来て、でも、それでも疑ってたかな。「そんなに甘い世界じゃない！」と（笑）。そしたら、その封筒の裏側に「ムヒョ」とか「ガチョーン」とかそういう妙なことがいっぱい書いてあって、「こんなことはマネジャーがやるはずがない、これは本人だ！」って初めて信用して（笑）。

後に仕事で谷さんと出会ってお話をしたのは、放送作家として『ひるのプレゼント』なんかを松原と一緒にやってた時ですけど、松原から「おい大変だよ！　谷啓さんがお前のこと探してるよ！」って言われて伺ったら、谷さんから「ああ、あなたが喰始さんですか！　ファンレター、家内共々いつもいつも楽しみに読んでたんですよ。『こんな変な奴がいるんだ！』って」と。それで「ああ、本当にあの手紙は本人だったんだ！」と確信を持ちました（笑）。

――その手紙はまだお手元に残してらっしゃるんですか？

喰　それがね、いろんな番組で「宝物です」って出してるうちに、どっかに消えちゃったんですよねえ。だけど、谷啓さんとは後に1年かけて対談して本を出したので、最後までいい関係を保てたなとは思ってます。

ディレクターvs作家魂

——『カリキュラマシーン』をやるにあたって、プロデューサーから何か指示はありましたか？

喰　やる前にいろいろ見せられたんだけど。

浦沢　『ラフ・イン』とか？

喰　いや、『セサミストリート』がまずあって、『エレクトリック・カンパニー』とか、『ゲバゲバ』に近い子ども番組をね。

下山　アメリカのチルドレンズ・テレビジョン・ワークショップが作った『エレクトリック・カンパニー』とかを見たのが『カリキュラマシーン』の前かな。

喰　チルドレンズ・テレビジョン・ワークショップっていうのがまた進んでてね、「なぜタバコを吸ってはいけないか」っていうことを実証するために、子どもたちにタバコを吸わせるとか、今じゃ考えられないようなことをやる番組を作ってて、『カリキュラマシーン』ではそういうことをやりたい」って言ってた気がするね。（客席の仁科俊介プロデューサーに向かって）仁科さん、それで合ってますか？

仁科　概ね合ってますね（笑）。たぶん、イギリスの『モンティ・パイソン』をあなたたちに最初に見せたんだと思う。

喰　だから、『モンティ・パイソン』は日本で東京12チャンネル（現・テレビ東京）がオンエアする前に見てるんですよ。で、それは正直言ってブッ飛びましたね。こんなかたちのギャグがあるんだと。それまでのギャグはたいてい「ジャンジャン！」みた

チルドレンズ・テレビジョン・ワークショップ
(Children's Television Workshop)

アメリカの非営利団体。1968年設立。1969年に放送開始された『セサミストリート』は150カ国以上の国で視聴された。2000年に「セサミワークショップ（Sesame Workshop)」に改名。

谷啓　笑いのツボ　人生のツボ
喰始　著
出版社：小学館
発売：2011年

いなオチが存在するんだけど、『モンティ・パイソン』はオチが存在しないんですよ。アイディアだけで突っ切るっていう。そこは『カリキュラマシーン』にちょっと通じてるところだね。

——さっきも仰ってましたけど、浦沢さんは『カリキュラマシーン』がデビューということで……。

浦沢　デビュー……。

——その前は？

浦沢　その前は……。

喰　デビューだよ、その前はないもの（笑）。

——以前も伺ったんですけど、『コント55号のなんでそうなるの？』とどちらが先だったかっていうのは？

浦沢　わかんないんだよ。

喰　『カリキュラマシーン』ですよ。間違いなく『カリキュラマシーン』です。

浦沢　『カリキュラマシーン』です（笑）。

——以前、浦沢さんは「俺はずっと『カリキュラマシーン』をやっていたかった」っておっしゃってましたけど。

浦沢　最後のほうは嫌になってたけども（笑）。こういう番組をやっていたかったっていう思いはある。

喰　嫌になった原因は何なの？

浦沢　ギニョさん。（一同・笑）

喰　二週間前にギニョさんに会ったとき、「こういうのやりますよ」って言ったら「俺は行かないよ。行ったら君らが喋りにくくなるだろ？　だから、俺に対して思ってることバンバン言っていいよ」と言ってもらってるので、今日は平気で思ったことを

モンティ・パイソン（Monty Python）

活動時期：1969年～1983年
　　　　　2013年～2014年
メンバー：グレアム・チャップマン、ジョン・クリーズ、テリー・ギリアム、エリック・アイドル、テリー・ジョーンズ、マイケル・ペイリン
1969年から始まったBBCテレビ番組『空飛ぶモンティ・パイソン』で人気を博したイギリスのコメディーグループ。

言っていいんです（笑）。

――以前、喰さんに伺ったお話では、『カリキュラマシーン』ではない番組ですが、ナレーションの文章で「男『は』」にするのか「男『が』」にするのかでかなりもめたと。

喰　その「は」と「が」の助詞の問題で延々と朝までやりあって。で、僕はもう疲れ果てたので「いいですよ、ギニョさんの好きなほうでやってください！」って言ったら、向こうが「いや、お前は作家だろ？　お前がＯＫ出さないと、ＯＫにならない！」って（笑）。「それおかしいでしょ⁉」って思うよね？「じゃあ、俺の言うとおりにしてくれよ！」って思うんだけど、「いや、出来ない！」って凄く攻めてくるんですよ（笑）。

浦沢　そんなことあったの？

喰　あったあった。

下山　たくさんあるよ、そういうのは。

喰　ギニョさんは原稿をバーッと読む人じゃなくて、一枚一枚じっくり読むんですけど、これは『ゲバゲバ90分！』の時代の話、僕より酷い人になると、一枚じっくり読んで「うーん……」。そりゃもうアウトでしょ！（笑）　それわかってるのに、また次読んで、また「うーん……」と深いため息があって、傍にあるゴミ箱にポイッと捨てて「使える原稿はいつ来るの？」って言われるんですよ。

僕は捨てられるところまでは行かなかったけど、「うーん」っていうため息はもう散々やられて、最後に来るのが「まいったな……。明日美打ち（美術の打ち合わせ）なんだけどな……」って。でもね、こっちは「知るかそんなもの！」って思うわけですよ（笑）。早く解放してくれれば書きに戻るんだけど、とにかくずーっといなきゃいけなかったの。どうでした、そのへん？

下山　そりゃもう僕もたくさん……、のべつ幕なしで。とにかく「ギニョさんがしつこい」ってのはみんな知ってて、ギニョさんとやるのは辛いんだけど、明らかにギニョさんとやったものが一番いいんですよ。だからもう、嫌だけどやるの。

だけど「もうダメ！」になったのは、3年目、最後の年かな？ 僕の結婚式があったんです。で、僕が新郎席に着席したら、ギニョさんが来て「おい、原稿は？」って言われて、新郎席から「松原に頼んでありますっ！」って（苦笑）。

喰　僕もそのとき出席してたんですが、たとえギニョさんが忙しそうでも、結婚式ですから、一応、呼ぶわけじゃないですか。それで、来たらその用件だけ済ませて帰っちゃったんです。大人げなさすぎる！（笑）。

――すごいですね。

下山　でも、あの時代にはそういうディレクターがいて、つまり、いい加減じゃないから、やっぱり出来たものがよくって、だから今でもこうやって皆さんがファンとしていらっしゃるんだと思うんですけどね。ただ、なかなかあそこまでの人はいないけど。まあ、付き合いたくないですねえ（笑）。

喰　僕なんかは『ゲバゲバ90分！』の頃から認められてたから、その後も「お前、仕事ないんだろ？」とか何かあるといろいろ助けてくれるんで、キツい目には遭ってるけど、まだ優しいんです。それに、あれだけ徹底的にやられたけど、それ以降の仕事であそこまで厳しい人っていうのがいないんです。そうすると、「ありがたかったなあ」って思うんです、ホントに。

下山　それは全く僕も同感です。さっきお話した結婚式を挙げる前ぐらいに、『カリキュラマシーン』と同時に『てなもんや三度笠』の澤田隆治さんとも

3カ月ほど一緒に仕事をしてたんですけど、あの人もしつこくって（笑）。

澤田さんは寝ないんですよ、一週間のうち5日くらいは起きてるの！　とにかくホンを直されて直されて直されて。あっちでギニョさんにやられ、こっちで澤田さんにやられで、同時になったのがもう……。澤田さんのほうから解放されて3日後に結婚式を挙げたら、ギニョさんにまたやられたと（笑）。

でも、あの時ギニョさんと澤田さんに徹底的に叩かれたおかげで、今もやっていけてるっていう気持ちはすごくありますね。30歳前にそういう人に出会えて本当によかったな（笑）と思ってます。

喰　浦沢君はやられてないの？

浦沢　あんまりない。俺はつまんないとき、自分で「これやめます」って（笑）。

喰　浦沢君の台本はね、僕らは理解できるんだけど、ギニョさんは理解できないの。理解できないから「面白い」と思っちゃうの（笑）。もう常識を超えてるヘンテコなことやるから。

僕は今でも覚えてるけど、電車に乗ってるシーンで「まだ月に着かないのかなあ？」っていう台詞があって、「電車に乗って月に？　ハァ？」みたいな、それが僕らにはない感覚だったから、僕はすごく面白かったし、その面白さがわかったんだけど、ギニョさんはわからないから、たぶん半信半疑だったんじゃないかなあと（笑）。

でも、そういうホンは、僕らが書いていったら絶対ボツになるんですよ。浦沢君が書くからＯＫになるんです。逆に僕が書いたらＯＫだけど、松原が書いて来たらダメとか、そういう変な基準みたいなものがギニョさんにはあるんだよね、たぶん。

――浦沢さんのは、「チャーハンとシューマイが結婚する」とか「数字の5が家出する」とかホントにわけがわからないですよね（笑）。

下山　『ゲバゲバ90分！』の作家の中では喰始がスターだったけど、『カリキュラマシーン』では浦沢君がスターだったんですよ。新しい感覚の持ち主でね。

澤田 隆治（さわだ たかはる）

プロデューサー、ディレクター。『ズームイン!! 朝！』を担当した東阪企画創立者で元代表取締役会長。『スチャラカ社員』『てなもんや三度笠』『新婚さんいらっしゃい！』などを手掛ける。2021年、永眠。

極端なことを言うと、『カリキュラマシーン』のギャグの精神が、日本のコマーシャルを変えたっていうくらいの勢いがあって、今のコマーシャルの「ありえないだろ？」っていう、いわゆる不条理な感覚は『カリキュラマシーン』から始まった、ひいては浦沢君から始まったって言ってもいいぐらいかもしれないね。

喰　ただし、言っておくけど、けっこう僕は浦沢君に情報流してるよ（笑）。たとえば、リチャード・ブローティガンの『アメリカの鱒釣り』っていう純文学の変な本があるんです。スーパーに行くと、鱒が釣れる川のブロックを売ってるっていう。そういうヘンテコなエッセイみたいな本があって、そういうのをやると面白いよって紹介した覚えはあるんですよ。

浦沢　喰さんに紹介されなかったら、俺は本を読む習慣もなかったですよ。それが俺の欠点なんですよ。変な本しか読んでないっていうのが（笑）。

——以前、浦沢さんがラジオ（調布ＦＭ『高寺成紀の怪獣ラジオ』）にご出演されたとき、「喰さんから紹介された映画がすごく面白かった」っておっしゃってましたけど？

浦沢　映画は結構見てたんだけど、映画自体をそんなに面白いと思ったことがなかったんだよ。でも、喰さんから「これが面白いんだよ」って紹介されて「ああ、これが面白いんだ！」って思ったの。

喰　基本的にミニシアター系の映画で、そんなに難しくなくて面白いんだけど、でも全然相手にされないような作品が好きだったんですよ。

浦沢　俺はそれまで映画が面白いなんて一回も思ったことがなかったの。ただ習慣として「見なきゃいけない」みたいな気持ちで。それが喰さんに薦められて見たのが「面白いんだ」って。

喰　今見て面白いと思えるかどうかは別なんだけど、その当時の感受性でいうと、すごく来るものがあったんだよね。

浦沢　そういう客の入らない映画ばっかり見てたから、仕事でプロデューサーと映画の話になると、俺が客の入らない映画の話ばっかりするからプロデューサーが怒るんですよ。「そんなの誰も相手にしませんよ！」って。そりゃそうだよね（笑）。

喰　僕が『カリキュラマシーン』で一回意識してやったのが、稲垣足穂の『一千一秒物語』。僕はそのヘンテコな世界観が好きでやってみたら、意外にもOKが出て、そういう妙なことをやらせてくれたってのが面白かったよね。

ただ、それは一期（1年目）の頃で、1本のホンを作家が個人の責任でやってたんです。たとえば、下山さんは「絵本の世界」をやりたいということで、子どものことを意識して、すごく温かいものを書いてたのね。僕のほうはどっちかっていうとナンセンスなギャグをやってたんだけど、そういうふうに作家によって全部違いがあったんで面白かったんですよ。

お母さんが「これ良いよ」って紹介したくなるようなものもあれば、キャバレーだとか「タンスの中に間男が一人」だとか（笑）。そういう無茶苦茶なのが面白かったんだよね。

下山　今日、このイベントに出るっていうんで、久々にDVDになっているのを見たんだけれど、「今だったら全部切られて放送にならないだろうな」っていうのが正直な思い。それと、誰がどれを書いたのかが全然わからなかった。自分のさえわからない。ホントに一本もわからなかったですねえ。わかる？

浦沢　何本かはわかりました。

喰　あのDVDに入ってるのは、後期の編集し直してあるバージョンなので、実を言えば『カリキュラマシーン』としては不自然な作品集なんです。

――下山さんは自分が書いたもので覚えていらっしゃるのはありますか？

下山　僕はありますよ、何本も。さっき喰始が言ったように、僕は「ギャグ」っていうよりも「歌」だとか「シチュエーション」だとか「童話」的なお話

稲垣 足穂（いながき たるほ）

1900年～1977年。小説家。映画や飛行機などを愛好し、1923年に、『一千一秒物語』を金星堂より刊行、モダニズム文学の新星として注目を集めた。

だとかを書いたけど、時間がなくて入らなくて、それを何年か経って他の番組で使ったり本にしたりっていうのは、いくつかありますね。

喰　浦沢君はあの時は思ったまま？

浦沢　もう思ったままですね。

喰　思いついたことをただ書くと。

――浦沢さんもけっこう『カリキュラマシーン』のネタを他の番組で使われてますよね？

浦沢　俺はもうそればっかりですよ（笑）。

喰　ホントにそればっかりだよね（笑）。『ペットントン』とかでも……。

――さっき言った「チャーハンとシューマイの結婚」ですよね。（第30話『横浜チャーハン物語』）

浦沢　それは俺のテーマだから（笑）。

喰　「家出」もの多いよね。「バス停が家出する」とかあったもんね。（『どきんちょ！ ネムリン』第10話『バス停くん、田舎へ帰る』）

浦沢　思いつきは全部『カリキュラマシーン』ですよ。

――浦沢さんの場合は無機物が動くのが多いですよね。小説でも『洗濯機の退屈』とか『冷蔵庫の不安』とか。

浦沢　俺ね、役者とか嫌いみたい（笑）。

喰　擬人化だよね。命のないものに命があるように置き換えるのが好きだよね。

――喰さんは『カリキュラマシーン』で覚えてるシーンってありますか？

喰　さっき言ったように下山さんが「絵本の世界」を書いてたんで、それにライバル心を抱いて、『た』を探す」っていうのをやったんです。『た』は『宝物』の『た』」。それで宝物を探していると、見つかる『た』が「たわし」だったり「たどん（炭団）」だったり、ろくでもないものばっかりで、最終的に宝は見つからないんだけど、「宝物」っていうのは身近にあるもので、「たわし」も「炭団」も全部身近にあってありがたいものでっていう、童話の『青い鳥』みたいなものをやりたくてやったんですよ。

台本はOKを貰ったんですけど、それを撮った後、ギニョさんが「喰、大変だったよ」と。どうやら撮ったら30分あったらしいんですよ。それで半分カットされて（笑）。それでは作家の意図が伝わらないじゃないですか。そういうことがありましたね（笑）。

――撮ったものを最終的にカットして尺に収めるっていうのは、仁科さんがされてたんじゃなかったでしたっけ？

喰　（笑）

仁科　そう、それは俺の仕事（笑）。脚本家は悪くないんだけど、あれはディレクターの思惑なんだよね。

喰　編集は正しいと思いますよ、ホントに！（笑）自分が逆の立場だったら絶対そうするもんね。

仁科　あと、ディレクターは自分の気に入ってるものを可愛がっちゃうのね。でもね、客観的に見て「これつまんねぇな」って思ったら、私は切っちゃう。ディレクターが何と言おうと「これはダメ」って言って切っちゃったのは、ずいぶんあります。

喰　僕は今、舞台の演出もやってるでしょ？　そこで久本（雅美さん）とか柴田（理恵さん）とかがいくら考えてきても、仁科さんが仰ってるのと同じように切りたいわけですよ。で、切るんだけど、切っても本番でさらに長くなるんですよ、困ったことに（笑）。

仁科　役者さんに足されちゃうと、後からやる方に迷惑なんだよね（笑）。だって、収録の時間はかかるわ、編集の時間はかかるわ、いろんなことでお金もかかるわけですよ、「長い」ってことは。

喰 ギニョさんでも他のディレクターでも、台本読んで頭の中で時間計算はしてるわけですよ。でも、今度は役者がたっぷりやっちゃうわけですよ（笑）。

――えーっと、齋藤さんの悪口はもういいですか？

（笑）

喰 ありませんか？ そっちはないだろうね。

浦沢 俺はもうない。

――喰さんは？

喰 「悪口」というよりも、二週間前に齋藤さんに会った時に俺が「僕は大丈夫でしたけど、胃に穴があいたり、精神病院に入ったりとか、いろんな人がいたんですよ！ わかってますか!?」って言ったら、「えっ？」って（笑）。

浦沢 精神病院に行った人がいたの？

喰 いたの、ノイローゼになって。それはしょうがないところもあるんですよ、仕事だから。でも、言ったんですよ、「そういうこともあったんですよ！」って。そしたら「えっ？」って、その後に「ああ、そうか、それでか……」って言ってました。何だかわからないけど（笑）。

――今になって言われて初めて気がついた、みたいな（笑）。

仁科 齋藤さんはね、萩本欽一さんと一緒にやって胃に穴があかなかった唯一のディレクターだよ（笑）。

喰　二人とも同じようなものですよね（笑）。

浦沢　齋藤さんは病気にならないんだ？

喰　え？　ならないよ。ものすごくタフだもの。

――齋藤さんは強いですよね。でも、こないだ風邪引いたんですよ。

喰　それは、そういうウイルス系のやつじゃないですか（笑）。精神系は強いから！　逆に作家っていうのは、実は精神系が弱いんです。

浦沢　俺、今でも覚えてるのは、昔、麹町にあった日テレの玄関の受付で原稿書かされたことがあったんですよ。5階のほうで掃除が始まっちゃったんで、玄関で書かされて。嫌だったなあ、あれ（笑）。

喰　それは僕もあって、『スーパースター・8☆逃げろ！』っていうコケちゃった番組なんだけど、外国でロケする番組で、別の方が書いた回がちょっと使えないんで、ギニョさんからヘルプが来て、ニューヨークに行くことになったんです。

でも、時間がないから「ロケハンしながら台本書いてくれ」って言われて書くわけですよ。でも、ロケハンも段々間に合わなくなるから「ロケハンなしで書け」って言われて、それでも書くんですけど、ギャグがなかなか出てこなかったりしてくる。

ギニョさんと部屋が一緒なんで、「すみません、一緒の部屋だとプレッシャーで書けないから、部屋を移してください！」ってお願いして、部屋を移ったんですよ。だけど、鍵を開けておかないといけないの。見回りに来るから（笑）。

夜、疲れてベッドで寝転んでると、ギニョさんが入ってきて「なんだ、寝てんのか」って、呆れたように言うんですよ！　いつ来るかわからないから、ベッドで寝ないでずっと机に座って、寝る時はうつ伏せで寝る。そうしたら「寝るんなら、もうちょっとちゃんとしたところで寝ろ」って、やっと優しい

スーパースター・8☆逃げろ！

放送期間：1972年10月3日～11月14日
制作：日本テレビ
出演：藤村俊二　ほか

言葉を掛けてくれたんです！（笑）。そういう経験がありましたね。

カリキュラマシーンの後で

――喰さんはカリキュラマシーンの後、『天才・たけしの元気が出るテレビ!!』や『モグモグＧＯＭＢＯ』などを手掛ける一方で、（劇団）東京ヴォードヴィルショーの座付作家を……。

喰　東京ヴォードヴィルショーがもっと大きな劇団になりたいために、その頃付き合いのある売れてる作家を集めて文芸部を作って、そこに僕も誘われたんですが、僕よりも松原君のほうが向いてるだろうと思って声を掛けたら、やっぱり彼の作品がいちばん評価が高かったの。名作と呼ばれる芝居がいっぱい生まれて。

僕は逆にカラーが違うと思って、若手公演のほうに回ったんです。当時の若手の連中も面白がってくれたんで、その若手の連中とともに「じゃあ、別の劇団を作りましょう」なんていういきさつからワハハ本舗を１９８４年に作ったんです。

――実は喰さん、映画も作られたんですよね。２００４年に、結構まじめな。

喰　『冬の幽霊たち ウィンターゴースト』っていう作品ですね。ゆうばり（国際ファンタスティック）映画祭で。下山さんも古典芸能とのコラボとかそういう演出とかいろいろなことやってますが、意外に僕もそういうことをこっそりやってるんですけど、誰にも知られないので（笑）。

僕はゆうばり映画祭には審査員で何度か呼ばれていて、すごく温かい映画祭だったので、とても気に入っていたんです。でも、その主催者である元夕張市長が辞めるというところから「この映画祭、終わってしまうんじゃないかな」という危機感を抱いて、とにかく「ウチの若い連中を一度全部連れて行きたい」と。

ただ、連れて行くには名目がないと連れて行けない。で、夕張で映画を作ろうと突然思いついて、

ゆうばり国際ファンタスティック映画祭

初回開催：1990年
主催：ゆうばり国際ファンタスティック
映画祭実行委員会
特定非営利活動法人ゆうばりファンタ
会場：北海道夕張市

3カ月でロケハンから何から全部済ませてクランクインして、上映1カ月前に撮影を済ませて、残り2週間で編集してっていうものすごい強行軍をやったんです。

ただ、多分、夕張市はもう映画祭どころじゃないだろうと思ってたら、その1年後に市が倒産しましたけどね（笑）。

――でも、今も映画祭は続いてますからね。

喰 やってますね。普通、映画っていうのは、作って、そこから先はお客さんが入るか入らないかになるんですけど、あの映画祭は舞台とかと同じで、市民の皆さんが温かく歓迎してくださる。それは『カリキュラマシーン』でも、応援してくれるファンの皆さんがいるから、こういう会があったりして今でも残るわけで。そういうことは舞台をやるようになってから、とても感じるようになりましたね。

――かつてフジテレビの深夜枠に『冗談画報』という泉麻人さんが司会をされていた番組があって、ここに……。

喰 『カリキュラマシーン』や『ゲバゲバ90分！』の頃にギニョさんに「蝿の羽音だけで音楽をやりたい」って話したら、「そんなの出来るわけないだろ！」って言われたことがあったんですが、これは流行語になった赤塚不二夫の「シェー！」とかの擬音だけでクラシック音楽が出来ないだろうかということでやったものなんです。

「『ホエー』だったら管楽器だ」とか「『べし』だったらシンバルだ」とか当て込んでいって作った作品です。つまり、本来だったら『カリキュラマシーン』でこういうことがやりたかったんです、俺は！（笑）

――では、その『冗談画報』をご覧いただきたいと思います。

（ワハハ本舗の面々が赤塚不二夫さんのマンガキャラクターに扮した合唱団として、「ホエー」「ダヨーン」などの擬音でクラシックを歌う）

冗談画報

制作：フジテレビ
放送期間：1985年～1986年
出演：泉麻人

若手のお笑い芸人やミュージシャンを紹介していた深夜番組。

——ところで、ゴールデンウィークから赤塚さんの映画『マンガをはみだした男 赤塚不二夫』がポレポレ東中野で上映されますよね。

喰　赤塚さんの生前のいろいろな映像やインタビューなんかで構成されているドキュメンタリー映画らしいんですけど、僕はまだ観てないのでどのくらい使われているかはわからないんですが、正直言って僕は赤塚さんのことを褒めなかったんですよ。僕は赤塚さんと交流があったうえで、『レッツラゴン』しか認めていないので。『天才バカボン』の後期は面白かったですけど。

今だから「理解出来ないもの」を「面白い」っていうふうに『レッツラゴン』も評価されてるけど、当時は雑誌の中でも人気投票でいうと7～8番目みたいな感じだったんです。

『カリキュラマシーン』は視聴率自体は当時も良かったんですよ。だけど、子どもの頃に見てても、大人になって見直したら「えっ？」っていうものって多いじゃないですか。それがまだこういうふうに「面白い」って評価されるものに関われたのは、凄く嬉しいですね。

ちなみに僕個人の意見でいうと『ゲバゲバ』は今見ると古すぎます。それは、当時でもオンエアを見ながら「えっ、こんなの？」とちょっとがっかりした覚えがあって。でも『カリキュラマシーン』は今見ると「これ、狂ってるよね!?」っていう世界で（笑）。

下山　でも、30年くらい前によみうりホールで井原さんのイベントがあったとき、『ゲバゲバ』や『カリキュラマシーン』も流されたんですが、確かにあの時点でもって『ゲバゲバ』は全然面白くなくて。でも『カリキュラマシーン』は笑えたから、やっぱり普遍的なものがあるのかもしれないね。

喰　『カリキュラマシーン』のほうが好き勝手やれたって気がするね。もちろんカリキュラムはあるんだけど、その部分だけ守ればあとは好きにやっていいよっていう（笑）。

仁科　それと、もうひとつ大きいのは、井原高忠さんっていう、ものすごい人の頚木（くびき）をちょっと外れて

レッツラゴン

赤塚不二夫　作
週刊少年サンデーで1971年から1974年まで連載。『カリキュラマシーン』の「行の歌」でキャラクターが使われている。

やったからかもね。

喰　それはあるね。

仁科　出来なかったことが出来るようになっちゃった。井原さんの下では出来なかったことっていっぱいあるわけよ、やっぱり。あの人はしっかりしたモラルを持っている人だったから、井原さんの陣頭指揮下では『カリキュラマシーン』は出来なかったと思う。

喰　われわれ作家も思うことがあって。『ゲバゲバ』の台本が上がってくると、そこに「これはつまらない」とか「これは面白い」っていう意味で、井原さんのニコニコマークとかダメマークみたいな「井原印(いはらじるし)」が付いてくるんです。決定稿の前の準備稿に井原印が付いてて、でも、作家として読むと「『ダメ』のほうが面白いんだけど」と思うことが結構あって。

下山　「井原印」はビクビクしながら見た覚えがありますね（笑）。

仁科　やっぱり、俺たちより一世代上の人だったんだよ、感覚がね。だから、当時の『ゲバゲバ90分！』ってのはものすごく時代にフィットしていて、しかも時代を先取りしてた。でも、10年後ってことになると、やっぱり違っちゃうんだろうな。

喰　若い人たちにわかりやすく言うと、『スーパーマン』は絶対に強い正義のヒーローだったのが、『スパイダーマン』あたりから悩み出すわけです。『バットマンvsスーパーマン』なんかもそうだけど、ヒーローが「正義とは何か」と悩み出す、そういうことをヒーロー物に入れちゃう。それは日本では『ウルトラマン』の時代から作家が入れてて、そのあたりから「次世代」の何かが始まったんだよね。

仁科　なんか難しい話になってきたね（笑）。

喰　でも、絶対そういうことはありますよね。僕らも今「上の立場」になってるから、その「上の立場」から若い人たちに言うのは、「もっと好きにやってみろよ」と。「好きにやってみたのがこの程度か」

というダメ出しはしますね、偉そうに言っちゃうけど（笑）。

仁科　こっちがいろいろ言っちゃうと、結局こっちの感覚になってきちゃうんだよな。それがダメなんだよね。

喰　それを押し付けるんじゃなくて、僕らの意見は意見として言って、それを参考として聞く聞かないは若い人の勝手だと思いますよね。

仁科　そうそうそう。

喰　だから俺らは勝手なこと言うよね（笑）。

仁科　作家として勝手なこと言って勝手なことやったのは、（ゲストの三人を指して）この世代からだね。それ以前の作家っていうのは、だいたい「言われた通りにやる、やりながら自分のカラーを出していく」っていうのが主流だったんだよ。

　この人たちから「言われたとおりにやらない、やらないけれども結果として気に入られる」っていうか、ディレクターも渋々ながら認めるっていう方向に変わっていったんだよね。

喰　それはやっぱりあの時代の世代ですよ。言われたとおりには書かない。「ちょっと変えたかたちでディレクターを納得させてみせる」みたいな反抗精神があったんですよね、きっと。

下山　全共闘世代ですからね（笑）。

仁科　もっとはっきり言っちゃうと、それ以前は「演出家がいて、作家がくっついていた」んですが、彼らの世代から「作家」と「演出家」が対等になったんです。どうかすると「作家」のほうが偉くなっちゃった時代もあったけど、その時代はその時代でやっぱりダメだったよね。

喰　作家と演出家が対等になった時代に「シンガーソングライター」も生まれてくるんです。自分で曲を作って、自分で歌って、みたいな。『カリキュラマシーン』が生まれたのもそういう時代だったんです。ただ、そこにはそれをよしとしてくれる人がいなきゃ出来なくて、『カリキュラマシーン』にはそういうプロデューサーがいらっしゃったわけです。それが仁科さんですからね（笑）。

仁科　こっちは苦労したけどね（笑）。

喰　その苦労を俺らは一切知らなかったしね（笑）。

浦沢　仁科さんは天使だよ（笑）。

仁科　だって、そんなことをあなた方に知らせたら萎縮するじゃない。「こんなこと書いちゃマズいかな」と思い始めたらおしまいだもの。

喰　あの、余談ですけど、いいですか？

下山　余談ばっかりだよ（笑）。

喰　『ゲバゲバ』を初めてやったときに、仁科さんから「制作費のうち作家陣に払うギャラが100万」って言ってくれたんです。100万って今でいえば1000万ぐらいでね、「バラエティ番組で台本に1000万」ってありえないわけですよ。「そのくらい、台本が命の番組だから」って言われて、書いたら台本の70～80％くらいが僕の書いたギャグだったんです。

　で、ギャラの交渉があって、僕は何も知らないから「これは50万ぐらいは取れるんじゃないの？」と思っていたら、仁科さんが「えっ⁉」って言って、結果4万になりましたけど（笑）。

下山　当時、僕らぐらいの若い作家だったら、1本1万～1万5千円くらいの時に喰始がそういうこと言って、その後に僕らが仁科さんのところにギャラの交渉に行ったら、「喰始が下りるかもわからない。

ものすごい額を言ってきたんだよ」って言われたのを思い出しましたよ。

喰　知らなかったから、そういうものだと思っちゃったんですよ。だけど、その後の仕事でも「制作費はいくらですか、その中の脚本料はいくらですか、まずそれを教えてください」とかプロデューサーとプレーンな感じで交渉をやるようになったのは、やっぱりあれから始まってると思いますね（笑）。

浦沢　バラエティ番組で契約書を書いたのは仁科さんだけでしょ？

仁科　当時はね。実はその中に「二次利用は入ってるよ」とこっそりと入れてた（笑）。

——怖い怖い（笑）。

喰　当時は二次利用なんて考えもしなかったもんね。

仁科　あの頃は、本当にそういうことを考える人はいなかったね。俺だけだったかもしれない。でも、あの当時から俺は「二次利用ってものが出てくる」って思い込んでた。というのは、アメリカのテレビなんか観てると、必ず二次利用があったから。だから、「これは絶対に許可を取っておくべきだ」と。

下山　すごいのは、『ゲバゲバ90分！』にしても『カリキュラマシーン』にしても、既成の曲（音楽）を一切使わないんです、全部オリジナルなんです。

仁科　既成の曲使ったら著作権料が掛かるし（笑）。

浦沢　似て非なる曲で。

下山　今のテレビ番組がどれだけ『ゲバゲバ』と『カリキュラマシーン』のCDを使ってるかってことです。もう全局のべつ幕なし、いろんな番組から聞こえてきます。だから、全部オリジナルでやったっていうのはすごいことだと思いますね。

仁科　宮川さんがいなかったら出来なかったよ。あの人は天才だね。

――そろそろイベントとしては終了時間なんですけど、是非とも観ていただきたい映像があるんです。下山さんが手掛けられた『飛べ！孫悟空』を……、ヤンマーのCMから入ります（笑）。

（『飛べ！孫悟空』編集版、下山さんが作詞を担当した『ゴー・ウエスト』も劇中に）

――ところで、下山さんは今日（平成28年4月4日）からレギュラー放送が始まった『コレナンデ商会』も手掛けてらして。

下山　そうです、朝7時35分からやってます。これの前に『クインテット』という番組があって、それも音楽と人形でやってたんですが、やっぱり僕の中にずっと『カリキュラマシーン』があって、一人でやってるんでギャグの数は少ないですけど（笑）。

――まだまだお話も尽きないところですし、映像もたくさん用意してきたんですが、お時間が来てしまいました。では、エンディングは浦沢さんが作詞をされた「天気予報の歌（曲　宮川　泰）」で（笑）。

♪もしもそらから　おさけがふってきた～なら……

16

カリキュラマシーン

初めて経堂さばのゆを離れて千駄ヶ谷の東京ネットウエイブ101教室（ガオ君シアター）にてカリキュラナイト開催。広い会場はMCの席からゲストのお顔がよく見えなくて不安がいっぱい。

アニメーションの木下蓮三さんの奥様である木下小夜子さんにもご参加いただいて、第1部はこれまでのまとめ的なゲストトーク。第2部では『カリキュラマシーン』の音楽の話と、みんなで歌う『カリキュラマシーン』の歌（笑）。仁科プロデューサーが風邪を引かれて来られなかったのは残念だったけど、これでカリキュラナイトは一旦ピリオド。

16

昭和のテレビの宝物

おおよそ第16回ぐらい？ カリキュラナイト

●2017年12月 東京ネットウエイブ101教室にて
(協力：デジタル・エンターティメント研究会)

本日のゲスト

齋藤太朗さん
さいとう・たかお

元日本テレビディレクター。『カリキュラマシーン』では、メインディレクターでありながら番組のカリキュラムの説明などを行う「ギニョさん」として出演。『シャボン玉ホリデー』『九ちゃん！』『巨泉×前武ゲバゲバ90分!』『コント55号のなんでそうなるの？』『欽ちゃんの仮装大賞』『ズームイン!! 朝!』『午後は○○おもいッきりテレビ』などの演出を手掛ける。 演出においてはそのこだわりの「しつこさ」から「こいしつのギニョ」と呼ばれる。

宮島将郎さん
みやじま・まさろう

元日本テレビディレクター。『美空ひばりショー』『高橋圭三ビッグプレゼント』『コンサート・ホール』『百万ドルの響宴』『だんいくまポップスコンサート』『私の音楽会』『カリキュラマシーン』などの番組を担当。『カリキュラマシーン』ではカリキュラム作成の中心的存在であった。音楽への造詣が深く、現在でも複数の男性コーラスグループを率いてサントリーホールのブルーローズを満席にしている。

浦沢義雄さん
うらさわ・よしお

ゴーゴー喫茶のダンサーから『巨泉×前武ゲバゲバ90分！』の台本運びを経て、放送作家として『カリキュラマシーン』などの番組制作に参加。1979年日本テレビで放送された『ルパン三世（TV第2シリーズ)』第68話『カジノ島・逆転また逆転』で脚本家としてデビュー。1981年から1993年に放送された東映不思議コメディーシリーズでは全シリーズに携わり400本以上の作品を提供。アニメや特撮作品のシナリオも多数手掛ける。

木下小夜子さん
きのした・さよこ

虫プロダクションを経て、1969年より、株式会社スタジオロータスにて、アニメーション・メディアを基軸とした制作、振興、教育等、幅広い活動を国際的に展開。 夫の木下蓮三氏と共にカリキュラマシーンのアニメーション制作を担当。『MADE IN JAPAN』『日本人』『ピカドン』等の自主作品は、NY 国際映画祭グランプリを含む国際賞多数受賞。 2006年～2009年、2019年～2022年、国際アニメーションフィルム協会(ASIFA) 会長。

聞き手：平成カリキュラマシーン研究会

第1部　カリキュラナイトトーク

――まずは本日のカリキュラムからご説明します。

第一部はカリキュラナイトトーク。『カリキュラマシーン』とは？」というところから入って、『カリキュラマシーン』のアニメ。そのあと、『カリキュラマシーン』のギャグ。ギャグというか、脚本についてお話していきたいと思います。

本日は4人のゲストに来ていただきました。プロデューサーの仁科俊介さんにも来ていただく予定だったんですけれども、昨日から風邪を引かれて熱があるということで、今日は欠席されることになりました。

まずは齋藤太朗ディレクターです。『カリキュラマシーン』ではメインのディレクターであり、ギニョさんとして出演もされていました。それから、宮島ディレクター。宮島さんはすごく音楽に強い方で、日本テレビでは『美空ひばりショー』や『高橋圭三ビッグプレゼント』など、音楽の番組をメインに作られていましたが、『カリキュラマシーン』のディレクターとしても活躍されました。

それから、浦沢義雄さん。浦沢さんは『カリキュラマシーン』の脚本を書かれています。

木下小夜子さんには今回、初めてカリキュラナイトに来ていただきました。木下蓮三さんが『カリキュラマシーン』のアニメを作ってらしたんですけども、スタジオロータスで小夜子さんも一緒に作っていらしたので、今日はアニメーションの話を中心に伺いたいと思います。よろしくお願いします。

では、とにかく『カリキュラマシーン』を見なきゃ始まらないということで、ちょっと見てみたいと思います。

まずこくごの時間から。

(べんち-ぺんち、べんき-ぺんき)

——こくごでした。

(お蔦と4のタイル)

——さんすうでした。

『カリキュラマシーン』にはものすごく緻密なカリキュラムがありまして、(カリキュラムを見ながら)これが「こくご」なんですけれども、「ここでテロップを抜く」というような細かい指示も書いてあります。カリキュラムについては今日はたくさん話せないので、お手元にお渡しした「歌本」の中でカリキュラムについても少しご説明しましたので、ぜひお持ち帰りになって、後でゆっくり読んでいただければと思います。

ではまず『カリキュラマシーン』のアニメーションを、木下さんのご紹介を兼ねて見ていただこうかと思います。

まず、『カリキュラマシーン』の前に『イチ・ニのキュー!』という番組があったんですけれど……。

(『イチ・ニのキュー!』オープニング)

——これは『カリキュラマシーン』の何年ぐらい前になるんですか?『カリキュラマシーン』が74年からなんですけど。

齋藤　急に訊かれても困るんだよな(笑)。『イチ・ニのキュー!』が終わって、『ゲバゲバ90分!』を3年やってますよね。『ゲバゲバ』が終わって『カリキュラマシーン』まで1年空いてるから4年か5年前かな?『イチ・ニのキュー!』から5年ぐらい後に『カリキュラマシーン』ですね、たぶん。

——この『イチ・ニのキュー!』が齋藤さんと木下さんのコンビというか、木下さんにアニメーションを作ってもらう最初だったんですか?

齋藤　そうです。このオープニングタイトルを作るのにアニメーションを使いたいなと思って虫プロに申し入れたらば、「このアニメーターがいいよ」って紹介してくれたのが蓮ちゃんで、最初の仕事がこ

『イチ・ニのキュー!』オープニング

蔦と4のタイル

べんち-ぺんち、べんき-ぺんき

れです。

――かなり制作費をオーバーしたそうですけど。

齋藤　そう。制作費400万（本当は220万。第11章参照）だっていうから400万でやったつもりでいたらば、人件費とかそういうの入ってなかったの。大幅にオーバーしてね、プロデューサーの仁科さんがものすごい勢いで怒ったんですよ。

――仁科さんも怒るんですね（笑）。小夜子さんは何か印象に残ってますか？

木下　このアニメーションは実は私がやってる部分もあるんです。音入れの時に一緒に付いて行った覚えがあるんですよ。その時にギニョさんに初めてお会いしたんですが、その時のギニョさんのお仕事がすごくて。半秒とか4分の1秒っていう感じのすごく細かい音のシンクロを、ものすごく厳しくおっしゃるの。それを見ていた時に、「なんていい人に出会ったんだ」「これからこの人と一緒に仕事がしたいね」と蓮三が言葉に出して言ってたのを覚えてます。

――蓮三さんと小夜子さんにとっても印象深いお仕事だったということですね？

木下　あと、蓮三はもともとコマーシャルの出なんですが、虫プロで長編を作るというので、長編を勉強しようと思ってちょっと行ってたんですね。でも、アトムを描くのがあんまりうまくなかった（笑）。オープニングでアトムが新幹線と競争してるのがあるんですが、それが木下蓮三の演出なんです。そんなことで、たぶん「木下に」っていう話があったんだと思います。

――ありがとうございます。次は『ゲバゲバ90分！』なんですけども。

（『ゲバゲバ90分！』から『今週の特集』『ｉｆ』）

――このアニメはみなさんよくご存知の「ゲバゲバ

『巨泉×前武ゲバゲバ90分！』
「ＩＦ」コーナーのタイトル

おじさん」ですよね。「ゲバゲバおじさん」は蓮三さんご本人がモデルだと伺ったんですけど。

齋藤 「ゲバゲバピーッ」っていうのがあるでしょ？『ゲバゲバ90分！』は30秒から1分ぐらいのギャグがずらずら並んでるんですよね。そうすると、ギャグとギャグの繋ぎ目に何か印（しるし）をつけてあげないと、どこまでが前の話で、次はどこからだかよくわかんないことになっちゃう。僕としては〝4分の3秒〟のブリッジを作りたいというのがあって、「蓮ちゃん、何か作ってくれよ」って話をしたんですよ。

蓮ちゃんは「それはわかったけど、何か一言ぐらい言ってくれないと、何作っていいんだかわかりません」って言うから、「う〜ん」って考えて「ネコ！」って言ったんです。「わかった」って言って考えてくれたデザインが、あの周りの輪郭のない「ゲバゲバピーッ」っていうやつ。目玉が二つと鼻があってヒゲがあって、口は開いてなくて線が引いてあるっていう、そういう絵を持ってきてくれたんですよ。で、「これさ、舌出して、そこに『ゲバゲバ』って書いてあっちゃいけない？」って訊いたら「大丈夫」って舌出してくれて。

音はどうしようかなと思ったんだけど、『ゲバゲバ90分！』だから『ゲバゲバ』って言わせたいって音効さんと相談したらば、音効さん、どうやって作ったんだかどうしても教えてくれないんですけどね、「ゲバゲバ」っていうのをね、なにか「（ゆっくりと低音で）ゲバゲバ」とかしゃべったやつを回転数を変えたりなんかしてるんだと思うんだけど、「ゲバゲバ」っていうのを作ってくれたの。

で、「ゲバゲバ」だけではもうひとつ締まらないから、「ピーッ」って音を入れたいなと。「ゲバゲバピーッ」の「ピーッ」っていう音ね。アポロ11号の月面着陸を生で放送してたでしょ？その時に、NASAと月面

ゲバゲバピーッ！

とで交信する時に「ナントカカントカ、ピーッ」っていうのが入ってた。あの「ピーッ」なんですよ、あの音は。だから、普通の「ピーッ」じゃなくて、ものすごく雑音がいっぱい入ってる、宇宙を飛んできた「ピーッ」なんです。それを「ゲバゲバ」の後に入れて「ゲバゲバピーッ」っていうのができたと。

――ありがとうございます。次はちょっとトラウマになりそうなアニメーションです（笑）。

（『コント55号のなんでそうなるの？』オープニング）

――これは『ゲバゲバ90分！』が終わって『カリキュラマシーン』が始まる前ですね？

齋藤　そうか、さっき言ってた5年どころじゃない、もっと間があいてるかもしれないね。『ゲバゲバ』が終わってから、これもやってるもんね。これの3年目ぐらいに『カリキュラマシーン』が始まってるんですよ。ってことは、『ゲバゲバ』3年やって、これを3年……3年たって10月にスタートして4月になると足掛け4年になっちゃうから……、わかんないけど、とにかく蓮ちゃんに頼むと何でもできるから（笑）。

木下　こっちから見てると、ものすごくストイックに仕事をする団体さんだったんですよ（笑）。それぞれのプロが切磋琢磨して精一杯やらないといけない。その中でギニョさんはギニョさんのところですっごく一所懸命にやられるから、それにも触発されて「負けないぞ～」みたいな感じでやってました。

――今だったら、こういうふうに顔が転がって来るアニメーションもすぐできそうな感じなんですけど、当時は手で？

木下　そうですね。スチルを撮っていただいて、焼き増ししたのを切り抜いて作ってます。

――このオープニングについて、コント55号さんから何か感想みたいなのはなかったですか？

『なんでそうなるの？』のオープニングアニメーション

齋藤　欽ちゃんは僕を信頼してくれてるから、欽ちゃん曰く「周りを飾ってくれたり段落を付けてくれたりするのは齋藤さんの仕事で、全部お任せしてるから」って。

このタイトルは彼らとしてもかなり意表だったみたいですけどね。写真だけ撮られて、どうなるんだかぜんぜんわかんなかったからびっくりしたといえばびっくりしたんだろうけど。

――『なんでそうなるの？』は浦沢さんは書かれてなかったんでしたっけ？

齋藤　書いてますよ。彼はスターですよ。

――これが初めて台本を書かれた番組でしたっけ？

浦沢　だと思います。

――齋藤さんのほうから『なんでそうなるの？』の脚本を書きませんか？」と言われたんですか？

齋藤　そうですね。書いてるのはだいたい『ゲバゲバ90分！』で付き合った人たちですよ。それ以外に欽ちゃんの事務所の人とか、一般の人も入れようっていうんで……、あれどうやったのかな？　公募したのかなんかわからないけど、何人か素人さんも参加してくださって。

基礎になったのは『ゲバゲバ』からの流れの人と、欽ちゃんの「パジャマ党」っていう作家集団があって、その人たちが中心になってやったということですよ、作家の人たちはね。浦沢くんは『ゲバゲバ』からの流れなんだけども……、『ゲバゲバ』書いてなかった？

浦沢　書いてないです。喰さんと松原さんの下にいたから。

齋藤　書いてないのに、なんで俺はあなたを誘ったんだろうね？

浦沢　わかんないです（笑）。

齋藤　いや、何か書いたろ？

浦沢　いや、松原さんでしょ。

齋藤　何かひとつぐらい面白いのを書いたんだよ、きっと。それで「あの人、ぜひ入れよう」って話になったんだと思う。

——では、肝心の『カリキュラマシーン』を。

（「た」のアニメ「ひ」のアニメ「ね」のアニメ「を」のアニメ）

——今のが『カリキュラマシーン』のこくごのアニメーションなんですけど、続けてさんすうも見て、その後にお話を伺います。

（「5」のアニメ「7＋5」のアニメ「7－3」のアニメ）

——『カリキュラマシーン』ではアニメーションをすごくたくさん作らなきゃいけないので、大変だったんじゃないですか？

木下　見てるとね、とっても簡単そうなんですけど、すっごい大変な仕事してるんですよ。それでも楽しんでやることができた。それがとてもいい思い出になってます。

木下蓮三って、やっぱりちゃんと才能があったなってつくづく思いますね。私は今、蓮三と一緒に立ち上げた国際映画祭のディレクターをずっとやってるんですけど、同じような才能の人にはまだ会えないんですよね。

楽しんで、すっごく大変なことをやってた。コンピューターはぜんぜん使わずに、粘土だったり人形だったりドローイングのアニメーションだったり、あらゆるテクニックを使ってアニメーションを表現していたってことでも……。

（「7＋5」のアニメを見ながら）こういうアニメーションのための人形の素材を私が作ったんですけども、中にヒューズ線を入れて動きやすいようにしたり、いろいろな形を作ったり、本当に手間のかかっ

「た」のアニメ

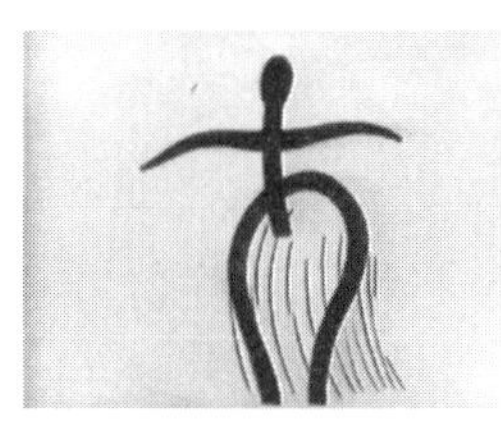
「を」のアニメ

「7＋5」のアニメ

たアニメーションなんです。でもすごく楽しんで作っていたことは覚えています。

——さっきのこくごの「たまねぎ」はどういうふうにして作ってるんですか？

木下　本物の玉ねぎを、少しずつ剥いていったんです。

——玉ねぎの形がゆがんだりするのは？

木下　違う玉ねぎは使ってないんです。同じ玉ねぎの表面だけでアニメーションしたり、中身は中身で取り出したのを使って。見てると本当にコンピューター使ってるのかと思っちゃいますね。

——台本ができてきて、こういうアニメーションにしましょうかっていうような打ち合わせを、齋藤さんと蓮三さんでされるんですか？

齋藤　最初のうちはね。彼だってどういう番組かわかんないから、「こういうことをやりたいんだよ」って話をしなきゃいけないし、何を伝えなきゃいけないかっていう話はずいぶんやりました。ただし、動きやキャラクターは、すべて蓮ちゃん任せです。

『ゲバゲバ』の経験があるからだと思うけど、『カリキュラマシーン』ではもうツーカーでね、「こんな感じ」っていうと「ああ、わかった」って言ってそれでおしまいっていう打ち合わせだったなぁ。出来上がってくると、まったく文句のない素晴らしいものがくるから、別に何の問題もないっていうか。

音付けは大変だったですけどね。音の素材はもともと何もないわけでしょ？　そっから作んなきゃいけないから、音はちょっと大変だったですけど。でも、けっ

こうそれらしい音が付いてるでしょ？　まぁ、音効さんががんばってくれたってことなんですけど。

——音効さんは山口さんですね？

齋藤　そうです。あとは、僕は自分でしゃべってるから、録音して合わせていけばいいっていうか。

——この前、小夜子さんからは「撮影が大変だった」と伺いましたが。

木下　いろんなテクニックで作るでしょ？　セルで描いたのを撮影さんに「こういうふうに撮影してください」って渡すのではなくて、粘土にしても人形にしても、〝カメラ下〟でやるわけです。しかもリテイクなしの一発撮りで。

齋藤　「カメラ下」ってわかります？　アニメーションのカメラってさ、テーブルみたいなのがあって、その上にセル画を置けるようになってて、カメラは上から真下に向かって固定されてるわけですよ。ある程度上下したり左右に動いたりできるんだけども。台の上に絵の素材っていうかな、玉ねぎだったら玉ねぎをそこに置いて、それを撮影する。一コマずつ撮っていくと、あんなふうになる。「カメラ下」っていうのはカメラが上にあるっていうそれだけの話だけど。……わかったかな？

——だいたいわかりました（笑）。これはオフィスでいろいろ見せていただいた時の画像なんですけど、これが『カリキュラマシーンのさんすうえほん』の原画です。こっちもそうですね。

（「さんすうえほん」の原画と絵コンテの写真）

——これが絵コンテ。丸い玉が変形していくような。絵コンテ描くのは速いほうだったんですか？

木下　速いです、仕事はね。でも、みなさん同じだと思うんですけど、アイディアを考えてる時は、なんかぶらぶらぶらぶらして、ちっとも仕事しないなぁと心配になるような感じで（笑）。こっちが「こ

絵コンテ

さんすうえほん
原画

んなのどう?」なんて言って描くとね、「そんなのじゃダメだ〜」みたいな感じで仕事を始めたり。アイディアはすごく時間かけながら……。

(絵コンテの写真を見ながら)ああ、この絵コンテは「あ」、「あな」とか「あめ」とか、たぶん「あ」に関するものなのかな。

蓮三の場合には、コンテがいつも綺麗なんです。しっかりとした絵コンテを描くんです。もう彼の頭の中には映像ができていて、あとは具現化するだけっていう感じだったと思います。

齋藤 お願いする時に音楽を渡してると思うの。音楽は後から付けるわけにはいかないから先に録っておいて、「これでやって」って言うと曲に合わせて動かしてくれるから、ぴったり合ってるんですよね。さっき打ち合わせはほとんどしてないって言ったけど、「このシーンはこの曲でこんな感じ」っていうぐらいはやってたと思うな。

木下 たとえば30秒のものだったら30秒にどういうふうに音が入っているかというのをちゃんと拾ってやった覚えがありますね。

齋藤 さっきも言ったように、僕が音にうるさいから、蓮ちゃんも何コマ目にどの音が出て何コマ目に何をしなきゃいけないとかっていうのを合わせるのは大変だったと思います。

木下 合った時の気持ち良さっていうのはあると思うんです。そこを厳しくしてくださったから、テンポのいい歯切れのいい、絶対古くならないものができたと思います。

(フェルトのキャラクターの写真)

——これがさっきおっしゃっていたフェルトのキャラクターですね。

木下 そうですね。これはレリーフなんです。いろいろな長さの手を作るとか、向きを変えた人形を作るとか、とにかく素材を作るということを、けっこう裏方でやってました。

木下小夜子さんが作ったフェルトのキャラ

——これをまだ残しておいていただいていて、本当に嬉しいです。今でもこれをキャラクターとして売り出したらどうかなとか思っちゃうんですけどね（笑）。

（ラッシュフィルムの写真）

——あと、これはラッシュのポジですね。色がもう退色しちゃってますけど。たぶんこれがさっきのキャラが入っている「7＋6」です。「7＋6＝13」。

木下　あのピンクのキャラクターですね。今日はアニメーションの話が多いんですけど、私たちはけっこう番組の実写を楽しんでましたね。アニメーションは作るほうだけど、実写は見るほうなので、面白かったです。「こんなのやっていいのかなぁ？」なんて言いながらお腹抱えて笑ってました（笑）。

（ラッシュフィルムの1コマをスキャンして色補正した写真）

——これがさっきのフィルムのひとコマをスキャンして色補正してみたものです。たぶん要らないところを切り取った後のものですよね。「NG」と書いてあります。

木下　ときどき手が出てくると思うんですけど、蓮三の手ではないんです。たまに本人の手もありますけど。画面に合わせて、小さくて綺麗なスタッフの手を使っています。

——「えんぴつのうた」の手は蓮三さんじゃないんですか？

木下　卵が落ちるのは、助手の手なんです（笑）。

（『カリキュラマシーン』の台本の表紙の写真）

——これが蓮三さんの台本ですね。台本もすぐわかるようにキャラが入ってるんですけど、このキャラにはお名前はないんですか？

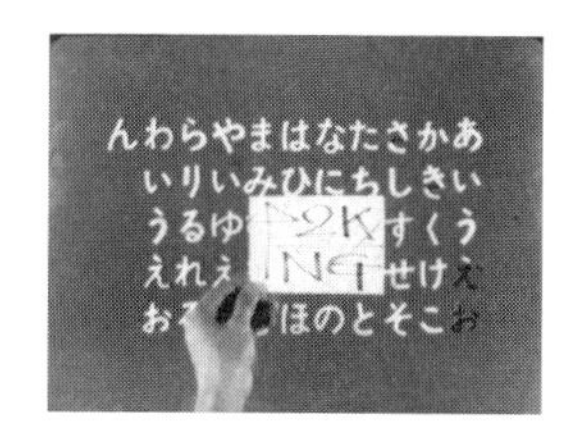

NGのラッシュポジの1コマ
（手はお弟子さん）

ラッシュポジ

木下　忘れちゃいました。

（『カリキュラマシーン』の台本を開いた写真）

——台本の中にメモ書きが残っています。で、さっきおっしゃってたように、小夜子さんは広島の国際アニメーションフェスティバルを2年に1回やってらっしゃるんですよね？

木下　やっぱりね、『カリキュラマシーン』では、いろいろなタイプのアニメーションを作って、自分たちがいろんな素材で楽しんで作ることができたので、そういうのを世の中の人にわかってもらいたいなっていうのがありました。

アニメーションの映画祭をやって、作家たちは自由に作品を作って「ああ、こんなのがあるのか」と言われてお仕事がもらえて、観客の人には楽しんで見てもらえたらというようなつもりでやりましたけど、すごく恵まれてました、本当に。『カリキュラマシーン』で好きなようにやらせていただいてたので、思い出はもう楽しかったことだけですよ。ありがとうございました、ギニョさん。

齋藤　そんなこと言ってるけどね、大変だよね、俺も大変だったけどさ（笑）。今になったら楽しい思い出ばかりですけど、そりゃ大変でしたよ。

木下　コマーシャルと同じレベルでやってたんですよ。テレビだからテレビのレベルでじゃなくて、「僕に要求されているのは、コマーシャルの木下蓮三なんだよ」って言ってましたけど。

だって、大変だけれどもより良いものを作ろうっていう、そういうグループだったんですよ。「こうやると早い、安い、簡単」という、その3つはどこにもなかったと（笑）。

——ありがとうございます。この辺でそろそろ浦沢さんの作品を見てみたいと思います。『カリキュラマシーン』の中でも私が一番好きなシーンなんですけども。

（おどりをおどる）

蓮三さんの台本

——これは「くっつきの『を』」のシーンですよね。なぜ全学連がやぐらの上で寝ていて、そのまわりで機動隊がおどるという「おどり『を』おどる」に至ったのかを浦沢さんにお伺いしたいのですが。

浦沢　いや、わかんない（笑）。人のために書いた気がするんですけどね。

——人のため？

浦沢　誰かが「くっつきの『を』がひとつ足りないとか言ってて。

齋藤　誰かの「くっつきの『を』」が足りないから、「じゃぁ、ひとつ足そうか？」って書いてくれたっていう、そういうことだと思う。

浦沢　なんか「おどり『を』おどる」でお葬式のギャグを書いたら「それは前にもあった」とか言われて、それでこれになった。

——「きみは完全に〜♪」って歌になっていますが、浦沢さんの中ではそういう〝音頭〟になっているイメージまではできているんですか？

浦沢　だと思います。

——で、それに付ける歌詞を……。

浦沢　歌詞はいいかげんに書いてるから（笑）。音はギニョさんに任せてるから、フレーズを「音頭にしてください」ぐらい。

——そうすると、手順としては、脚本を書かれて、音楽ができて……。

浦沢　「きみは完全に包囲された」って、俺が考えてもああいう曲になるんじゃないかな（笑）。

——なるほど（笑）。これも大好きなんですが。

（ちゃあはんとしゅうまいの結婚）

おどりをおどる

広島国際アニメーションフェスティバル

アニメーション専門の国際映画祭。木下蓮三・小夜子夫妻の尽力で開催が実現し、木下小夜子さんがフェスティバルディレクターを担当。
開催期間：1985年〜2020年の隔年8月
公認：国際アニメーションフィルム協会／ASIFA（2006年〜2009年と2019年〜2022年、木下小夜子さんが国際の会長）
主催：広島市、共催：ASIFA-JAPAN

――このチャーハンとシューマイが結婚するっていうネタは、『カリキュラマシーン』が終わった後でも、いろんなところで使われてますよね？

浦沢　一番気に入ってるネタだから、いろんなところで使ってますよ（笑）。

――なぜチャーハンとシューマイが結婚するという思いに至ったんですか？

浦沢　「グリンピースの交換」っていうのが、なんか気に入ってたんじゃないですかね。

齋藤　昔はチャーハンのてっぺんにもグリンピースが乗ってたんだよ。だから、両方ともちゃんとグリンピースが乗ってるっていう前提があった。今はチャーハンにグリンピース乗せないから、なんのことだかわかんないかもしれないね。

――確かにそうですね。これも浦沢さんの……。

（5の家出）

――「5の家出」なんですけども、数字の「5」が家出をするという話なんですが、浦沢さんはさっきの「ちゃあはんとしゅうまい」だったり、無機物がいろんなことをやるっていう設定が多いと思うんですけど、その辺りは何かこだわりがあったりするんですか？

浦沢　たぶん誰もやってなかったからだよ。『ゲバゲバ』と違うことやりたいと思ってただけだから。『ゲバゲバ』にはそういうのなかった気がした。

――アニメや特撮でなければ表現できないですよね、無機物が動いて何かをするというのは。

浦沢　無機物が好きだっていうのもあるんですよ。人間があんまり好きじゃない（笑）。

――バス停が自分探しの旅に出かけたりとか、ありますよね、浦沢さんのお話には。

ちゃあはんとしゅうまいの結婚

5の家出

浦沢さんの一日って、何をされているのかなと考えたんですけど、朝起きて、一番最初に50音を書くって伺ったことがあるんですが、それは本当ですか？

浦沢　今でもやってますよ。

――ひらがなで50音を書く？

浦沢　『カリキュラマシーン』をやってそれを始めたんだけど、僕の50音はちょっと違ってたんだよね。

――違ってた？

浦沢　「や　ゆ　よ」

――「やいゆえよ（やゐゆゑよ）」？

浦沢　『カリキュラマシーン』では「やいゆえよ」になってた。『カリキュラマシーン』も「や　ゆ　よ」だと思ってたの。あと「わいうえお」。「わ　を　ん」と書いてあると思ってたのに、完全に違ってた。俺は『カリキュラマシーン』と同じように書こうと思ってたんだけど。

――今は「わいうえお」ですか？

浦沢　いや、「わいうえお」って書かない。

――「わ　を　ん」ですね？　朝起きて一番にそれをされる？

浦沢　仕事を始める前に。

――仕事を始める前に必ず？

浦沢　そうです。習字みたいに。

——自分のモチベーションを上げていくために50音を書かれるんですね？

浦沢　そうです。

——それが終わって仕事を始められて、お昼ご飯は普通にお昼に食べられるんですか？

浦沢　お昼前に仕事終わっちゃうから、昼はほとんど食べない。

——お昼前に仕事は終わり？　何時ぐらいに仕事始められるんですか？

浦沢　朝起きてすぐです。

——起きてすぐっていうと？

浦沢　だいたい日の出（笑）。

——日の出とともに起きる！

浦沢　1時間後ぐらいに仕事を始める。

——日の出の1時間後ぐらいに仕事を始めて、午前中にもう仕事は終わっていると。で、お昼は食べないんですか？

浦沢　あんまり食べない。

——食べないんですか？　晩ご飯まで食べない？　けっこう「これから何を食べるのか」をすごく考えるって伺いましたが。

浦沢　お昼過ぎから考える。

——お昼過ぎから「今日の晩ご飯は何を食べようかな」ということを考える？

浦沢　そうです。

——けっこう食べ物にもこだわっていらっしゃいますよね？

浦沢　こだわりじゃないんだよ。貧しかったような気がするんだよ、たぶん。たくさん出てくるよ、確かに。

（ショートアニメーション『寿司の森』）

――この『寿司の森』っていうアニメーションは、いつごろの作品なんですか？

浦沢　10年ぐらい前だと思う。今日、初めて見た。

――え？ 見たことなかった？

浦沢　なかった。最初は俺の名前も入ってなかったんだよな。何かで賞をもらったんだと思うんだ。急にうちに電話がかかってきて、「賞をもらったんで、すいませんけど名前入れておきます」って、そういう電話があったのは知ってるんだけど。

――なるほど～。

浦沢　できたのもぜんぜん知らなかった。

――そうなんですか？

浦沢　2つ作って、もうひとつも『カリキュラマシーン』のギャグ。

――どういう内容だったんですか？

浦沢　『カリキュラマシーン』で千両箱を運ぶギャグがあったの。齋藤さんが撮ったやつ。説明しにくいんだけど（笑）。

――浦沢さんのギャグは説明しにくいのばっかりですよね。

浦沢　そのギャグをアニメーションにしたやつがあるんですよ。

――なんていうタイトルですか？

寿司の森
キャラクターデザイン・アニメーション制作・音楽制作・音響：株式会社アニメトロニカ（OHRYS BIRD）
脚本：浦沢義雄

浦沢　「千両箱のどろぼう」だったんです、『カリキュラマシーン』の時は。

——「千両箱のどろぼう」？

浦沢　違う違う。「千両箱」だけだった。

——それもこの『寿司の森』と同じ時期に作られた？

浦沢　そう、その2本作ったんです。

——同時に？

浦沢　タイトルは「銀行ギャング」に変えて、千両箱を運ぶっていうギャグなんです。アニメーターは同じですよ。

——浦沢さんは『カリキュラマシーン』の後に戦隊ものもたくさん書かれていますよね。どれぐらい書かれてたんですか？

浦沢　2、3年だと思うんですけど。

——『激走戦隊カーレンジャー』とか、他にも？

浦沢　はい、何本か。

——戦隊もののお仕事は、浦沢さん的にはやりやすいお仕事ですか？

浦沢　本当は嫌いだったんですけど。

——嫌いだった？

浦沢　『仮面ライダー』とか、二十歳ぐらいの時にあったんだけど、そういうの嫌いだった。それで、ちょっと皮肉っぽい感じでやりたいなということだけでやってたんですけどね。

——そうなんですか？　戦隊もののストーリーの中でも異色な感じの話がいっぱいあって、すごく面白いですけど。

『カリキュラマシーン』の後の仕事は、「ずっと『カリキュラマシーン』をやっていたかっただけなんだ」っておっしゃってましたよね？

浦沢　そう思ってたんだけど、3年目ぐらいにはもうきつかった（笑）。カスカスになったような感じだったから。

——そういう時にはどうやって充電されるんですか？

浦沢　ちょっと休めばいいと思うんだけど、こういう番組がなくなっちゃったから。

——『カリキュラマシーン』みたいなギャグの番組がなくなってしまった。世の中にギャグを中心にした番組って、これ以降、あまりないかもしれないですね。

浦沢　ほとんどないです。『カリキュラマシーン』だけだって気がしてた。

——今は何か番組を持たれてますか？

浦沢　『忍たま乱太郎』っていうのがあります。

——あれはかなり長いですよね？

浦沢　25年。

——25年ですか……。その他には？ 今は『忍たま乱太郎』だけを書いていらっしゃるんですか？ その中でも『カリキュラマシーン』的なギャグはありますか？

浦沢　ほとんどないですね。今のアニメーションはギャグに向いてないから。『カリキュラマシーン』でやってるようなアニメーションとは考え方が違う。

——どんなふうに違うんでしょう？

浦沢　ギャグのアニメーションをやりたいと思うんだけど、今のアニメーションにギャグなんかないですよね。

——前に喰始さんとお話した時に、「もし今後ギャグがやれるとしたら、可能性があるのは漫画とかアニメーションの世界かもね」っていうお話をされてたんですけど、なかなかアニメーションの世界でもギャグをやり辛くなってますか？

浦沢　普通の30分のアニメーションで、「タイミングをとる」とかそういう時間ないから。言葉でのギャグが多くなっちゃう感じ。

——テレビの番組でギャグっていうのがなくなってるんですかね？　アニメーションだけではなくて。

浦沢　まさかと思った漫才ブームとか来たから。ああいうの来ないと思ってたから僕は（笑）。ああいうのがあると、僕たちがやりたいギャグっていうのはちょっと無理かなって感じもあるよね。普通にお笑いのほうが笑いやすいんでしょ。

——そうですね。宮島さんはどう思われますか？

宮島　ギャグはないと思う。ギャグってまったく日常から飛んで、言葉や動きで笑わせるもんだと思うんだけど、今は当たり前のものしかないでしょ？お笑いの芸人と称するのが「ギャグ」なんて言ってるけど、あんなのギャグじゃないよね。昔のいわゆる漫才の人たちのほうがよっぽど場の操り方がうまいし、普通の価値観をひっくり返してみせるっていうのは、今のテレビにはまったくないと思います。

——ありがとうございます。時間も迫って来ましたので、ここで10分程度の休憩を取りたいと思います。

第2部　歌う！カリキュラナイト

——まず齋藤さんに音楽のお話を伺いたいんですけれども、宮川泰さんのお話をしていただけますか？宮川さんはどういう方でしたか？

齋藤　宮川さんと僕が出会ったのは『シャボン玉ホリデー』って番組だったんですけど、『シャボン玉ホリデー』のテーマも宮川さんなんです。『シャボン玉ホリデー』のメインのアレンジャーが宮川さんで、そこからが付き合いの始まりです。

伴奏のアレンジっていうのをどのぐらいみなさんが気にしてらっしゃるかわかんないけれども、「ナントカだよ～、ジャン♪」とかいうのは誰でも書くんだけど、宮川さんはそこで「ジャン♪」じゃなくて「パラリラパ♪」とか「ラララ～♪」とかって、非常にメロディックなものを書く人で、その後、何年か経って『ゲバゲバ90分！』をやることになった時に、オリジナルの音楽をいっぱい使いたいし、BGMも全部オリジナルでやりたいと思ったんで、やっぱりメロディックな仕事をやるなら宮川さんが一番じゃないかと思って宮川さんにお願いしました。

その延長で『カリキュラマシーン』も宮川さんにお願いすることになったんですが、彼は仕事が早いんですね。普通はM15とか20で多いほうなんですが、『カリキュラマシーン』はM70とか80っていうぐらいいっぱいあるんですよ。で、一発リハーサル一発本番みたいな感じでどんどこどんどこ録ってかないと終わらない。テーマ音楽もそうだし、アニメーションの後ろで流れてる音楽も全部宮川さんのオリジナルですから、本当にものすごい量をものすごい才能で書いてくださった。

木下蓮三さんのアニメと宮川さんの音楽がないと、僕は仕事ができなかったの。この二人がいるからこそできたんで、二人とも死んじゃったものだから仕事にならないですよ。

——では一発リハ一発本番でこれから歌を歌いたいと思います。シャバドゥビドゥッバから、まず一回聴いてリハーサル、2回目はみんなで歌います。

（『カリキュラマシーン』のテーマ）

『カリキュラマシーン』オープニング

――難しい〜〜〜（笑）。これ難しいですね。大丈夫かな。とりあえず一回やってみましょうか。

齋藤　これね、西六郷少年少女合唱団が来て歌ってくれたんだけどさ、あっという間に本番ＯＫだったよ。

――西六郷少年少女合唱団は、『鉄人28号』とかも歌ってる合唱団なので実力のある方々なんですね。では練習その1。

（『カリキュラマシーン』のテーマ）

――難しい。どうしてもこの「ピチョンポロン……」が言えない（笑）。中高年少年少女合唱団のみなさん、もう一回だけいきますからがんばってください。でっかい声で歌ってくださいね。よろしくお願いします。

（『カリキュラマシーン』のテーマ）

――はい、ありがとうございます！（拍手）次は『カリキュラマシーン』の中でも一番知られている曲ではないかと思います。一回聴いてみます。

（「行の歌」）

――これは宮川さんが歌ってらっしゃるんですよね？

齋藤　僕らは「玉音盤」って呼んでたんだけれども、僕とか宮島さんとか宮川さんが歌ったテープを作るんですよ。それをタレントさんに「練習しといてね」って言って渡して本番で歌ってもらうんです。これも本当は誰かに歌わせようと思ってたんだけど、宮川さんの歌い方が面白いからそのまま本番に使ったんです。

――宮川さんご自身が歌われている曲はあまりないので、そういう意味でも貴重だと思います。次、歌ってみます！

ピアノピース PP1613
カリキュラマシーンのテーマ
宮川 泰（ピアノソロ・ピアノ＆ヴォーカル）
発行：フェアリー
発売：2019年

行の歌

（「行の歌」）

——いかがでしょうか？　みなさん、お腹空いてますか、もしかして。声があまり聞こえてこないぞぉ～（笑）。次はちょっとしっとりした歌を歌いたいと思います。

（「えんぴつの歌」）

——アニメーションも何パターンかあるんですよね。次は歌います。よろしいでしょうか？　短い歌ですけれども、とてもいい歌なので、ぜひ覚えて帰ってください。

（「えんぴつの歌」）

——描いてるのは蓮三さんの手で、卵のは違うんですよね（笑）。

話変わるんですが、実は、（2017年）12月9日のCSフジでしたっけ？　CSフジミュージックなんちゃら……っていう番組で、奥田民生さんと斉藤和義さんと山内総一郎さんの3人で「3はキライ！」を歌うそうです。

奥田民生さんは何年か前のツアーのアンコールで「3はキライ！」を何度も歌い続けていたというぐらい、「3はキライ！」がお好きなようなので、今、奥田民生さんとお友だちになる計画を着々と進行中です。ご期待ください（笑）。

客　12月9日CSフジの『TOKYO SESSION』です。

——『TOKYO SESSION』ですね。ぜひみなさんもご覧になっていただきたいと思います。

（「3はキライ！」）

齋藤　僕と宮島さんと宮川さんのコーラスです。こ

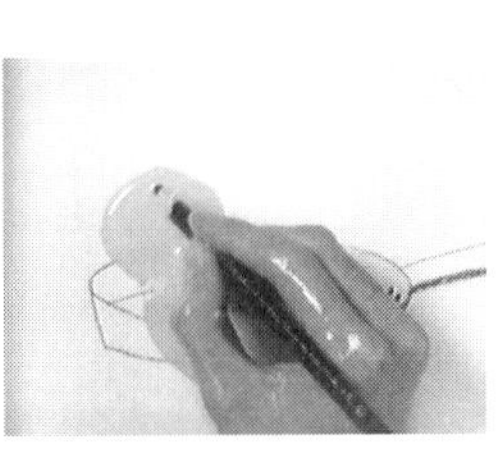

えんぴつの歌

れもたぶんね、リハーサル用に録ったやつをそのまんま本番に使っちゃったんですよ。誰かタレントに歌わせようと思ってたんだけど、「このまんまでいけちゃうよね」ってそのまま使っちゃったんだ。

――これはハーモニーがあるので、ちょっと役者さんでは難しいかなと。

齋藤　いずみたくシンガーズがいますから、やってやれないことはないんですよね。

――でも、おヒョイ（藤村俊二）さんと常田（富士男）さんと渡辺篤史さんでは……。

齋藤　その人たちでは絶対無理ですね（笑）。

――じゃあ、ちょっと歌ってみましょう。

（「3はキライ！」）

――みなさん、いかがでしょうか？　歌えましたか？　きょうはお酒を飲んでいないので、ちゃんと時間通りに終わります（笑）。

この後、ここから歩いて3分ぐらいのところに「猪八戒」という中華屋さんがありまして、そこを9時から予約してありますので、みなさん、ダッシュで行っていただければ。

今回はデジタルエンターティメント研究会のみなさんのご協力をいただいて、東京ネットウエイブさんのホールをお借りしてカリキュラナイトを開催することができました。ありがとうございました。

3はキライ！

2017 12/4 (mon)　18:30 OPEN　19:00 START

会場	東京ネットウエイブ 101教室（ガオ君シアター） 東京都渋谷区千駄ヶ谷1丁目8-17　http://www.tnw.ac.jp/
会費	1,000円 ※忘年会費は含みません。 （学生は無料）※受付で学生証をご提示ください。
主催	平成カリキュラマシーン研究会 http://curriculumachine-sg.com/
協力	デジタル・エンターティメント研究会
お問合せ	http://curriculumachine-sg.com/contact.html

当日配布した歌本（パンフレット）

カリキュラマシーンのカリキュラム

カリキュラマシーンとは何か？（基本方針）

① アメリカが生んだ素晴らしい番組で、テレビの害毒が批判されている今日、“テレビがもたらした唯一の価値あるもの”と評価された優れた教育番組「SESAME STREET」及び「THE ELECTRIC COMPANY」の制作精神はそっくり踏襲するが、全く内容を一新して日本独自のものとする。

② 教育番組であっても、単に教えることに終始するのではなく、子どもが興味を持ち、楽しんで視ているうちに理解する番組でありたい。誤解を恐れずに言えば“教育（エデュケーション）の娯楽（エンターテイメント）化”。むしろ、“娯楽の中に教育も含まれている”という精神に立って制作する。

③ 対象は、今日の教育界でもっとも問題があるといわれる幼稚園上級から小学校一年程度とする。

④ 教科書の内容をそのまま番組に取り入れるのではなく、現在の学校教育の中で、子どもたちが理解しにくく、教師も教えにくい事柄をカバーする。つまり、“読本の娯楽化・視覚化”によって、“テレビでみる副読本”を制作する。

⑤ 日本の従来の児童向けの番組は、大人が子どもにレベルを合わせているが、カリキュラマシーンでは、大人が子どもと全く対等の立場で作る。内容や音楽も子ども向けの特殊なものでなく、“良いもの・高いもの”の精神でいく。

カリキュラムについて

- “どう教えれば子どもは理解しやすいか”という教育理念
- 幼児・低学年教育の教科内容を徹底的に分析
- 子どもの知的発達の過程を研究した上で、子どもが混乱を起こさずに理解する方法を研究
- 国語と算数の2本の柱

国語のカリキュラム（言葉と文字）

- 数多くの単語を所有することにより実世界への知識を深める
- 単語→音節→文字

算数のカリキュラム（数と計算）

- 数は物の集合の大きさ
- 集合を合わせる＝足し算
- 集合を分解＝引き算
- 知識を理論的に構成する

カリキュラマシーンのカリキュラム

カリキュラム作成スタッフ

齋藤太朗

宮島将郎

重松 修

松原敏春

喰 始

（敬称略）

国語

①えんぴつの持ち方
②清音44文字と「ん」
③濁音・半濁音
④50音
⑤段
⑥行
⑦長音（長い音）
- あ段・い段・う段
- え段
- お段
- お段の長音の例外

⑧促音（つまった音）
⑨拗音（ねじれた音）
⑩拗長音（ねじれて長い音）
⑪くっつきの「を」
⑫くっつきの「は（ワ）」
⑬くっつきの「へ（エ）」
⑭くっつき（が、の、に、を、へ、で、と、は、から、まで、より）
⑮音節
⑯「じ」と「ぢ」、「ず」と「づ」

算数

①「仲間あつめ」と「かずは同じですか？」
②「かずは同じですか？」と「タイルとの対応」
③「タイルとの対応」と「集合と数詞」
④順番
⑤数える
⑥あわせていくつ（5までの足し算）
⑦のこりはいくつ（5までの引き算）
⑧「集合と数詞5」と「5のかたまり」
⑨9までの足し算
⑩9までの引き算
⑪集合と数詞0（レイ）
⑫集合と数詞10
⑬10の構成
⑭「10のたば」と「ばら」
⑮くり上がりのある足し算
⑯くり下がりのある引き算

歌う！ カリキュラナイト

カリキュラマシーンのテーマ

シャバドゥビドゥッバ シャビドゥバ
シャバドゥビドゥッバ ランララン
シャバドゥビドゥッバ シャビドゥバ
シャバドゥビドゥッバ キョンキョキョン

ラーミーラー ミラミラ
ピチョン ポチョン ピチン プチン
パーパーヤー マミマミ
カラン コロン キリン コリン

シャバドゥビドゥッバ シャビドゥバ
シャバドゥビドゥッバ ランララン
シャバドゥビドゥッバ シャビドゥバ
シャバドゥビドゥッバ キョンキョキョン

行の唄

あいつのあたまは あいうえお
かんじんかなめの かきくけこ
さんざんさわいで さしすせそ
たいしたたいどで たちつてと

なにがなんだか なにぬねの
はなはだはんぱで はひふへほ

まんなかまるあき まみむめも
やけのやんぱち やいゆえよ
らくだいらくちん らりるれろ
わけもわからず わいうえお

ん！

ねじれてソング

ねじれて　ねじれて
　　きゃ　きゅ　きょ
　　しゃ　しゅ　しょ
ねじれて　ねじれて
　　ちゃ　ちゅ　ちょ
　　にゃ　にゅ　にょ
ねじれて　ねじれて
　　ひゃ　ひゅ　ひょ
　　みゃ　みゅ　みょ
　　りゃ　りゅ　りょ
う〜ん、ねじれてぃ〜ん！

ねじれて　ねじれて
　　ぎゃ　ぎゅ　ぎょ
　　じゃ　じゅ　じょ
　　ぢゃ　ぢゅ　ぢょ
ねじれて　ねじれて
　　びゃ　びゅ　びょ
　　ぴゃ　ぴゅ　ぴょ
う〜ん、ねじれてぃ〜ん！

えんぴつのうた

えんぴつがおどる
えんぴつがうたう

かいてごらん　きみのしあわせを
かいてごらん　かぜのささやきを
かいてごらん　こころのさみしさを
かいてごらん　きのうみたゆめを

えんぴつがおどる
えんぴつがうたう

特別な書き表し方をする お段の長い音の歌

おおよそ　とおの　ほおずきと
こおった　こおりで　おおわれた
とおくの　とおりを　とおってる
おおくて　おおきい　おおかみ
おお！

3はキライ！

3はキライだよ　いつもいつも
うまくいかないよ　3はキライだよ
いつもケンカ　すぐにはじまる

2人仲良くなると　1人仲間はずれ
2人仲良くなると　1人仲間はずれ

3はキライだよ　いつもいつも
うまくいかないよ　3はキライだよ
いつもケンカ　すぐにはじまる

つまった音の物語

「(セリフ)皆さん、まあ聞いて下さい。つまった音の物語。
あれはあまくすっぱい季節のことでした」

らっきょう！
「らっきょう」の「らっ」はつまった音
だから「ら」の字に小さな「っ」を添えて書く。
らっ、きょう

「(セリフ)そうなんです。僕は恋をしてしまったのです。その人の名は、その人の名は・・・」

納豆！
「なっとう」の「なっ」はつまった音
だから「な」の字に小さな「っ」を添えて書く。
なっ、とう

「(セリフ)僕は彼女に言いました。『好きです』彼女も僕に言いました」

徳利！
「とっくり」の「とっ」はつまった音
だから「と」の字に小さな「っ」を添えて書く。
とっ、く、り

「(セリフ)そんな彼女が本当に好きでした。
一週間がとても楽しくなりました。月、火、水、木、金！」

木琴！
「もっきん」の「もっ」はつまった音
だから「も」の字に小さな「っ」を添えて書く。
もっ、き、ん

「(セリフ)ご静聴ありがとうございました」

タイルナンバー8

「ソウル風」

アー！
同じ数だけタイルを置こう　アー！
みかんの数だけタイルを置こう！
みかんとタイルの数は同じ
数は同じ
アー！ダイナマイト！

「ロックナンバー風」

ベイビー　ベイビー
同じ数だけタイル置こう　ヘイヘイ　ヘイヘイ
めざしの数だけタイルを置こう
めざしとタイル数は同じ
数は同じ　オーオーオー
オー　イエイ！

「ツイスト風」

ツイストー　アンド　ツイスト
同じ数だけタイル置こう　ゴーゴー　レッツゴー　ゴーゴーゴー！
だんごの数だけタイル置こう
だんごとタイルの数は同じ
数は同じ
オー　クレイジー！

「民謡風」

(合いの手)「エンヤーコラヤ　ドッコイジャンジャンコラヤ」
みかんも　めざしも　おだんごも
(合いの手)「ハァ　スッチョイ　スッチョイ　スッチョイナ！」
みんなこのタイルと数は同じ
(合いの手)「ハァ　それからどうした！」
このタイルの集まりを「８」という
(合いの手)「ハァ　もっともだ　もっともだ」
ということは
みかんも　めざしも　おだんごも
数は「８」
(合いの手)「アラ　ヨイショ　ヨイショ　ヨイショ　ヨイショ　ヨイショ」
サンキュー！

平成カリキュラマシーン研究会とは？

私たち『平成カリキュラマシーン研究会』は『カリキュラマシーン』ファンのグループです。

または『カリキュラマシーン』が良い夢にも悪い夢にもなっているファンのグループです。

いっそ『カリキュラマシーン被害者の会』といってもいいかもしれませんが、みんないい大人なので『平成カリキュラマシーン研究会』といいます（笑）。

私たちは『カリキュラマシーン』のカリキュラムや台本、オーディション版による市場調査報告書など、放置すれば本当に幻となってしまうであろう資料を未来に残したいと考え、2011年より『平成カリキュラマシーン研究会』を立ち上げました。

その主な活動としては、以下の通りです。

(1)当時のスタッフやキャストへの取材

(2)番組に係わる各種資料の収集

(3)若い世代に『カリキュラマシーン』を知ってもらうためのイベントの企画・運営

そして、取材内容や資料を編集し、書籍として残すことを目標としています。

私たちは番組制作に関わっているわけではありません。

単なる「カリキュラマシーンのファン」に過ぎません。

しかし、「モノ作り」に携わる人間として、テレビの黄金時代を知らない若いクリエーターにも『カリキュラマシーン』の面白さを知っていただき、そのことを通じて「プロのモノ作り」の理念をお伝えすることができたら…。

私たちはそんなことを考えています。

- 研究会スタッフ：いなだゆかり ／ 榎本 統太 ／ 久谷仁一 ／ 二階堂 晃 ／ ヨーゼフ・KYO ／ 吉澤秀樹　(50音順)
- 公式サイト：http://curriculumachine-sg.com/
- Facebook ページ：https://www.facebook.com/curriculumachine
- Twitter：https://twitter.com/hs_ccm

書きながら、何度も思い出して笑ってしまった。なんて面白い番組だったんだろう？それがもう今はできそうにないのが腹立たしい。番組作りは「音楽」も「美術」も「文学」もあり、文化の集合体だ。今、その「文化」がテレビにあるだろうか？まぁ、テレビは我々視聴者の写し鏡かもしれないから、あんまり悪口言いたくないけど、私はテレビ持ってないからいいか（笑）。

ただの「カリキュラマシーンのファン」だった私が、宮島将郎ディレクターと出会い、カリキュラナイトでギニョさん（齋藤ディレクター）や仁科プロデューサー、脚本の喰さんや浦沢さんのお話を伺い、今では日本一、つまり世界一カリキュラマシーンに詳しい人になったと思う（たぶん！）。しかし、やはりデザイナーが本を書くのは難しかった。編集者の榎本統太氏に相談しつつ、話をまとめようとするも例によって私の話はまとまらない（笑）。

まとまらない話をまとめるために、まずは久谷仁一氏に記録で撮った動画をまとめてもらい、研究会のメンバーで手分けして文字起こしから始めた。話を聞いてるだけなら面白いけれど、それを文字にする作業はなかなか大変だ。インタビューしたりイベントやってる時にはそれなりに理解したつもりだったことが、文章にすると意味不明。本を書くってこんなに大変だったのか〜！

原稿ができたら次は組版。原稿があれば組版はすぐにできるだろうと思っていたら、これがなかなかに進まない。少しでもイベントの様子が伝わればと動画をキャプチャーしたり、大事に仕舞い込んだ資料を引っ張り出して調べたり写真を撮ったりするのも思いのほか時間がかかる。夏に始めた組版の作業は、秋になり冬になり、年を越してしまった。デザイナーの仕事としてはあり得ないなぁ。ああ、もう春だ！

この本を書くにあたっては、数えきれないたくさんの方々にお世話になりました。経堂さばのゆの須田泰成さんにはいろんな便宜を図っていただき、たくさんアドバイスをいただき、どれだけ感謝しても感謝しきれず。須田さんがいなければこの本はできなかった。もう一生経堂のほうに足を向けて寝られません。

また、スタジオロータスの木下小夜子さんは、お忙しい中取材に応じてくださり、『カリキュラマシーン』のアニメーターの木下蓮三さんのお話をたくさん聞かせてくださいました。本の制作にあたり、私が蓮三さんの絵を真似して描いたキャラクターの掲載も許可してくださるなど、多大なご協力を賜りました。もっと上手に描けるように精進します。

彩流社の河野社長は、私が最初に「カリキュラマシーンの本を作りたい！」と言った時からずっと応援してくださり、イベントにも足を運んでくださり、遅々として進まない作業をずっと待ってくださった。本当にありがとうございます。

そして、なんと言っても『カリキュラマシーン』の制作スタッフの皆様、『カリキュラマシーン』を作ってくださってありがとうございます。時が流れ、テレビはダメになったけれど、「特別な書き方をするお段の長い音」は絶対に忘れません。平成カリキュラマシーン研究会はこれからも『行の歌』を歌い続けます。

感謝を込めて・・・

じゃあまた！

2022年5月
平成カリキュラマシーン研究会　暫定代表(仮)いなだゆかり

平成カリキュラマシーン研究会

平成カリキュラマシーン研究会は『カリキュラマシーン』ファンのグループです。『カリキュラマシーン』のカリキュラムや台本、オーディション版による市場調査報告書など、放置すれば本当に幻となってしまうであろう資料を未来に残したいと考え、2011年に「平成カリキュラマシーン研究会」を立ち上げました。

メンバー（50音順）

いなだ ゆかり
榎本 統太
久谷 仁一
二階堂 晃（革パン刑事（デカ））
ヨーゼフ・KYO
吉澤 秀樹

協力：スタジオロータス

カリキュラマシーン大解剖（だいかいぼう）

二〇二二年六月十日　初版第一刷

編者——平成カリキュラマシーン研究会
発行者——河野和憲
発行所——株式会社 彩流社
〒101-0051
東京都千代田区神田神保町3-10
電話：03-3234-5931
ファックス：03-3234-5932
E-mail：sairyusha@sairyusha.co.jp
印刷——モリモト印刷(株)
製本——(株)難波製本
造本——いなだゆかり

Printed in Japan, 2022
ISBN978-4-7791-2823-3 C0095
http://www.sairyusha.co.jp